पुणे विद्यापीठाच्या द्वितीय वर्ष कला शाखेच्या (S.
सुधारित अभ्यासक्रमानुसार लिहिलेले
तसेच महाराष्ट्रातील इतर सर्व विद्यापीठांना उपयुक्त.

# आपत्ती व्यवस्थापनाचा भूगोल

## Geography of Disaster Management

डॉ. अर्जुन हरीभाऊ मुसमाडे
डॉ. ज्योतिराम चंद्रकांत मोरे

डायमंड पब्लिकेशन्स

आपत्ती व्यवस्थापनाचा भूगोल

डॉ. अर्जुन हरीभाऊ मुसमाडे
डॉ. ज्योतिराम चंद्रकांत मोरे

Apatti Vyavastapanacha Bhugol

Dr. Arjun Haribhau Musmade
Dr. Jyotiram Chandrakant More

प्रथम आवृत्ती : जून २०१४

ISBN 978-81-8483-588-5

© डायमंड पब्लिकेशन्स

मुखपृष्ठ
शाम भालेकर

प्रकाशक
डायमंड पब्लिकेशन्स
२६४/३ शनिवार पेठ, ३०२ अनुग्रह अपार्टमेंट
ओंकारेश्वर मंदिराजवळ, पुणे-४११ ०३०
☎ ०२०-२४४५२३८७, २४४६६६४२

info@diamondbookspune.com
www.diamondbookspune.com

प्रमुख वितरक
डायमंड बुक डेपो
६६१ नारायण पेठ, अप्पा बळवंत चौक
पुणे-४११ ०३० ☎ ०२०-२४४८०६७७

---

# प्रस्तावना

सर्व प्राणिमात्रांच्या जीवनामध्ये जगण्यासाठी चढ-उतार असतातच, परंतु मानवी जीवनातील या चढ-उतारांना मानवाने स्वतःहून मोठा आश्रय दिलेला दिसतो. स्मरण व भाषा यावर एखादी गोष्ट चांगली की वाईट याबद्दलचा विचार प्रस्तुत करण्याची कला, त्याने आत्मसात केली आहे. इतर प्राणी या गुणांबाबत अज्ञानी असल्याने त्यांना आता दिवस समान वाटतो. मानव स्वतःच्या सुख-दुःखाच्या बाबतीत अत्यंत संवेदनशील असतो. तो सतत सुखाच्या शोधात असतो. जेथे त्याच्या समाधानाइतपत सुख प्राप्त होत नाही, त्यांना तो समस्या, आपत्ती, संकटे इ. मोजपट्ट्यांमध्ये मोजू लागतो; म्हणूनच मानवी जीवनाचे,

'एक धागा सुखाचा, शंभर धागे दुःखाचे
जरतारी हे वस्त्र मानवा तुझिया आयुष्याचे'
असे यथार्थ वर्णन केल्याचे दिसते.

भूगोलशास्त्र हे पृथ्वीच्या स्थल-कालाचे विश्लेषणात्मक अभ्यास करणारे शास्त्र आहे. त्याच्या विश्लेषणात्मक अभ्यासपद्धतीमुळे त्याला शास्त्राचा दर्जा प्राप्त झाला. हा विषय केवळ पृथ्वी पृष्ठभागापुरताच मर्यादित न राहता तो पृथ्वी अंतरंगापासून ते पृथ्वीच्या बाह्य-आवरणापर्यंतचा सर्व अभ्यास करतो. सुरुवातीला या विषयाचे अभ्यास क्षेत्र केवळ प्राकृतिक किंवा नैसर्गिक घटकांपुरते मर्यादित होते. परंतु काळाच्या ओघात मानवी घटकांच्या अभ्यासाची सुरुवात होऊन हा अभ्यास दिवसेंदिवस व्यापक बनत गेला. नैसर्गिक भूगोलशास्त्रामध्ये पुढे वाढ होऊन भूरूपशास्त्र, हवामानशास्त्र, मृदाशास्त्र, भूगर्भशास्त्र अशा पायाभूत अभ्यासाची वर्णी लागली; तर मानवी भूगोलशास्त्राच्या अभ्यासाची मोठ्या पद्धतीने वाढ होत जाऊन या मुख्य शाखेच्या अनेक उपशाखा व पुन्हा त्याच्या उपउपशाखा निर्माण झाल्या. या प्रत्येक शाखेतून मानवाच्या विविध अंगांचे दर्शन घडविण्यात येते.

आपत्ती भूगोलशास्त्र ही नव्याने भूगोलशास्त्रात आलेली शाखा मानवाला भेडसावणाऱ्या वेगवेगळ्या प्रकारच्या समस्यांचा अभ्यास करणारी ठरली. या समस्या अशा वैयक्तिक लोकांच्या नाहीत. प्रादेशिक, खंडीय आणि वैश्विक पातळीवर सर्व स्तरातून आणि विस्तृत परिणामकारक ठरणाऱ्या समस्यांचा यामध्ये अभ्यास होतो. भारतातील बऱ्याच समस्या या प्रामुख्याने पर्यावरणीय परिसंस्थेशी निगडित असतात. खरे तर मानव पर्यावरणाचे अपत्य आहे. त्याच्या अमर्याद अभिलाषेतून अमानुष्य कृत्ये घडतात व पर्यावरणीय आपत्तीची निर्मिती होते. प्रस्तुत संदर्भग्रंथ डॉ.अर्जुन मुसमाडे आणि डॉ.ज्योतिराम मोरे या प्राध्यापकांनी लिहिलेला असून ते पुणेस्थित वेगवेगळ्या महाविद्यालयात सेवा करणारे आणि भूगोलशास्त्राचे नामवंत प्राध्यापक आहेत. दोघांनाही संशोधनाचा अनुभव असल्यामुळे त्याचा प्रत्यय त्यांच्या लेखनशैलीतून आलेला आहे. 'आपत्ती व्यवस्थापनाचा भूगोल' या समर्पक नावाने तयार करण्यात आलेला हा संदर्भग्रंथ केवळ आपत्ती व संकटे यांचे अवडंबर न माजविता हा आपत्ती जीवनाचा एक भाग असून त्यांचे व्यवस्थापन करण्यात भूगोलशास्त्राची भूमिका किती महत्त्वाची आहे, याबद्दल संदेश देतात. एकंदर आठ प्रकरणांची गुंफण असून, प्रत्येक प्रकरण अगोदरच्या आणि नंतरच्या प्रकरणात गुंतविले आहे. आपत्ती व त्यांच्या व्यवस्थापनाच्या मूलभूत संकल्पनांचा विचार करत असताना वातावरणीय आपत्ती, भूरूपशास्त्रीय आपत्ती, भूगर्भीय आपत्ती, मानव निर्मित आपत्ती व वैश्विक आपत्ती अशा क्रमाने आपत्तीचे वर्गीकरण करण्यामध्ये लेखक यशस्वी झाले आहेत.

'व्यवस्थापन' हा जीवन साफल्यांचा एक अविभाज्य भाग असतो. प्रत्येक घटनेचे व्यवस्थापन करणे ही एक कला आहे; ही कला यशस्वीपणे ज्याला जमते, ती व्यक्ती आयुष्यात यशस्वी होते. संकटे व आपत्ती येणारचं! हे गृहीत धरून त्यांना सामोरे कसे जायचे, हे आव्हान समर्थपणे कसे पेलवायचे या बद्दलचा विचार अत्यंत महत्त्वाचा आहे आणि त्या दृष्टिकोनातून आपत्तीचे व्यवस्थापन हा मूलमंत्र या ग्रंथाचा मुख्य उद्देश ठरतो. यासाठी या पुस्तकातील शेवटचे प्रकरण क्षेत्रीय अभ्यास या नावाने लिहिलेले आहे. यातून लेखकांनी जागतिक व देशपातळीवरील अलीकडील काळात आलेल्या भयंकर आपत्तींचा अभ्यास व्यवस्थापनीय दृष्टिकोनातून केलेला आहे. त्यामुळे हे शेवटचे प्रकरण या दृष्टीने अत्यंत महत्त्वाचे वाटते.

डायमंड पब्लिकेशन्सचे श्री. दत्तात्रेय पाष्टे व त्यांचे सर्व सहकारी यांनी हे पुस्तक वाचकांना उपलब्ध करून दिल्यामुळे ते सर्वजण अभिनंदनास पात्र आहेत, असे मी मानतो.

भूगोलशास्त्राचा हा ग्रंथ अभ्यासक्रमानुरूप माहिती तर देतोच, शिवाय विविध विद्यापीठातील अभ्यासमूहाचा समावेश या ग्रंथामध्ये आहे, परंतु सर्वसामान्य वाचकांनाही याचा खूपच उपयोग होईल, अशी मला आशा वाटते. विविध प्रकारच्या स्पर्धापरीक्षांची तयारी करणाऱ्या विद्यार्थ्यांनाही याचा बहुमोल उपयोग होईल, याबद्दलही मला विश्वास वाटतो. भूगोलशास्त्राच्या ग्रंथसंपदेमध्ये डॉ. अर्जुन मुसमाडे व डॉ. ज्योतिराम मोरे यांनी लिहिलेल्या या ग्रंथाची भर पडेल यात कोणतीही शंका नाही.

या दोन्ही लेखकांच्या लेखनाला शुभेच्छा देऊन, पुढील यशासाठी शुभ चिंतितो!

डॉ. बी. एन. गोफणे
अध्यक्ष, भूगोलशास्त्र व वातावरणशास्त्र अभ्यास मंडळ, आणि
सदस्य, व्यवस्थापन परिषद,
शिवाजी विद्यापीठ, कोल्हापूर

# लेखक–परिचय

**डॉ.अर्जुन हरीभाऊ मुसमाडे** (M.A., M.Phil, Ph.D.)

- टिकाराम जगन्नाथ कला, वाणिज्य व विज्ञान महाविद्यालय, खडकी, पुणे-३ येथे १८ वर्षे भूगोल विषयाचे अध्यापन.

- लोकसंख्या भूगोल, भारताचे भौगोलिक विश्लेषण, या पुस्तकांचे लेखन.

- लोकसंख्या, भारताची लोकसंख्या या विषयावर वृत्तपत्रांमध्ये लेखन.

- सुमारे ३८ राष्ट्रीय व राज्य पातळीवरील भूगोल विषयाच्या चर्चासत्रात सहभाग, २३ चर्चासत्रांमध्ये शोध निबंधांचे वाचन.

- १९ शोधनिबंध विविध नियतकालिकांमधून प्रसिद्ध झालेले.

- महाराष्ट्र भूगोलशास्त्र परिषद, पुणे – निमंत्रित सदस्य.

- तीन लघुशोध प्रकल्प.

- महाविद्यालयात पाच वर्षे कार्यक्रम अधिकारी, तीन वर्षे विद्यार्थी कल्याण अधिकारी म्हणून काम.

- महाविद्यालय परीक्षा अधिकारी म्हणून नेमणूक.

**डॉ. मोरे ज्योतिराम चंद्रकांत (M.A., Ph.D.)**

- भारतीय जैन संघटनेचे कला, विज्ञान व वाणिज्य महाविद्यालयात भूगोल विभाग प्रमुख म्हणनू १८ वर्षे कार्यरत आहेत.

- २०१० पासून महाराष्ट्र भूगोलशास्त्र परिषदेचा सचिव असून या परिषदेच्या राष्ट्रीय स्तरावरील जर्नल्सचा कार्यकारी संपादक आहे.

- सदस्य, भूगोल अभ्यास मंडळ, पुणे विद्यापीठ ७ पुस्तके प्रकाशित व २७ संशोधन पेपर राष्ट्रीय व आंतरराष्ट्रीय जर्नल्समधून प्रकाशित आहेत. सध्या महाविद्यालयामध्ये भूगोल विभागाचे प्रमुख म्हणून कार्यरत आहेत. याशिवाय अनेक परिषदा, चर्चासत्रे, कार्यशाळांचे आयोजन व सहभाग महत्त्वपूर्ण आहे.

- राष्ट्रीय सेवा योजनेचा कार्यक्रम अधिकारी व जिल्हा समन्वयक म्हणून काम केले आहे.

- महाराष्ट्र शासनाच्या व्यसनमुक्ती समितीवर सदस्य म्हणून कार्यरत आहे. एम. फिल. व पीएच. डी. चे मार्गदर्शक असून सध्या सात विद्यार्थी पीएच. डी. चे मार्गदर्शन घेत आहेत.

# अनुक्रम

प्रकरण १

# संकटे, आपत्ती आणि भूगोल

## (Introduction to Hazards, Disasters and Geography)

---

पृथ्वीच्या उत्पत्तीसंदर्भात वेगवेगळ्या सिद्धान्तांचा अभ्यास करता, कोट्यवधी वर्षांपूर्वी तप्त वायू, धूळ, ढग यांचा प्रचंड गोळा असलेली पृथ्वी, पुढील काळात अनेक विविध भौतिक बदल होत जाऊन, घन स्थितीत आलेली आहे. आल्फ्रेड वेगेनर यांच्या मतानुसार, सुमारे १८ कोटी वर्षांपूर्वी पृथ्वीवरील सर्व खंडीय व सागरीय भाग एकसंघ होते. आपल्या खंडवहन सिद्धान्तात वेगेनर यांनी या एकसंघ खंडित भागास 'पँजिया' (Pangaea) किंवा अखिल सागर तर एकसंघ सागरी भागास 'पँथलासा' (Panthalassa) अखिल भूमी असे नाव दिले, पृथ्वीच्या अंतर्गत शक्ती व इतर अनेक कारणांमुळे हे एकसंघ भाग विघटित होऊन आजची पृथ्वीवरील स्थिती निर्माण झाली आहे. आज ज्या जागेवर हिमालय पर्वत आहे, त्या ठिकाणी अस्तिवात असलेला 'टेथिस' (Tethys Sea) समुद्र या सर्वच ठिकाणी त्या त्या काळात असणाऱ्या सजीव सृष्टीतील प्राणी, पक्षी, वनस्पती, कीटक, जीवजंतू यांना बदलत्या खंडरचनेला तसेच बदलणाऱ्या सागर रचनेला सामोरे जावे लागले असेलच!

प्राचीन काळातील मानवी संस्कृतीचा अभ्यास केल्यास पृथ्वीच्या पोटात गाडली गेलेली ग्रीक, बॅबिलोनियन किंवा भारतातील सिंधू संस्कृती या आधीच्या काळातील लोप पावलेली मेसापोटेमियस संस्कृती, यांचा एकत्रित विचार केल्यास असे लक्षात येते की, या सर्व संस्कृती लोप पावण्याची निश्चित कारणे सापडत नसली तरी, कुठल्या तरी नैसर्गिक संकटांनी या संस्कृतींचा, तेथील सजीव सृष्टीचा प्रचंड मोठ्या प्रमाणात संहार झाला असावा. थोडक्यात, असे सांगता येईल की, संकटे किंवा वेगवेगळ्या प्रकारच्या आपत्ती या पृथ्वीवरील आजच्या घटना नसून कोट्यवधी वर्षांपासून पृथ्वी व पृथ्वीवरील सजीव सृष्टी अशा अनेक संकटांना तोंड देत आहे.

प्राचीन काळी विज्ञान प्रगतीच्या मागासलेपणामुळे आपत्तीची कारणे, तीव्रता व

परिणामांची मीमांसा करणे मानवाला शक्य नाही. त्यामुळेच प्राचीन काळातील विविध आपत्ती व संकटे यांचे विवेचन अगर या आपत्तींवरील उपाययोजना यांचा विस्तृत अभ्यास केलेला आढळून येत नाही.

सन १८५० नंतर भूगोलशास्त्राच्या अभ्यासात आमूलाग्र बदल झाला. भूगोलाच्या आंतरविद्याशाखीय अभ्यासस्वरूपामुळे वेगवेगळ्या विषयांचा भूगोलअभ्यासात विचार झाला, त्याचप्रमाणे इतर अभ्यासात भूगोलाची मदत घेणे अपरिहार्य होत गेले.

वेगवेगळ्या नैसर्गिक आपत्तींचा अभ्यास करताना असे लक्षात आले की, सर्वच नैसर्गिक आपत्तींचा व भौगोलिक घटकांचा निकटचा संबंध असतो. वेगवेगळ्या काळांत तसेच वेगवेगळ्या ठिकाणी, भौगोलिक घटकांमध्ये झालेल्या बदलांचा संबंध नैसर्गिक आपत्तींशी असल्याचे दिसून आले. भूकंप, पूर, वणवा, वादळे यांसारख्या अनेक आपत्तींचा अभ्यास करताना, या आपत्तीची कारणे शोधताना तसेच आपत्तीच्या परिणामांची तीव्रता अभ्यासताना आणि आपत्तीवर उपाययोजना करताना भौगोलिक घटकांची पूर्तता करण्यासाठी अभ्यास करणे आवश्यक आहे, म्हणूनच 'आपत्ती व्यवस्थापनाचा भूगोल' ही नवीन अभ्यास शाखा भूगोलशास्त्रात उदयास येत असून भौतिक व मानवी भूगोल असे दुहेरी स्वरूप या शाखेस प्राप्त होऊ लागले आहे.

## व्याख्या : संकटे व आपत्ती (Hazards And Disasters)

मानव जातीच्या उत्पत्तीपासूनच त्याने प्रतिकूल परिस्थितीशी समायोजन केलेले आहे. प्रचंड स्वरूपाच्या आपत्ती पूर्वीपासूनच घडत आहेत. भविष्यातही अशा संकटांना सजीव सृष्टीस सामोरे जावे लागणार आहे. वारंवार येणाऱ्या आपत्तींकडे काही वेळा कानाडोळा केला जातो, मात्र ज्या वेळेला आपत्तींमुळे पर्यावरणातील संपूर्ण अगर काही प्रमाणात सजीव सृष्टीला तसेच मानवी जीवनाला धोका निर्माण होतो, त्याचवेळी खऱ्या अर्थाने आपत्तीच्या भयानकतेची जाणीव होते. भूतलावर अनेक नैसर्गिक घटना घडत असतात. त्यामध्ये भूकंप, ज्वालामुखी, दुष्काळ, साथीचे रोग अशा विविध घटना घडत असतात. सर्वच घटना निसर्गनिर्मित असतात, असे नसून निसर्गाबरोबर मानवी हस्तक्षेपाचा संबंधही या घटनांशी असतो. नैसर्गिक आपत्तीतील बऱ्याच घटनांचे परिणाम लगेच दिसतात, तर काही बदल मंद आणि न जाणवणारेही भासतात. या सर्व गोष्टींचा विचार केल्यास संकटे व आपत्ती या संकल्पना काही प्रमाणात भिन्न असून त्यांच्या व्याख्याही वेगळ्या करता येतील.

## संकटे (Hazards)

संकटे ही क्रिया असून नैसर्गिक रचनेतील बदल व मानवी हस्तक्षेपाचा परिणाम यांचा या क्रियेशी घनिष्ट संबंध दिसून येतो.

'संकटे म्हणजे अशी प्रक्रिया, की ज्या प्रक्रियेमुळे मानव, भूरचना व आर्थिक मालमत्ता यांना धोका निर्माण होतो.' याच बरोबर अशीही व्याख्या करता येईल, 'ज्या क्रियेमुळे मानवी जीवन काही अंशी किंवा पूर्णपणे उद्‌ध्वस्त होते अशी क्रिया.'

मानवी जीवनाचा विचार करताना त्याच्या जीवनात येणाऱ्या संकटांना तीन गटांत विभागता येईल.

१) नैसर्गिक संकटे (Natural Hazards)

२) मानवनिर्मित संकटे (Man-made Hazards)

३) सामाजिक नैसर्गिक संकटे (Social Natural Hazards)

'पूर्णपणे नैसर्गिक कारणांमुळे तसेच मानवाच्या नैसर्गिक संरचनेतील अतिरेकी हस्तक्षेपांमुळे किंवा अनेक सामाजिक घटनांमुळे मानवी जीवनाला धोका निर्माण होऊन मानवी जीवन व त्यांची मालमत्ता यांच्या अस्तित्वाला धोका निर्माण होतो यालाच 'संकटे' असे म्हणता येईल.'

संकटे ही माफक संकल्पना वाटत असली तरी तिचे विस्तृत रूप तयार होऊन आपत्तीनिर्मिती होते. थोडक्यात, संकटातूनच आपत्ती निर्माण होते.

**आपत्तीचा अर्थ (Meaning of Disasters)**

कोणत्याही संकटाच्या निर्मितीस्थानाचे स्वरूप कसे आहे; यावर त्या संकटाच्या परिणामांची तीव्रता अवलंबून असते. संकटाच्या तीव्रतेवर त्या संकटांमुळे होणारे विध्वंसाचे प्रमाण अवलंबून असते. संकटाची तीव्रता जर खूपच जास्त असेल, तर अशा तीव्र स्वरूपाच्या संकटालाचा आपत्ती असे म्हणतात. आपत्ती (Disaster) म्हणजे मोठे संकट होय.

Disaster हा मूळ फ्रेंच शब्द असून 'Dis' व 'aster' या दोन शब्दांपासून Disaster या शब्दाची निर्मिती झालेली आहे. dis = bad म्हणजे 'वाईट' आणि aster = star म्हणजे 'वाईट तारा' याचाच अर्थ वाईट घटना किंवा विध्वंसक घटना होय. संयुक्त राष्ट्रसंघाने आपत्तीची व्याख्या करताना असे म्हटले आहे की, 'आपत्ती म्हणजे अशी घटना की, ज्यामुळे अगदी आकस्मिकपणे प्रचंड मानवी जीवितहानी, त्याचप्रमाणे अन्य प्रकारची हानी संभवते.' या व्याख्येतील 'आकस्मिकपणे' आणि 'प्रचंड' या दोन्ही गोष्टी महत्त्वाच्या असून, आपत्ती ही पूर्वसूचना न देता आकस्मिकपणे ओढवते. तिचा आगाऊ अंदाज येऊ शकत नाही. त्याबद्दल सावधगिरीच्या योजना नियोजित करता येत नाहीत, 'प्रचंड' या शब्दातून आकस्मिकपणे येणाऱ्या संकटाच्या तीव्रतेमुळे होणाऱ्या नुकसानीची व्याप्ती स्पष्ट होते. याचाच अर्थ आपत्तीमुळे होणारे नुकसान हे मर्यादित क्षेत्रापुरते किंवा मर्यादित लोकसंख्येपुरते सीमित रहात नसून यामुळे होणारे नुकसान पूर्णपणे भरून येऊ शकत नाही. या संकटातून वाचलेल्या लोकांनाही आयुष्य नव्यानेच सुरू करावे

लागते. आपत्ती विस्तृत प्रदेश व्यापून टाकते. लक्षावधी जनतेला तिची झळ एकाच वेळी पोहोचते. ज्या परिसरात ही झळ पोहोचते त्या परिसरातील आर्थिक मालमत्तेचे खूप मोठ्या प्रमाणात नुकसान होत असते. या घटनेचा विस्तृत प्रदेशातील मोठ्या आकाराच्या समाजावर दीर्घकालीन परिणाम होतो. हे परिणाम आर्थिक, सांस्कृतिक, राजकीय, सामाजिक, धार्मिक, कायदा, न्याय आणि प्रशासन अशा सर्वच क्षेत्रांत होतात. आपत्ती जेव्हा विस्तृत किंवा सर्वच क्षेत्रांत होतात, आणि जेव्हा विस्तृत किंवा सर्वच भागांवरील लोकांवर ओढवते, तेव्हाच तिची तीव्रता साऱ्यांनाच जाणवते. आपत्तीची तीव्रता व व्याप्ती यावरून त्यांच्या ८० ते ८३ (एल शून्य ते एल तीन) अशा वेगळ्या पातळ्या करण्यात आलेल्या आहेत.

जागतिक आरोग्य संघटनेने आपत्तीची व्याख्या पुढीलप्रमाणे केली आहे, 'आपत्ती म्हणजे मानवावर आलेले संकट की ज्याबाबत मानवास कोणत्याही स्वरूपाची पूर्वकल्पना किंवा पूर्वसूचना असत नाही. या आपत्तीमुळे निर्माण होणारी विध्वंसक परिस्थिती अतिशय विस्तृत प्रदेशात असते, तसेच जास्तीतजास्त लोकांना एकाच वेळी या संकटाचा तडाखा बसतो. ज्या संकटाने मोठ्या प्रमाणात वित्त व जीवितहानी होते व ही हानी सहज भरून येत नाही.'

'देशाच्या अर्थव्यवस्थेवर व मानवी जीवनावर गंभीर स्वरूपाचे परिणाम घडवून आणणारी कमी काळात घडलेली विशेष घटना म्हणजे आपत्ती होय.' आपत्ती ही अशी विशेष घटना असते, किंवा घटनांची मालिका असते की ज्या घटनेमुळे किंवा घटनांच्या मालिकेमुळे संपत्तीचे अतोनात नुकसान होते. अत्यावश्यक सेवा विस्कळीत होतात. मदत वेळेवर मिळाली नाही तर, आपत्तीग्रस्त समाज कायम स्वरूपासाठी नष्ट होतो, किंवा असा समाज लवकर पूर्वपदावर येऊ शकत नाही.

ऑक्सफर्ड शब्दकोशानुसार आपत्ती म्हणजे 'अचानक ओढवलेले मोठे दुर्दैवी संकट होय.' आपत्ती व संकटे या दोन संकल्पनांत मूलभूत फरक आहे. संकटे हा एक धोका असतो, तर आपत्ती ही विस्तृत संकल्पना आहे. आपत्तीची कारणे, परिणामांची तीव्रता, आपत्तीमुळे होणाऱ्या नुकसानीचे प्रमाण, जीवित व वित्तहानी या सर्वांत विस्तृतता असते. या घटनेमुळे अतिविशाल स्वरूपात नाश होतो. विसाव्या शतकाचा जागतिक पातळीवर विचार केला, तर या शतकात जगात ३० प्रमुख नैसर्गिक आपत्ती आल्या. त्यापैकी १७ भूकंप, १० चक्रीवादळे, २ महापूर व उर्वरित ज्वालामुखी उद्रेक यांचा समावेश होतो. जगातील मोठा प्रदेश विस्तृत स्वरूपात त्या त्या आपत्तींनी व्यापला होता. त्या आपत्तींमुळे मोठ्या प्रमाणावर जीवित व वित्तहानी झालेली होती. 'द्वीपकल्पीय भारताचे पठार' एक स्थिरभूमी आहे असे मानत असतानाच, १९६७ चा कोयना भूकंप व १९९३ चा (किल्लारी) लातूरचा भूकंप या गोष्टीला छेद देणारी ठरली. महाराष्ट्रातील हे दोनही भूकंप फक्त संकटेच

नव्हती, तर विस्तृत प्रदेश व्यापून टाकणारी भयानक आपत्ती होती.

मानवी जीवनाच्या प्रगतीबरोबरच आपत्तीचे स्वरूप व आपत्ती प्रकारात बदल होत गेले आहेत. पूर्वीच्या काळी म्हणजे, ज्या काळात मानव अप्रगत होता, तो भटके जीवन अगर मागासलेले जीवन जगत होता, त्या काळातील बऱ्याच आपत्ती या नैसर्गिक स्वरूपाच्या व नैसर्गिक कारणांशी निगडित होत्या.

मात्र, मानवाची जसजशी प्रगती होत गेली, तंत्रज्ञान विकासाबरोबर मानवी राहणीमान यात सुधारणा होत गेल्या, तसतशी संकटे वाढतच गेलेली दिसतात. विकासाचा उच्च टप्पा गाठण्याच्या प्रयत्नात मानवाने निसर्गात व नैसर्गिक स्वरूपात खूप मोठ्या प्रमाणात बदल करण्याचा प्रयत्न केला, मानवी समाज व निसर्ग यांच्यातील गुंतागुंत त्यामुळे अधिकच वाढत गेली. प्रचंड वाढणाऱ्या लोकसंख्येच्या गरजा भागविण्यासाठी नैसर्गिक घटकांचा अतिरिक्त वापर झाल्याने मानवनिर्मित व निसर्गनिर्मित अशा दुहेरी स्वरूपाच्या संकटांची निर्मिती होऊन त्या संकटांची तीव्रताही अनेक पटींनी वाढत गेलेली दिसते.

वेबस्टर शब्दकोशामध्ये आपत्ती (Disaster) या शब्दाची अतिशय कमीतकमी शब्दांत सर्वसमावेशक व्याख्या दिलेली आहे.

**अभ्यास हेतू (Aims and Objectives)**

कोणतीही संकटे किंवा आपत्ती एकमेकांसारखी नसतात. आपत्तीनिर्मितीची कारणे, आपत्तीनिर्मितीचा काळ, आपत्तीचे प्रदेश, आपत्तीचे वेगवेगळ्या भौगोलिक प्रदेशांवर होणारे परिणाम यात भिन्नता दिसून येत असते. आपत्तीचे पर्यावरणीय, वैद्यकीय, सामाजिक, प्रशासकीय तसेच आर्थिक स्वरूपाचे दूरगामी परिणाम असतात. या सर्व परिणामांचा अभ्यास करून त्यावर उपाययोजना करण्याच्या सुधारित पद्धती कशा निर्माण करता येतील, हा या विषयाच्या अभ्यासाचा मुख्य हेतू आहे.

१) नैसर्गिक किंवा भूभौतिक आपत्तींमुळे पृथ्वीच्या भूरूपात बदल घडून येतात. भूकंप, ज्वालामुखी, त्सुनामी, भूप्रपात, भूमीपात तसेच भूकवचातील भूप्रक्षोभक हालचाली, प्रस्तरभंग, क्षारीकरण आणि जलप्रलय यांसारख्या नैसर्गिक आपत्तींमुळे भूकवचावर विपरीत व कायमस्वरूपी परिणाम होऊन भौगोलिक रचना बदलते. या भौगोलिक रचनेतील बदलाचे परिणाम मानवी जीवनावर होत असतात. या नैसर्गिक आपत्तीच्या कारणांचा व परिणामांचा अभ्यास विवेचनात्मक स्वरूपात करणे, हा एक मुख्य उद्देश या विषयाच्या अभ्यासाचा आहे.

२) वैद्यकीय दृष्ट्या आपत्तीचे वेगवेगळे परिणाम जनमानसावर झालेले दिसून येतात. आपत्तीमुळे अनेक माणसे जखमी होतात. आपत्तीमुळे माणसे दगावतात. माणसे दगावणे व जखमी होणे यामुळे तीव्र स्वरूपाचा भावनिक व मानसिक ताण निर्माण होतो. अनेक

साथीचे रोग निर्माण होतात. त्यातील बरेच साथीचे रोग तात्पुरते असतात. आपत्तीत जखमींना मदत ताबडतोब कशी पोहोचविता येईल, भावनिक व मानसिक ताण कमी कसा करता येईल, त्याचप्रमाणे तात्पुरते साथीचे रोग नियंत्रणात कसे आणता येतील, या सर्व गोष्टींचा अभ्यास करण्यासाठी वेगवेगळ्या शास्त्रांची मदत घेणे आवश्यक ठरते. वैद्यकीय परिणामांची तीव्रता कमी करण्यासाठी या विषयाचा अभ्यास व्हावा, हा ही या विषयाच्या अभ्यासाचा उद्देश मानावा लागतो.

३) आपत्तीचा परिणाम मानवी जीवनावर ज्याप्रमाणे होतो, त्यापेक्षा जास्त आर्थिक, सामाजिक, राजकीय तसेच प्रशासकीय आणि व्यवस्थापकीय रचनांवर दूरगामी परिणाम होत असतात. या परिणामांचा सविस्तर अभ्यास करून योग्य त्या उपाययोजना सुचवणे हा या विषयाच्या अभ्यासाचा मुख्य हेतू आहे.

आपत्तीमुळे मोठ्या प्रमाणात आर्थिक घटकांचे नुकसान होते. त्याचा परिणाम मानवी समूहावर होऊन उत्पादनसाधनांवर अतिरिक्त ताण पडण्यास सुरुवात होते. प्रशासकीय आणि व्यवस्थापकीय रचनेवर याचा एकत्रित परिणाम होऊन सामाजिक व राजकीय समस्या निर्माण होतात. लोकांच्या गरजा भागविण्यासाठी सरकारी यंत्रणेस अनेक नवीन उत्पादनसाधने व पर्यायी व्यवस्थांचा विचार करावा लागतो. या सर्व गोष्टींना आपत्ती व्यवस्थापन अभ्यासाची मदत व्हावी, हा ही या अभ्यासक्रमाचा हेतू आहे.

वरील सर्व गोष्टींचा विचार करता संकटे व आपत्ती यांच्या अभ्यासाला खूप महत्त्व आहे, हे लक्षात येते. हा अभ्यास करणे, आजच्या काळात का आवश्यक आहे हे पुढील उद्देशांवरून लक्षात येते.

१) आपत्ती व संकटे याबद्दल ज्ञान आणि माहिती मिळविणे

२) संकटे व आपत्ती या समस्येच्या स्वरूपाची आणि परिणामांची तीव्रता समजावून घेणे

३) वेगवेगळ्या मानवनिर्मित तसेच नैसर्गिक आपत्तींची कारणे शोधून त्या आपत्तींची प्रक्रिया समजावून घेणे

४) विविध प्रदेशांतील आपत्तींच्या स्वरूपाची व परिणामांची तीव्रता समजावून घेऊन नुकसान कमी करण्यासाठी संरक्षणात्मक निराकरणीय उपाययोजनांचा शोध घेऊन तो सर्वांपर्यंत पोहोचविणे

५) विविध प्रकारच्या आपत्ती नियंत्रणाच्या उपाययोजना कार्यान्वित करून धोरणे निश्चित करणे

६) आपत्तीच्या स्वरूपाची निश्चितपणे ओळख करून घेऊन, आपत्तीवर मात करण्याचे सामर्थ लोकांमध्ये निर्माण करणे

७) उपलब्ध साधनसंपत्तीचा पर्याप्त वापर करून नवीन समस्या निर्माण होण्यास पायबंद घालणे

८) मानवी जीवन सुखावह होऊन राष्ट्राला आपत्तीमुक्त ठेवून राष्ट्रीय प्रगतीकडे मार्गक्रमण करणे

९) आपत्तीच्या काळात आपत्तीग्रस्त लोकांना मानसिक, सामाजिक, आर्थिक व वैद्यकीय मदत करण्याच्या विविध योजना तयार करणे

वरील विविध हेतू डोळ्यांसमोर ठेवून संकटे व आपत्ती या संकल्पनांचे समस्यात्मक व उपायात्मक अभ्यासाचे महत्त्व ओळखून व्यवस्थापन केल्यास पुढील काळात या विषयाच्या अभ्यासाला अधिक मोठ्या प्रमाणात महत्त्व प्राप्त होणार आहे.

## आपत्ती व्यवस्थापन भूगोलाच्या अभ्यासाचे स्वरूप (Nature of Study)

आपल्या व्यवस्थापन अभ्यासामध्ये भूरूपशास्त्रीय, वातावरणीय, जलवर्णीय इत्यादी नैसर्गिक त्याचप्रमाणे प्राणीजन्य आणि वनस्पतीजन्य यांसारख्या जैविक आणि लोकसंख्या विषयक, आर्थिक, सामाजिक, राजकीय घटकांचा आपत्तीच्या दृष्टीने अभ्यास केला जातो. आधुनिक काळाची प्राचीन काळाशी तुलना केल्यास मानवी कृत्यामुळे आधुनिक काळात आपत्तीची तीव्रता व व्यापकता वाढत असल्याचे दिसून येते. आपत्तीचा कार्यकारणभाव शोधून तपासणे, त्यांची कारणमीमांसा करून, त्यांचे योग्य नियोजन व व्यवस्थापन करणे ही बदलत्या काळाची मुख्य गरज बनलेली आहे. आज समस्यांचे अगर आपत्तींचे गांभीर्य लक्षात घेऊन त्यांचा सर्व अंगांनी अभ्यास केला जात आहे. त्यामुळे भौगोलिक, तसेच काळानुसार संदर्भ घेऊन आपत्तीचा सूक्ष्म स्वरूपात अभ्यास करत असताना या विषयाच्या अभ्यासाचे स्वरूप अधिक व्यापक होत चालले आहे.

अप्रगत मानवी समूहांना प्राचीन काळात ज्या आपत्तींना सामोरे जावे लागले, त्या समस्यांमध्ये नैसर्गिक आपत्तींचे प्राबल्य जास्त होते. भूकंप, पूर यासारख्या आपत्तींना मानवाला सामोरे जावे लागत होते, परंतु काळाच्या ओघात विज्ञान क्षेत्रात प्रगती होत गेली, त्या प्रगतीचा परिणाम प्रत्यक्षपणे मानवी आरोग्य सुविधांवर झाला. वाढती लोकसंख्या, प्रगत तंत्रज्ञान यामुळे मानवाला तोंड द्यावे लागणाऱ्या आपत्तींचे स्वरूप नैसर्गिक आपत्तींपुरतेच मर्यादित राहिले नाही, तर ते मानवाच्या कृतीशी जोडले गेले. आपत्तींचे फक्त नैसर्गिक स्वरूप राहिले नसून, जैविक आपत्ती, मानवनिर्मित आपत्ती, दहशतवाद, अपघात इत्यादी नवीन आपत्ती प्रकार पुढे आले. या आपत्तीचे कारण शोधणे, आपत्तीची तीव्रता तपासणे, त्या आपत्तीचे व्यवस्थापन करणे यासाठी या विषयांच्या अभ्यासाच्या स्वरूपात काळानुरूप बदल होत गेला. तसेच या विषयाच्या अभ्यास(Disaster) पद्धतीत बदल करावा लागला; म्हणूनच असे म्हणता येते की, या

विषयाच्या अभ्यासाचे स्वरूप अतिशय गतिमान आहे.

त्या त्या काळात घडणाऱ्या आपत्तींचा भूगोलशास्त्राशी निकटचा संबंध असतो. तसेच भूगोलशास्त्राचा इतर सर्वच शाखांशीही संबंध येत असतो. नैसर्गिक आपत्तींचा अभ्यास करावयाचा झाल्यास भूरूपशास्त्र, भूगर्भशास्त्र यांच्या अभ्यासाची मूलभूत आवश्यकता असते. त्याचप्रमाणे वातावरणशास्त्र, जलशास्त्र, सामुद्रिकशास्त्र यांचा नैसर्गिक आपत्तींशी जवळचा संबंध असतो.

मानवनिर्मित आपत्तीचा अभ्यास करावयाचा झाल्यास लोकसंख्या वाढ, लोकसंख्या घनता तसेच लोकसंख्या वितरणाचा अभ्यासही महत्त्वाचा आहे. मानवनिर्मित आपत्तींचा अभ्यास करताना आर्थिक घटकांतील आमूलाग्र बदल अभ्यासताना, अर्थशास्त्राचा अभ्यासही तितकाच महत्त्वाची भूमिका बजावत असतो. इतर सामाजिक शास्त्रांचा व व्यवस्थापनशास्त्राचा निकटचा संबंध मानवनिर्मित आपत्ती अभ्यासात महत्त्वाचा मानावा लागतो. आपत्तीच्या तीव्रतेचे मूल्यमापन करून नुकसानीचा अंदाज करणे, आपत्ती व्यवस्थापनात अतिशय महत्त्वाचे असते. त्यावरूनच आपत्तीनिवारण योजनांचे नियोजन करणे शक्य असते. त्यासाठी आपत्तीव्यवस्थापन अभ्यासकाला गणित व संख्याशास्त्राची मदत घ्यावी लागते. आपत्तीच्या वेळी अनेक लोक जखमी होतात, अशा वेळी वैद्यकशास्त्राच्या नियमानुसार कमीतकमी वेळात जास्तीतजास्त व्यक्तींना वैद्यकीय सुविधा कशा देता येतील याचा विचार करावा लागतो. वैद्यकीय सेवा देत असतानाच काही वेळा जलद शस्त्रक्रियांचे नियोजन करावे लागते. आपद्ग्रस्तांना आरोग्यविषयक मदत करताना वैद्यकशास्त्राची मोठी मदत होत असते.

आपत्तीच्या वेळी अतिरिक्त भावनिक व मानसिक ताण आपत्तींनी ग्रस्त झालेल्या लोकांना व त्यांना मदत करणाऱ्या सेवाभावी लोकांना सहन करावा लागत असतो. त्यांच्यावरील भावनिक व मानसिक ताण कमी करण्यासाठी मानसशास्त्राचा काही प्रमाणात आधार घेता येऊ शकतो. याशिवाय आपत्तीव्यवस्थापनाचा अभ्यास करताना भौतिकशास्त्र, संरक्षणशास्त्र, राज्यशास्त्र, इतिहास तसेच जीवशास्त्र या सर्व शास्त्रांशी घनिष्ट संबंध येतो, म्हणूनच या विषयाच्या अभ्यासाचे स्वरूप आंतरविद्याशास्त्रीय (Interdisciplinary Nature) आहे, असे म्हणता येईल.

आपत्तीव्यवस्थापनाच्या भूगोलात ज्या आपत्तींचा तात्कालिक अभ्यास केला जातो, त्या आपत्तींचे अस्तित्व स्पष्ट, दृश्य स्वरूपात असते. आपत्ती ही काल्पनिक किंवा अवास्तव मुळीच नसते. आपत्तीच्या वस्तुस्थितीचा अभ्यास या विषयात केला जातो. या अभ्यासातून काढलेले निष्कर्ष तथ्यावर आधारित असल्याने 'आपत्तीव्यवस्थापन भूगोलाचे अभ्यास स्वरूप' अवास्तव नसून वास्तव असे अभ्यासस्वरूप आहे.

आपत्तीचा अभ्यास करताना विविध आपत्तींची कारणे, त्या आपत्तींची व्याप्ती व

तीव्रता, परिणामांचे स्वरूप व तीव्रता, या आपत्तींना सामोरे जाण्यासाठीच्या उपाययोजना या सर्व गोष्टींचा अभ्यास शास्त्रीय दृष्टिकोनातूनच केला जातो. उदा. त्सुनामी, एल-निनो, साथीचे रोग, पूर, ज्वालामुखी, विषारी वायूगळती यांसारख्या आपत्तींचा अभ्यास शास्त्रीय निकषांवर आधारित आहे. या आपत्तींवरील निष्कर्ष शास्त्रीय चौकटीतच काढावे लागतात व त्यानुसार त्या आपत्तींची कारणे, परिणाम-उपाययोजना आखल्या जातात. म्हणजेच विविध आपत्तींचा अभ्यास करताना शास्त्रीय दृष्टिकोनाचा विचार केला जातो, म्हणूनच या विषयाचे स्वरूप 'शास्त्रीय' आहे असे म्हणता येईल.

आपत्तीची तीव्रता कमी करण्यासाठी विविध स्तरांवर संशोधन करून जीवितहानी कमी कशी करता येईल, या दृष्टीने आपत्तीव्यवस्थापनाचा अभ्यास करणे अभिप्रेत आहे. विविध नियोजनांतून आपत्तींमुळे निर्माण होणारी जीवित व वित्तहानी संपूर्णपणे टाळता येत नसली, तरी आपत्तींच्या परिणामांची तीव्रता कमी करून जीवित व वित्तहानी काही प्रमाणात कमी करता येते. तसेच आज आपत्तीची पूर्वसूचना काही प्रमाणात देणे शक्य झाले आहे. पूर्वसूचनेमुळे लोकांना सुरक्षित स्थळी हलविणे शक्य होते. तसेच घटनास्थळी तत्काळ मदत पोहोचविणे शक्य होते, त्यामुळे आपत्तीग्रस्त भागातील मानवाचे काही अंशी कल्याण साधले जात असल्याने या विषयाच्या अभ्यासाचे स्वरूप आज मानवकल्याणकारी बनत चालले आहे.

कोणती आपत्ती निर्माण झाली? ती कोणत्या प्रदेशात निर्माण झाली? तिची व्यापकता किती आहे? आपत्तीनिर्मितीची नेमकी कारणे कोणती आहेत? या परिसरातील लोकांना आपत्ती काळात कोणती मदत कोणत्या स्वरूपात देणे आवश्यक आहे? ही मदत कशी पोहोचवता येईल या सर्व गोष्टी भौगोलिक दृष्टिकोनातून चिकित्सक व क्रमबद्ध स्वरूपात अभ्यासल्या जातात; म्हणून या विषयाच्या अभ्यासाचे स्वरूप क्रमबद्ध आहे असे म्हणता येईल.

वेगवेगळ्या आपत्तींचा अभ्यास पुढील काळात येणाऱ्या नवीन आपत्तींचे व्यवस्थापन करताना मदत करत असतो. मागील अनुभवाचा फायदा नवीन आपत्तींना तोंड देताना होतो; म्हणूनच इतर शास्त्रांप्रमाणे या विषयाचे अभ्यासस्वरूपही अनुभवाधिष्ठित आहे असे म्हणता येईल.

काळाच्या ओघात आपत्तीचे स्वरूप व संख्या वाढत चालली आहे. अशा आपत्तींचा अभ्यास या शास्त्राकडून होणार आहेच, त्यामुळे भविष्यात जलदगतीने विस्तारणारे अभ्यास स्वरूप या विषयाला लाभून गतीने विस्तारणाऱ्या विषयांशी या अभ्यासाची तुलना होणार आहे.

## आपत्ती व्यवस्थापन अभ्यासाची व्याप्ती (Scope of Study)

अचानक कोसळणाऱ्या प्रत्येक संकटास आपण ढोबळमानाने आपत्ती असे संबोधतो. आजपर्यंत पृथ्वीने अशी अनेक संकटे आघात म्हणून सोसली आहेत. अशा आघातांमुळे मानवाचे अतोनात नुकसान झालेले आहे. नैसर्गिक घटकांचा दर्जा खालावण्यात अथवा नैसर्गिक असमतोलाची परिस्थिती निर्माण होण्यात मानवाच्या अतिरेकी आर्थिक उन्नतीच्या प्रयत्नाचे ऋण स्वरूपाचे चित्रण दिसते.

मानवाच्या नैसर्गिक रचनेतील हस्तक्षेपामुळे कित्येक वर्षांपूर्वीच्या जुन्या प्रश्नांनी आता उग्र स्वरूप धारण करण्यास सुरुवात केलेली दिसते. वाढती लोकसंख्या व तिच्या वाढत्या गरजा त्यामुळे निर्माण होत असलेल्या समस्या यांचे स्वरूप आपत्ती स्वरूपात उग्र रूप धारण करत असल्याचे दिसून येते.

ढोबळमानाने आपत्तीचे नैसर्गिक आपत्ती व मानवनिर्मित आपत्ती असे वर्गीकरण करता येते. नैसर्गिक आपत्तीचा अभ्यास करताना भूभौतिक स्वरूपाच्या आपत्ती आणि जैविक आपत्ती अशा प्रकारांत आपत्तींचा अभ्यास करावा लागतो.

भूरूपशास्त्रीय व भूगर्भीय आपत्तींमध्ये भूकंप, ज्वालामुखी या आपत्तींच्या अभ्यासातून भूगर्भरचनेचा विस्तृतपणे अभ्यास होत असल्याने संकटे व आपत्ती-भूगोलाची व्याप्ती प्राकृतिक भूगोलाच्या अभ्यासापासून सुरू होते असे म्हणता येईल. त्सुनामीसारख्या आपत्तीची निर्मिती खोल समुद्राच्या अंतर्गत भागात होत असली तरी, या आपत्तीचा विध्वंसक परिणाम किनारी प्रदेशाला सहन करावा लागतो. भूमीपात, भूप्रपात, प्रस्तरभंग, विदारण, जलप्रलय यांसारख्या अस्मानी आपत्तींचा अभ्यास जमिनीवरील घटकांशी जितका निगडित आहे, तितकाच तो सागररचनेशीही निगडित आहे. त्यामुळे असे म्हणावे लागते की, आपत्ती भूगोलाच्या अभ्यासाची व्याप्ती फक्त भूखंडाशीच निगडित नसून सागर रचना, सागरीय हालचालींपर्यंत या विषयाची व्याप्ती वाढत गेलेली दिसते.

वातावरणीय रचनेतील बदलांमुळे आज जगातील अनेक प्रदेश हवामान बदलाला सामोरे जात आहेत. उष्ण व शीतउष्ण, हिमवादळे, गारपीट, बर्फवृष्टी, चक्रीवादळे, दुष्काळ, महापूर यासारख्या आपत्तींचा संबंध हवामान बदलाशी आहे. मानवी जीवनातील प्रगतीने निसर्गाचे मूळ स्वरूप बदलविण्याचा प्रयत्न केला. त्यातूनच हवामानाशी निगडित आपत्तींना मानवास सामोरे जावे लागत आहे. त्यातूनच आपत्ती व्यवस्थापनाचा भूगोल अभ्यासताना वातावरणीय घटकांचा व्यापक स्वरूपात अभ्यास करावा लागत असल्याने या अभ्यासाची व्याप्ती वाढत जाताना दिसते.

जैविक आपत्तीसंदर्भात जंगल वणवा, बुरशीजन्य रोग प्रसारण (Blister), तणनफैलाव यांसारख्या आपत्तींचे प्रमाण पूर्वी खूपच कमी होते, मात्र आजच्या काळात

अतिरेकी प्रमाणात रासायनिक खते, कीटकनाशके यांचा वापर करून सुद्धा जैविक आपत्तींचे प्रमाण वाढत जाताना दिसते. आज जैवविज्ञानाचा अभ्यास आपत्तीव्यवस्थापन भूगोलाच्या व्याप्तीत समाविष्ट झाला आहे. वेगवेगळे साथीचे रोग उदा. हिवताप, कावीळ, प्लेग, विषारी प्राण्यांचे दंश, स्वाईन फ्ल्यू सारख्या विषाणूजन्य आपत्ती मानवी जीवनासमोर वेगळे आव्हान म्हणून उभ्या ठाकल्या आहेत. वेगवेगळ्या लसींच्या शोधातून मानवाने त्यावर मात करण्याचा प्रयत्न केला आहे. त्यातूनच वैद्यकीय शास्त्रातील अभ्यास, व्याप्ती वाढलेली दिसून येत आहे.

नैसर्गिक आपत्तींशिवाय अनेक आपत्ती या मानवाने स्वत: निर्माण केल्या आहेत. हेतुपुरस्सर युद्ध, आग, बॉम्बस्फोट, सत्तीचे स्थलांतर, दहशतवाद, बालकामगार, महिलांवरील बलात्कार या मानवनिर्मित आपत्तींचे व्यवस्थापन करण्यासाठी या विषयाच्या अभ्यासाची व्याप्ती समाजमनाच्या रचनेपर्यंत पोहोचली आहे.

आधुनिक काळात वेगवेगळे उपग्रह, सुदूर संवेदनप्रणाली, त्याचप्रमाणे भौगोलिक माहिती प्रमाणे (Geographical Infromation System - GIS) यांचा वापर करून आपत्तीबद्दल निश्चित माहिती मिळणे, तसेच आपत्तीची काही प्रमाणात पूर्वसूचना मिळणे शक्य झाले आहे. त्यामुळे जीवित व वित्तहानी काही प्रमाणात टाळता येऊ लागली आहे. या नवीन तंत्रज्ञानाचा अभ्यास हा ही या विषयाच्या विस्तृत व्याप्तीचाच भाग आहे.

**आपत्तीचे वर्गीकरण (Classification of Disasters)**

आपत्तींना नैसर्गिक व मानवनिर्मित अशा दोन ढोबळ प्रकारात विभागण्याची प्रथा आहे. आता मात्र नैसर्गिक आपत्तीच्या प्रकारांना प्राकृतिक व जैविक घटक वेगळे मानून आपत्तीचे वर्गीकरण केले जाते. कोणत्याही आपत्ती या विनाशकारी असल्याने भूगोल व आपत्ती व्यवस्थापन अभ्यासात अशा आपत्तींचे सविस्तर विवेचन मूलभूत ठरते. या विवेचनातून विविध आपत्तींवर मात करण्यासाठी कसे व्यवस्थापन करायचे, किंवा आपत्ती निवारणास कोणत्या उपाययोजना करावयाच्या याचा मार्ग शोधणे सोयीचे होते.

नैसर्गिक आपत्तींमध्ये भौगोलिक घटना खूपच महत्त्वाच्या असतात. नैसर्गिक आपत्ती या पृथ्वीवरील मृदावरण, जलावरण व वातावरण अशा विविध ठिकाणी घडून येतात. त्यांचा संपूर्ण सजीव सृष्टीवर परिणाम होत असतो. जैविक आपत्ती या वनस्पती व प्राणी जीवनाशी निगडित असतात. वनस्पतीजन्य आपत्तींत काही वनस्पतींचा संहार झाल्याने आपत्ती निर्माण होते, तर काही तण फैलावणे तसेच काही वनस्पतींची अतिरिक्त वाढ झाल्याने आपत्ती निर्माण होते.

## पर्यावरणीय आपत्तींचे वर्गीकरण

| नैसर्गिक आपत्ती | | जैविक आपत्ती | | मानवी आपत्ती | |
|---|---|---|---|---|---|
| **भूशास्त्रीय** | **वातावरणीय** | **वनस्पतीजन्य** | **प्राणीजन्य** | **अनाकलनीय** | **हेतुपुरस्सर** |
| १. भूकंप | १. अवर्षण | १. वणवा | १. विषाणू | १. अपघात | १. वाळवंटीकरण |
| २. ज्वालामुखी | २. दुष्काळ | २. ताणफैलाव | २. जिवाणू | २. प्रदूषण | २. युद्ध |
| ३. भूविवर्तन | ३. महापूर | ३. बुरशी | ३. टोळधाड | ३. विषारी वायूगळती | ३. आग |
| ४. विदारण | ४. वादळे | ४. बुरशीजन्य रोग | ४. प्राणिदंश | ४. क्षारीकरण | ४ बॉम्बस्फोट |
| ५. मृदाधूप | ५. अतिवृष्टी | | ५. कीटक | ५. पाणथळीकरण | ५. सक्तीचे स्थलांतर |
| ६. जलप्रलय | ६. हिमवादळे | | ६. हिंस्र पशू हल्ला | ६. मृदाधूप | ६. दहशतवाद |
| ७. त्सुनामी | ७. गारपीट | | | ७. भूमिपात | |
| ८. भूमीपात | ८. उल्कापात | | | ८. स्फोटकांचा साठा | |
| ९. क्षारीकरण | ९. उष्ण व शीत लाटा | | | ९. अणुचाचण्या | |
| | | | | १०. कीटकनाशके | |
| | | | | ११. आम्लपर्जन्य | |
| | | | | १२. ओझोनचा क्षय | |

सामान्यत: निसर्ग हाच साधनसंपत्तीचे मूळ स्रोत किंवा निर्मितीकेंद्र मानले जाते. निसर्गचक्रात विविध प्रकारच्या असंख्य घटना घडत असतात. त्यामुळे भूपृष्ठावर जलावरणात आणि वातावरणात काही क्षणांत प्रचंड बदल घडून येत असतात. हे बदल संपूर्ण मानवी जीवनावर विध्वंसक परिणाम करून मानवी जीवन बदलून टाकतात. त्यांनाच किंवा या बदलांनाच नैसर्गिक आपत्ती (Natural disaster) असे म्हणतात. अशा आपत्ती दररोज पृथ्वीच्या वेगवेगळ्या भागांवर घडत असतात, त्यांची तीव्रता, क्षमता व कालावधी वेगवेगळा असतो. तसेच नैसर्गिक आपत्तींची प्रक्रिया किती वेळ टिकेल हे ही सांगता येत नाही. भूकंप कोठे व किती तीव्रतेचा होईल हे सांगणे कठीण असते. त्यामुळे होणारी जीवितहानी व वित्तहानी वाळवंटी प्रदेशात कमी असेल; पण या उलट शहरी भागात जास्त असेल, भारत व जपानची तुलना करता सारख्याच तीव्रतेचा भूकंप होऊनही भारतात तुलनेने या आपत्तीत अधिक जीवितहानी होते.

१२ । आपत्ती व्यवस्थापनाचा भूगोल

विविध प्रकारच्या साथीच्या रोगांचा मानवी जीवनावर कमालीचा परिणाम होत असतो. स्वाईन फ्ल्यू मुळे पुण्यासारख्या शहरात शाळा, महाविद्यालये, चित्रपटगृहे, नाट्यगृहे व सार्वजनिक ठिकाणे आठ दिवस पूर्णपणे बंद ठेवण्यात आली होती; कारण या साथीचा जास्त प्रसार होऊ नये व साथ लवकर आटोक्यात आणून अशा आपत्तीवर मात करणे महत्त्वाचे होते. अशा प्रकारे नैसर्गिक, मानवनिर्मित व जैविक आपत्तींमुळे मानवी जीवनावर विपरीत परिणाम होत असतो.

प्रकरण २

# आपत्तीव्यवस्थापनातील मूलभूत संकल्पना
## (Basic Concepts in Disaster Management)

सुमारे १८ कोटी वर्षांपूर्वी 'पँजिया' (Pangaea) या एकसंघ खंडीय भागाचे हालचालीने दोन विभागांत विभाजन झाले. आजची खंडाची स्थिती निर्माण होण्यासाठी पृथ्वीने अनेक नैसर्गिक आघात सहन केले आहेत. भूकंप, ज्वालामुखी, भूसरकन या सारख्या आपत्ती तर पृथ्वीच्या जीवनातील सरावाच्या गोष्टी होऊन गेल्या आहेत. त्यातच मानवी हालचालींनी भर घालून आपत्तीची संख्या वाढवण्यास मदत केलेली दिसून येते.

इ. स. पूर्व ३७३ मध्ये ग्रीसमध्ये भूकंपाची पहिली नोंद झालेली दिसून येते; तर अगदी अलीकडच्या काळातील अतिविनाशकारी भूकंपाच्या भारतीय उपखंडाच्या दृष्टीने विचार केल्यास २६ जानेवारी २००१ चा भूज (गुजरात) मधील भूकंप खूपच विनाशकारी आपत्तीत समाविष्ट होतो. ३० सप्टेंबर १९९३ रोजी लातूर (किल्लारी) येथे झालेल्या भूकंपात सुमारे ७९२८ लोक मृत्यू पावले, तर किमान १६,००० लोकांना शारीरिक इजा पोहोचली. या व अशा अनेक नैसर्गिक व मानवनिर्मित आपत्तींमुळे पृथ्वीचे खूप मोठ्या प्रमाणात नुकसान होते. त्याचे परिणाम मानवी जीवन उद्ध्वस्त होण्यात होतात.

नैसर्गिक आपत्तींबरोबरच, मानवाने नैसर्गिक व्यवस्थेत आर्थिक उन्नतीच्या हव्यासामुळे नैसर्गिक रचनेत अनेक बदल घडवून आणल्यामुळे मानवनिर्मित आपत्तीं नाही सामोरे जावे लागत आहे. दुसऱ्या महायुद्धापासून मानवनिर्मित आपत्तींचे प्रमाण अधिकच वाढत गेलेले दिसते. आर्थिक विषमता, धार्मिक व वांशिक तेढ इ. अनेक कारणांनी अनेक देशांमध्ये अशांततेचे वातावरण निर्माण झाले आहे. अतिरेकी, धार्मिक वादामुळे दहशतवाद, राजकीय पुढारी, विमाने समाजातील मान्यवरांचे अपहरण या बाबी नित्याच्याच होऊन बसल्या आहेत. व्यापार वृद्धीने निर्माण झालेला आधुनिक वसाहतवाद, नवीन आपत्तींमध्ये भर घालताना दिसून येत आहे. या सर्व घटनांमुळे सामान्य माणूसच नेहमी होरपळला जातो.

आजच्या काळात अनेक देश अणुसंपन्न होत चालले आहेत. त्यातूनच सध्या नवीन संकट आपले डोके वर काढू लागले आहेत. जपानमधील त्सुनामीचा अणुभट्ट्यांवर झालेल्या परिणामांची घटना अगदी नवीन आहे. या सर्व आपत्तींच्या पार्श्वभूमीवर आपत्कालीन व्यवस्थापनाचे महत्त्व ही सर्व राष्ट्रांची प्रथम गरज झाली आहे. आपत्कालीन व्यवस्थापनाची गरज जितकी सरकारला आहे, तितकीच ती देशातील सामान्य नागरिकांनाही आहे. यासाठी आपत्कालीन व्यवस्थापनात नागरिकांचा थेट सहभाग अत्यावश्यक आहे. आपत्ती व्यवस्थापन विषयाशी माझा काय संबंध? असे सामान्य नागरिकास म्हणून चालणार नाही. फार तर फायर ब्रिगेड, पोलीस, होमगार्ड यांच्यापुरता हा विषय सीमित ठेऊन चालणार नाही. खरे तर सामान्य माणूस त्याच्या पातळीवर आपत्कालीन व्यवस्थापन करतच असतो. सामान्य माणूस जीवन विमा उतरवतो, मुलांच्या शिक्षणासाठी विमा पॉलिसी घेतो. वाहनांचा विमा उतरवतो. या सर्व गोष्टींच्या मागे आपत्कालीन परिस्थितीमध्ये आपली पडझड होऊ नये म्हणून आगाऊ केलेले नियोजन आहे. म्हणजेच सामान्य माणसाने आपल्या कुटुंबापुरते केलेले 'आपत्ती व्यवस्थापन' आहे.

ज्या वेळी आपत्ती येते, त्या वेळी ती इतकी अकस्मात असते व बऱ्याचवेळा इतक्या मोठ्या प्रमाणात असते की, पोलीस, फायर ब्रिगेड व होमगार्ड यांच्याशिवाय स्वयंसेवी संस्था व तुम्हा-आम्हा सर्वांनाच अशा आणीबाणीच्या वेळी स्वयंस्फूर्त मदतीचा हात पुढे करावा लागतो. अशा वेळी काय करावयाचे, कसे करायचे, हे आपल्या मनात पक्के असल्याशिवाय आपत्तीत सक्रिय मदत करणे शक्य होत नाही. उलट दिशाहीन मदत ही गोंधळात गोंधळ वाढविणारीच ठरते; म्हणूनच आपत्तीव्यवस्थापन हा विषय गट, वर्ग यांच्यापुरता मर्यादित रहात नाही, तर प्रत्येक नागरिकाला या विषयाची माहिती असणे अत्यावश्यक ठरते.

## आपत्तीव्यवस्थापन - व्याख्या

आपत्ती या ओढवणारच! आपत्तींना सामोरे जाण्याची वेळ येऊ नये, यासाठी प्रत्येकाने काळजी घ्यावयाची असते. मात्र, आपत्ती ओढवल्यास त्यांचा प्रतिकार करणे हे प्रत्येक नागरिकाचे कर्तव्य आहे; नको असतानासुद्धा आपत्ती ओढवल्यास त्यांची तीव्रता पद्धतशीरपणे कमी करता येते; आपत्ती या नियोजित नसतात. परंतु योजनाबद्ध प्रयत्नाने त्यांचे निवारण करता येते. आपत्तीचे परिणाम सौम्य कसे करता येतील, यासाठी प्रयत्न केले जावेत. आपत्तीचे निवारण करण्यासाठी धडपड करणे ही प्रतिक्रियात्मक स्वरूपाची घटना आहे; ते स्वभाविकच घडत असते; पण आपत्तीसंदर्भात जर आपत्ती निवारणाचे योजनाबद्ध प्रयत्न केले, व्यवस्थापन करून ठरवून सर्व गोष्टी केल्या तर,

त्याचे फळ अधिक मिळते. साहजिकच या सर्व गोष्टींचा संबंध 'आपत्तीव्यवस्थापन' या संकल्पनेशी आहे. आपत्ती व्यवस्थापनाच्या संदर्भातील तत्त्वज्ञान, त्याची कार्यपद्धती या पद्धती महत्त्वाच्या आहेत. याचाच अर्थ विचारात घेऊन असे म्हणता येईल की, 'आपत्ती निवारणासाठी शास्त्रशुद्ध पायावर होणारे प्रयत्न, नेतृत्वाकडून अवलंबली जाणारी व्यूहरचना आणि व्यवस्थापनातील सुयोग्य तंत्राचा वापर याद्वारे आपत्तीची तीव्रता कमी करण्याचे केलेले शास्त्रशुद्ध प्रयत्न म्हणजेच 'आपत्ती व्यवस्थापन' होय.' पर्यावरणाची व जीविताची सुरक्षितता आपत्ती व्यवस्थापनात आहे.

'नैसर्गिक व मानवनिर्मित आपत्तींना सामोरे जाण्यासाठी मानवी समूहांनी जे शास्त्रशुद्ध नियोजन केलेले असते. त्या नियोजनाला 'आपत्ती व्यवस्थापन' असे म्हणता येईल.' संकटावर मात करून टिकून राहण्याचे उद्दिष्ट यामध्ये साधले जाते.

वेबस्टर शब्दकोशामध्ये Disaster शब्दाची व्याख्या नेमक्या शब्दात दिलेली आहे. (Sudden or great Misfortune a calamity) आपत्ती व्यवस्थापनाची व्याख्या पुढील प्रमाणेही करता येईल.

'शास्त्रीय, काटेकोरपणे निरीक्षणाने व माहितीच्या पृथक्करणाने आपत्तींना सक्षमपणे तोंड देण्याची क्षमता मिळवणे व त्याचबरोबर त्या क्षमतेत, ज्ञानात, निरीक्षणात वेळोवेळी वाढ करणे.' म्हणजे आपत्ती व्यवस्थापन होय.

आपत्ती निवारणासाठी योजना : प्रतिबंधात्मक निवारण, पुनर्वसन आणि पुनर्निर्माण अशा अंगांचा विचार होऊन त्याचा कृती आराखडा तयार करणे व त्या सर्वांचे समन्वयन करणे म्हणजेच त्याचे व्यवस्थापन करणे.

या सर्व आपत्तींचे निवारण योजनाबद्ध रीतीने अमलात आणता येते. आपत्ती येण्याच्या अगोदरच योग्य ती सावधगिरी बाळगणे, आपत्तीचा प्रतिकार करून लोकांना आपत्तीपासून वाचविणे, आपत्तीची झळ कमी करणे हे सर्व टप्पे आपत्ती व्यवस्थापनात महत्त्वाचे आहेत. ढोबळमानाने आपत्ती व्यवस्थापनातील वेगवेगळे टप्पे तीन मुख्य टप्प्यांमध्ये विभागले जातात.

## आपत्तीनिवारण व्यवस्थापनातील टप्पे

अ) आपत्तीपूर्व टप्पा (Pre-Disaster Management)
ब) आपत्कालीन व्यवस्थापनाची अवस्था (At the Time of Disaster)
क) आपत्तीपश्चात टप्पा (Post-Disaster Management)

## अ) आपत्तीपूर्व स्थिती व्यवस्थापन (Pre-disaster Management)

आपत्तीनिवारण सुलभ पद्धतीने अमलात आणता येते. आपत्ती येण्याअगोदर योग्य ती सावधगिरी बाळगणे, आपत्तींना धीराने तोंड देणे व तिचा प्रतिकार करणे. आपत्तींची

कमीतकमी झळ पोहोचून तिच्यापासून जीवितहानी टाळणे या गोष्टींचा विचार आपत्ती व्यवस्थापनात महत्त्वाचा आहे. आपत्तीनिवारण ही वैयक्तिक जबाबदारी नसून ती सामूहिक जबाबदारी असते. सामान्य नागरिकांपासून शासनयंत्रणेतील सर्व घटक, विविध व्यावसायिक, उद्योगपती यांचे संघ व समूह, सामाजिक संस्था, शैक्षणिक संस्था या सर्वांचा सहभाग आपत्ती निवारणात महत्त्वाचा आहे. आपत्ती व्यवस्थापनातील विविध अवस्था (टप्पे) विचारात घेऊन, त्या प्रत्येक अवस्थेसाठी विशिष्ट स्वरूपाचे निश्चित धोरण ठरवून, त्याप्रमाणे नियोजन कार्यक्रम तयार करून, ते प्रभावशालीपणे अमलात आणावे लागतात. तरच एका अवस्थेतून पुढच्या अवस्थेत कोणत्याही अडचणींशिवाय जाणे शक्य होते. विविध प्रकारच्या आपत्ती येण्यापूर्वी बराच वेळ अगोदर आपत्तीसंदर्भात अंदाज घेणे आज विविध क्षेत्रांतील ज्ञानविस्तारामुळे शक्य झालेले आहे. यामध्ये उपग्रहांद्वारे मिळणाऱ्या संदेशवहनाची खूप मदत होते. वादळे, त्सुनामी, दुष्काळ, पूर या नैसर्गिक आपत्तींविषयी माहिती बऱ्याच प्रमाणात अगोदर मिळणे शक्य झाले आहे. या माहितीवरून काही अंदाजही वर्तविणे शक्य झाले आहे. त्यामुळेच आपत्तीपूर्व अवस्था ही सर्वांत महत्त्वाची असून या अवस्थेचे व्यवस्थापन शास्त्रशुद्ध व नेमक्या स्वरूपात झाले तर आपत्तीची तीव्रता कमी करण्यास मदत होते. त्यामुळे बऱ्याच मोठ्या प्रमाणात जीवित व वित्तहानी टाळता येते; म्हणूनच या अवस्थेत खालील गोष्टी महत्त्वाच्या ठरतात.

## १) आपत्तीचा अंदाज

शास्त्रशुद्ध पद्धतीने अभ्यासावरून एखाद्या ठिकाणी येणाऱ्या आपत्तीचे आपत्तीक्षेत्र कोणते असेल, येणारी आपत्ती जर वारंवार येत असेल तर तिच्या वारंवार आगमनाचा अभ्यास करून आपत्तीचा तडाखा नेमका केव्हा बसणार आहे, याचा काही प्रमाणात का होईना अंदाज सांगता येईल. येणाऱ्या आपत्तीला कोणकोणत्या भौगोलिक प्रदेशांना सामोरे जावे लागणार आहे, त्या प्रदेशातील किती मानवी वस्त्या आपत्तीच्या भक्ष्यस्थानी जातील,

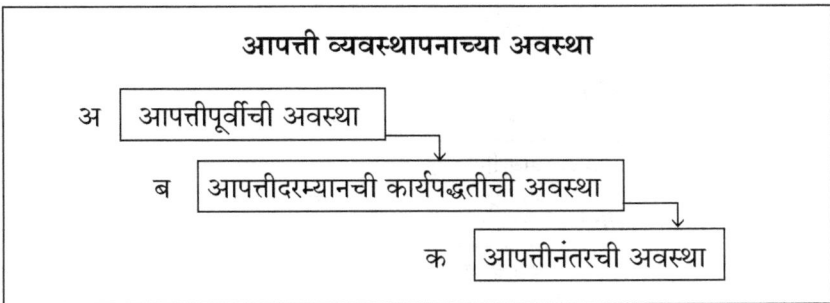

आकृती क्र. २.१

आपत्तीचा तडाखा किती इमारतींना बसणार असून, किती लोक आपत्तीमुळे निराधार होऊ शकतील, कोणते वाहतूक मार्ग आपत्तीमुळे निकामी होऊ शकतील, त्याचप्रमाणे कोणकोणत्या वाहतूकसाधनांना आपत्तीमुळे अकार्यक्षम व्हावे लागणार या सर्व गोष्टींचा शास्त्रीय तत्त्वावर अंदाज करता येईल, यालाच 'धोकामापनाची प्रक्रिया' असे म्हणतात. (Risk Analysis Process) उदा. एखाद्या प्रदेशाला वारंवार पुरासारख्या आपत्तीस सामोरे जावे लागते, त्या प्रदेशात येणाऱ्या पूर आपत्तीचे व्यवस्थापन करण्यासाठी दरवर्षीचे पावसाचे प्रमाण किती असते यावरून या वर्षीचा पर्जन्य अंदाज काढता येतो. पर्जन्यप्रमाण वाढणारे असेल तर, नदीतील पाण्याची पातळी पाहून पूररेषा किती प्रमाणात वर येऊ शकते, या संदर्भात अंदाज करता येईल. बदलणाऱ्या पूररेषेमुळे किती इमारती पुराच्या पाण्याच्या संपर्कात येतील ? किती रस्ते पाण्याखाली जातील, किती वाहने, सार्वजनिक इमारती तसेच मानव यांना हानी पोहोचू शकते, याचा अंदाज आल्यास शक्य तितक्या लवकर आपत्तीविषयी जो अंदाज काढला गेला, त्यानुसार जोखीम क्षेत्रावरील मानवी समूह सुरक्षित ठिकाणी हलविता येतील, इमारती मानवविरहित करून मालमत्तेचे स्थान बदलविता येईल, पर्यायी रस्त्याचा वापर करता येईल. अशा प्रकारे प्रत्येक आपत्तीचे वैयक्तिक, व्यक्तीसमूहाच्या, समाजाच्या किंवा संपूर्ण देशाच्या (शासकीय) पातळीवर विश्लेषण केले जाऊ शकते.

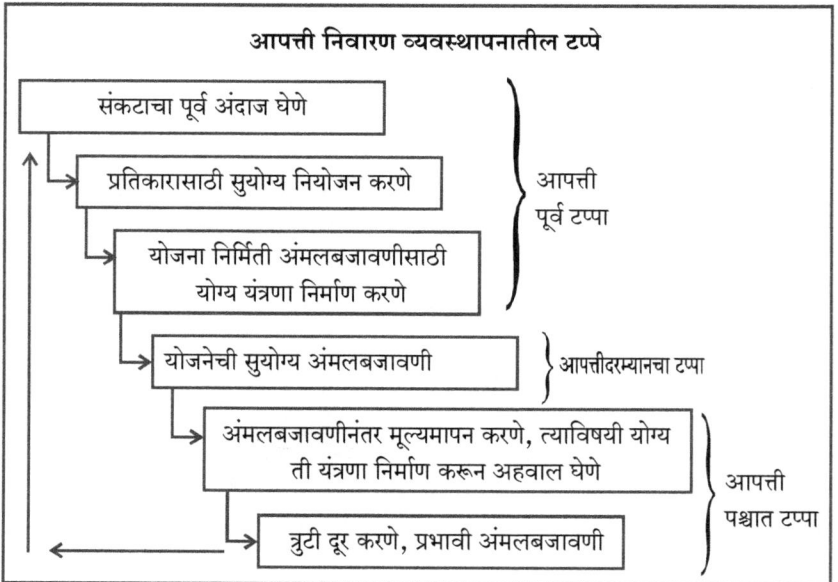

आकृती क्र. २

## २) आपत्तीची तीव्रता कमी करण्याविषयी व्यवस्थापन

अनेक शास्त्रीय पद्धतींच्या वापरातून आपत्तीच्या तीव्रतेचा, कालावधीचा, क्षेत्राचा वस्तुनिष्ठ स्वरूपात अंदाज घेतल्यानंतर आपत्तीच्या वेळी योग्य त्या व्यवस्था अमलात आणून, आपत्ती निवारणाची पावले उचलून आपत्तीमुळे येणाऱ्या धोक्याची तीव्रता कमी करता येते. आपत्तीमुळे होणारे नुकसान बऱ्याच प्रमाणात टाळता येते. आपत्तीमुळे होणारी जीवितहानी टाळता येते. त्याचप्रमाणे आर्थिक व अन्य घटकांची होणारी हानी बऱ्याच मोठ्या प्रमाणात रोखता येते. हानीचे प्रमाण कमी झाल्यास मदतीची गरजही कमी भासते व असा आपत्तीग्रस्त समाज पूर्वपदावर येण्यास कमी कालावधी लागतो.

### i) आपत्तीनिवारणासाठी विविध संघटनांची उभारणी

आपत्तीव्यवस्थापनात आपत्तीपूर्व, आपत्तीदरम्यान व आपत्तीपश्चात किंवा आपत्तीनंतर या तिन्हीही अवस्थांचे नियोजन व्यवस्थित व सुसूत्रपणे राबविण्यासाठी स्वतंत्र, वेगळी यंत्रणा निर्माण करणे अत्यंत महत्त्वाचे असते. अशी निर्माण केलेली यंत्रणा अधिक शिस्तबद्ध, अधिक कार्यक्षम असली पाहिजे. प्रत्येक घेतलेल्या निर्णयाची जबाबदारी स्वीकारणारी व विश्वासार्ह असली पाहिजे. केंद्र सरकार, राज्य सरकार, जिल्हा पातळीवर याप्रमाणे स्वतंत्र यंत्रणा निर्माण केल्या जातात. या सर्व यंत्रणांचा एकमेकांशी उत्कृष्ट समन्वय असणे, आपत्तीनिवारणाच्या दृष्टीने खूप महत्त्वाचे असते. भारतात मा. पंतप्रधानांच्या अध्यक्षतेखाली 'राष्ट्रीय आपत्ती व्यवस्थापन प्राधिकरण' (National Disaster Management Board) स्थापन केलेले आहे. त्याच्या नियंत्रणाखाली राज्य प्राधिकरणे व राज्य प्राधिकरणाच्या नियंत्रणाखाली जिल्हा प्राधिकरणे कार्य करत असतात. त्या प्रत्येक पातळीवरील प्राधिकरणाचे कार्यक्षेत्र, त्यांच्या जबाबदाऱ्या, त्यांची कर्तव्ये, निश्चित केली जातात. त्यांना मदत करण्यासाठी सैन्यदल, निमलष्करी दले, अशासकीय सामाजिक संस्था (NGO) यांच्याही या संदर्भातील भूमिका स्पष्टपणे ठरविल्या पाहिजेत.

आपत्तीनिवारणाची संपूर्ण यंत्रणा ही एकाच व्यक्तीच्या अधिकाराखाली ठेवणे उपयुक्त ठरते. त्यामुळे संपूर्ण योजनेत, निर्णय प्रक्रियेत व निर्णयाच्या अंमलबजावणीत एकसूत्रता आणता येते.

आपत्ती जरी देशव्यापी असली तरी तिची झळ ही स्थानिक पातळीपर्यंत पोहोचलेली असते, त्यामुळे वरिष्ठ वा कनिष्ठ अशा सर्वच पातळ्यांवरील शासनयंत्रणेला जिल्हाधिकाऱ्यांच्या नियंत्रणाखाली कार्य करावे लागते.

शासकीय यंत्रणेप्रमाणेच उद्योगक्षेत्र, शिक्षणसंस्था, अशासकीय संस्था, अन्य संघटना यांना आपत्ती निवारण कार्यासाठी याच प्रकारची कार्यपद्धती अवलंबण्याची आवश्यकता असते. तरच आपत्ती निवारणात त्या प्रभावी कार्य करू शकतात. ज्या अधिकाऱ्याकडे

आपत्तीनिवारण्याबाबतच्या वेगवेगळ्या संघटनांचे समन्वयक म्हणून काम दिले जाते, त्याला 'डिझॅस्टर मिटीगेशन मार्शल' (DMM) या नावाने संबोधले जाते. तो त्याच्या नियंत्रणाखाली असलेले विभाग, त्यातील अधिकारी व कर्मचारी यांच्यामार्फत हे कार्य चांगल्या प्रकारे करतो.

## ii) विविध प्रकारचे निकष ठरविणे

योग्य सावधगिरी बाळगल्यास आपत्तीमुळे होणारी हानी मर्यादित करणे शक्य असते. उच्च प्रतीच्या आपत्तीपूर्व व्यवस्थापनातून ते शक्य होत असते. संभाव्य आपत्तींमध्ये संकटाची तीव्रता किती मोठी राहील, हे समजून घेऊन त्याची तीव्रता कमी करण्याच्या उपाययोजना अगोदरच करणे शक्य असते.

निसर्गनिर्मित आपत्ती बऱ्याच वेळा टाळता येणे शक्य नसते, पण मानवनिर्मित आपत्ती टाळणे, आपत्तीमध्ये होणाऱ्या नुकसानीचे प्रमाण घटवणे सहज शक्य आहे. त्यामुळेच आपल्या विकासामध्ये हानी होणार नाही अशा प्रकारची बांधकामाची तंत्रे व पद्धती शोधाव्या लागतात. त्याचा वापर व अवलंब करावा लागतो. अग्निरोधक सामग्री वापरणे, भूकंप, त्सुनामी किंवा जलप्रलयातही इमारत टिकून राहील असे बांधकामाचे तंत्र अवलंबणे, पाणी निचऱ्यातील अडथळे दूर करणे, अशा वेगवेगळ्या प्रकारे निकष ठरविता येतील.

जुने तंत्रज्ञान कालबाह्य होऊन नवीन निकष निर्माण होतात. कोयनानगरमध्ये १९६७ मध्ये झालेल्या भूकंपामध्ये धरणाला थोडेफार तडे गेले, हे लक्षात आल्यानंतर सरकारने कोयना धरण आधुनिक बांधकामाच्या निकषांचा वापर करून चांगले भक्कम करण्याचा निर्णय घेतला. त्सुनामीच्या संकटानंतर किनारपट्टीत ५०० मीटरपर्यंत कोणतेही बांधकाम होऊ न देण्याचा निर्णय सरकारने घेतला. जानेवारी २००७ मध्ये भारताचे तात्कालीन मा. पंतप्रधान डॉ. मनमोहन सिंग यांनी बांधकामावरील निष्कर्षांचा वापर करण्यासाठी नियमावली अवलंबावयाची घोषणा केली, ही खरोखरच आपत्तीव्यवस्थापनातील स्वागतार्हच गोष्ट होती. वाहनचालकांना हेल्मेट सक्ती, ध्वनिप्रदूषणावर निर्बंध, अनधिकृत बांधकामे तोडणे, झोपडपट्ट्या उठवणे या गोष्टी अमलात आणण्यात मात्र सरकारी यंत्रणेस अपयश आलेले दिसते. निसर्ग आपत्ती घडवितो या संदर्भात, दिल्ली न्यायालयाच्या निर्णयानुसार दिल्लीतील अनधिकृत बांधकामे पाडण्याचा दिल्ली सरकारचा डिसेंबर २००५ मधील उपक्रम कौतुक करण्यासारखाच आहे.

## iii) धोक्याचे इशारे देण्याची यंत्रणा

आपत्तीची चाहूल काही काळ अगोदर लागल्यास व पुरेसा अवधी उपलब्ध असल्यास त्या बाबत लोकांना वेळीच सावध केल्यास, त्यांना आपत्तीची कल्पना दिल्यास

आपत्तीत होणारी हानी कमी करण्यास मदत होते. अवकाशात सोडलेले उपग्रह, वैज्ञानिक प्रगती, सागरी वेधशाळा, यांमुळे आता सागरी वादळे, त्सुनामी, अतिवृष्टी याबाबत काही आगाऊ अंदाज घेता येतो. राष्ट्रीय तसेच आंतरराष्ट्रीय पातळ्यांवरील वैज्ञानिक संस्थांची यासाठी काही प्रमाणात मदत मिळू शकते, मात्र खेड्यांमध्ये अशा आगाऊ सूचनांचा विपरीत परिणाम होऊन गोंधळ, घबराट निर्माण होण्याची शक्यताही नाकारता येत नाही. न्यू ऑर्लीन्समधील शासनयंत्रणेला 'कॅटरिना' वादळापूर्वी सूचना मिळाल्याने लोकांच्या स्थलांतराबाबत पूर्ण नियोजन केलेले असूनसुद्धा लोकांमध्ये घबराट निर्माण झाल्याने, शहर सोडण्यासाठी एकच प्रचंड गर्दी झाल्याने केलेले नियोजन पूर्णपणे कोलमडले व त्यामुळे नियोजित काळात पुरेपूर लोकसंख्येचे स्थलांतर होऊ शकले नाही. इंडोनेशिया व भारतात तर त्सुनामीच्या संकटाची पूर्वकल्पनाही लोकांना देता आली नाही, त्यामुळे हजारो लोकांना प्राणाला मुकावे लागले. भोंगे, ध्वनिवर्धकावरून दिलेल्या सूचना यांमुळे लोकांना पूर्वकल्पना दिली जाऊ शकते. धोक्याच्या सूचना देणाऱ्या यंत्रणेची कार्यक्षमता यावरच अवलंबून असते. अर्थात या यंत्रणा उभारणे, त्यांची रंगीत तालीम घेणे, इ. गोष्टींचा उपयोग आपत्तीची तीव्रता कमी करण्यासाठी होऊ शकतो. धोक्याचा इशारा अगोदर मिळाल्यास आपत्तीची तीव्रता दिवस अथवा वेळेगणिक कमी होते. म्हणजेच आपत्तीची तीव्रता किती दिवस अगोदर मिळते यावर आपत्तीने होणारी जीवित व मालमत्ता यांची हानी कमी करता येणे अवलंबून असते. याचाच अर्थ असा होतो की, आपत्तीबद्दल सूचना मिळून खूप वेळ लोकांना मिळाल्यास ते आपत्तीपासून दूर जाऊ शकतात, मालमत्तेचे स्थलांतर करू शकतात. सुरक्षित स्थळी आश्रय घेऊ शकतात, म्हणूनच धोक्याचे इशारे व सूचना देण्याच्या पद्धतीत बदल होत गेले आहेत. पूर्वी पुरासारख्या आपत्तीची गावोगाव दवंडी दिली जात असे. त्या दवंडीची जागा आज ध्वनिवर्धक, भोंगे यांनी घेतली. आजच्या काळात भ्रमणध्वनी व त्यातील वेगवेगळ्या माहिती प्रणाली अशा आपत्तीच्या सूचना देण्यात प्रभावी भूमिका बजावू शकतात. आपत्तीनिवारक व्यवस्थापनाने अशा सक्षम व विश्वासार्ह यंत्रणेची निर्मिती करणे खूपच गरजेचे आहे.

## ३) संपर्कयंत्रणेची कार्यक्षमता

जनतेशी आपत्तीसंबंधी संवाद साधणे. त्यांच्या मनातील आपत्तीसंदर्भातील गैरसमजुती दूर करून त्यांच्या मनातील अनावश्यक भीती नाहीशी करून त्यांच्यावरील मानसिक व शारीरिक ताण कमी करणे, हे आपत्तीव्यवस्थापनात आपत्तीचे नियंत्रण व कार्यक्षम अंमलबजावणीच्या दृष्टीने खूप महत्त्वाचे असते. त्यामध्ये संपर्क यंत्रणेची भूमिका महत्त्वाची असते. आपत्तीव्यवस्थापनेत आपत्तीपूर्व अवस्थेतच अशी संपर्क यंत्रणा तयार करावी लागते. त्या यंत्रणेद्वारे लोकांशी संपर्क साधून आपत्तीबद्दल

पूर्वकल्पना देता येते व आपत्तीच्या काळात मार्गदर्शन करता येते. बऱ्याच वेळा या संपर्कयंत्रणा विविध प्रकारच्या कराव्या लागतात. जेणेकरून त्या यंत्रणा एकमेकींना पर्यायी ठरून एक यंत्रणा नादुरुस्त झाली तर, दुसरी तिला पर्याय म्हणून उपलब्ध होते. जनतेला पूर्वसूचना देणे, आपत्तीत होणारे बदल कळविणे, संकटात मार्गदर्शन करणे त्यामुळे शक्य होते.

## i) सावधगिरीचे इशारे देणारी यंत्रणा

महत्त्वपूर्ण आपत्तीव्यवस्थापन केंद्रात उच्चलहरी ध्वनिक्षेपणाद्वारे थेट उपग्रहाशीच संपर्क साधून विना अडथळा संपर्क प्रस्थापित करण्याची यंत्रणा कार्यान्वित करता येते. जिल्ह्याची मुख्य कार्यालये, पोलीस स्टेशन या ठिकाणी रेडिओ संच बसवून स्थानिक साधनांमार्फत जनतेपर्यंत पोहोचविता येणे शक्य होते. पोलिसांच्या बिनतारी संपर्क यंत्रणेचाही आपत्तीची पूर्वकल्पना देण्यासाठी उपयोग होऊ शकतो. या शिवाय, आज अनेक शहरांमध्ये एफ. एम. रेडिओ अनेक गोष्टींसंदर्भात माहिती शहरी नागरिकांना तसेच शहराजवळील गावांना पुरविण्याची क्षमता निर्माण करू शकतात. भ्रमणध्वनी व भ्रमणध्वनीतील वेगवेगळ्या माहितीप्रणालींमार्फतही आपत्तीबद्दलचे इशारे लोकांपर्यंत विना अडथळा पोहोच करणे शक्य होत आहे.

## ii) आपत्तीच्यादरम्यान संपर्क

वाहनात बसविलेल्या ध्वनिक्षेपकांच्याद्वारे आपत्तीचे नेमके स्वरूप, व तिची तीव्रता कमी होण्यासाठी मार्गदर्शन करता येते. एकाजागी कायमस्वरूपी यंत्रणा उभारून तिच्याद्वारे सर्व वाहनांशी संपर्क साधला जातो.

## iii) अखंडित संपर्क

अखंडित संपर्क यंत्रणा जिल्ह्यांच्या व तालुक्यांच्या ठिकाणी निर्माण केल्यास, आपत्तीसंबंधी अनेक अंगांनी माहिती त्वरित गावोगावी पोहोचविता येईल. आजच्या काळात निर्माण झालेले इंटरनेटचे जाळे, त्वरित अखंडित संपर्क होण्यासाठी उपयुक्त ठरते. परंतु त्यासाठी अखंडित विद्युत पुरवठा असणे आवश्यक आहे. महाराष्ट्र राज्यातील अशा यंत्रणांसंदर्भात विचार केल्यास महाराष्ट्रातील विजेचे भारनियमन ही खूप मोठी समस्या ठरू शकते. आपत्तीव्यवस्थापनाच्या दृष्टीने सुमारे १२ ते १८ तासांचे ग्रामीण भागातील भारनियमन आपत्तीनिवारण्याऐवजी आपत्तीची तीव्रता वाढवण्याची जास्त शक्यता निर्माण करत असल्याचे चित्र दिसते. या संदर्भात शासनाने गांभीर्याने विचार करण्याची वेळ आलेली आहे. 'हॅम रेडिओ' हे एक अखंडित संपर्क साधण्याचे उत्तम साधन आहे. त्यासाठी प्रशिक्षण व परवान्याची गरज असते. अशा वेगवेगळ्या माध्यमांनी सर्व प्रदेशांचा अखंडित संपर्क ठेवल्यास आपत्तीत मोठ्या प्रमाणात होणारी जीवित व

मालमत्तेची हानी बऱ्याच मोठ्या प्रमाणावर कमी करता येईल.

### iv) लष्कर व स्वयंसेवी संघटना यांच्याशी संपर्क

आपत्तीची पूर्वकल्पना मिळताच आपत्तीची तीव्रता, आपत्तीप्रभावाखाली कोणते क्षेत्र येऊ शकते, याचा अंदाज घेऊन विविध स्वयंसेवी संघटनांचे प्रतिनिधी, लष्कर, निमलष्करी यंत्रणेतील जवान, अधिकारी यांच्याशी संपर्क साधला जावा.

## ४) आपत्तीव्यवस्थापनाचे प्रशिक्षण

आपत्ती व्यवस्थापन यंत्रणेद्वारे आपत्तीव्यवस्थापनासंदर्भात प्रशिक्षण देण्यासाठी स्वतंत्र व्यवस्था निर्माण करावी लागते. या प्रशिक्षणामध्ये नवीन माहितीची भर घालावी लागते. अगदी केंद्र सरकारपासून गाव पातळीवर आपत्तीव्यवस्थापन प्रशिक्षण देण्यासाठी विशिष्ट यंत्रणा निर्माण कराव्या लागतात.

### i) शासकीय पातळ्यांवर प्रशिक्षण

सर्वच शासकीय कर्मचारी, अधिकारी यांना आपत्तीच्या काळात स्वत:चा बचाव करता यावा, तसेच इतरांनाही मदत करता यावी यासाठी, योग्य ते प्रशिक्षण दिल्यास उपयुक्त ठरेल. हे शिक्षण अगदी प्राथमिक स्वरूपाचे दिले तरी चालते. परंतु त्यात वेळोवेळी या विषयाची माहिती अद्ययावत करावी लागते. तसेच या प्रशिक्षणात शासकीय कर्मचाऱ्यांना आपल्या कर्तव्यांची व जबाबदाऱ्यांची माहिती द्यावी लागते.

### ii) सामाजिक पातळ्यांवर प्रशिक्षण :

आपत्तीच्या वेळी सर्वांनाच शिपाई बनावे लागते. आपत्तीच्या वेळी प्रत्येक नागरिक स्वयंसेवक म्हणून उभा राहिला पाहिजे, या दृष्टीने सर्व प्रौढ स्त्री-पुरुषांना आपत्ती व्यवस्थापनाचे शिक्षण देऊन आपली भूमिका आपत्तीव्यवस्थापनात किती महत्त्वाची आहे, हे पटवून दिले पाहिजे. आपत्तीची पूर्वसूचना कशी मिळवायची ? प्रत्यक्ष आपत्तीच्या वेळी स्वत:च्या व इतरांच्या सुरक्षिततेसाठी काय करायचे ? आपत्तीनंतर जनजीवन पूर्वपदावर कसे आणायचे ? यासंदर्भात माहिती प्रशिक्षणात दिली जावी. त्या दृष्टीने शाळा, महाविद्यालये या पातळीवरच आपत्ती व्यवस्थापनाचे शिक्षण देणे, शिक्षकांसाठी प्रशिक्षण वर्गांचे आयोजन करणे, स्थानिक स्वराज्य संस्थांमधील ग्रामपंचायत सदस्य, नगरसेवक, पंचायत समिती सदस्य व सरपंचांना प्रशिक्षण देणे, त्यासाठी प्रशिक्षण वर्ग राबविणे आवश्यक आहे.

याशिवाय सार्वजनिक कार्यालये, उद्योगसंस्था यांच्या पातळ्यांवरही प्रशिक्षणाचे आयोजन करावे. सर्वसामान्य परिस्थितीत वेळोवेळी आपत्ती व्यवस्थापनाच्या संदर्भात उजळणी, रंगीत तालीम, नवीन शिक्षण घेणे या सारख्या गोष्टी राबवाव्यात. यामध्ये

सर्वांचा सहभाग आणि आपत्ती निवारण अधिकाऱ्यांचे मार्गदर्शन आवश्यक असते.

आपत्तीपूर्व आपत्तीव्यवस्थापनाला माहितीचे व्यवस्थापन करणे अतिशय महत्त्वाचे असते. नियोजनासाठी विविध प्रकारची, विस्तृत आणि बिनचूक माहिती सर्व घटकांच्या बद्दल घ्यावी लागते. धोक्याचे विश्लेषण, त्यातून होणारे दुष्परिणाम, आपत्तीची व्याप्ती, उपलब्ध होऊ शकणारी साधनसामग्री व मनुष्यबळ असे अनेक घटक आहेत. या माहितीच्या आधाराने आपत्तीला तोंड देण्यासाठी पूर्वतयारी करता येते; म्हणूनच आपत्ती व्यवस्थापनातील आपत्तीअवस्थेत माहितीचे व्यवस्थापन अगोदरच केल्यास आपत्तीची तीव्रता कमी होऊन आपत्तीनंतर पूर्वपदावर येण्यासाठी कमी काळ लागेल.

## ब) आपत्कालीन व्यवस्थापनाची अवस्था (At the Time of Disaster)

दुर्घटना लहान असो अगर मोठी, त्यामध्ये मनुष्यहानी, वित्तहानी ही होतच असते. म्हणून अशा वेळी सर्वप्रथम आपणास कोणकोणत्या समस्यांना तोंड द्यावे लागते, हे माहीत करून घेणे महत्त्वाचे आहे.

१) बचाव कार्य (Rescue operations)

२) वैद्यकीय मदत

३) अग्निशामक दलाची मदत घेणे

४) पोलीस कुमक मागविणे

५) शासकीय प्रशासनास माहिती देणे

६) शासकीय प्रयत्न अशा वेळी अपुरे पडत असल्याने, स्वयंसेवी संस्थांना विनंती करून त्यांची मदत घेणे

७) सर्वसामान्य जनतेला आवाहन करून त्यांना मदतीसाठी यथाशक्ती कार्यप्रवण करणे

आता वरील बाबींबद्दल अधिक सविस्तर माहिती करून घेणे आवश्यक आहे.

## १) बचाव कार्य

भूकंप असो, दंगल असो, धरणफुटी असो, गॅस दुर्घटनेसारखी दुर्घटना असो, अगर बॉम्बस्फोट असो. यामध्ये मोठ्या प्रमाणात इमारतींची पडझड होते. दुर्घटना दिवसा झाली असल्यास शासकीय इमारती, कार्यालये, शाळा-कॉलेज यामध्ये माणसे अधिक असतात, तर रात्री माणसे निवासी इमारतीमध्ये एकवटलेली असतात. त्यामुळे परिस्थिती नुसार मनुष्यहानीचे प्रमाण अवलंबून असते. काहीही असले, तरी सर्वप्रथम इमारतीमध्ये अडकलेली माणसे बाहेर काढणे व जेवढ्या लवकर हे मदत कार्य सुरू होईल त्यावर अनेक जीव वाचण्याची शक्यता असते. त्यामुळे अशा दुर्घटनेच्या वेळी या कामाला प्रथम प्राधान्य देणे जरुरीचे असते. शिस्तबद्ध पद्धतीने हे कार्य होणे आवश्यक असते.

यामध्ये आपली म्हणजे सामान्य जनतेची व स्वयंसेवी संस्था यांची भूमिका ही शासकीय यंत्रणेला मदत करण्याची असावी. बचाव कार्य करण्याची प्राथमिक जबाबदारी शासनाची असते. साहजिकच त्याचे नेतृत्व त्यांच्याचकडे असणे क्रमप्राप्त आहे. त्यांना मदत करण्याची व त्यांच्या सूचनेनुसार कार्य करण्याची आपली भूमिका असावी.

मदत कार्यात इमारतीमध्ये अडकलेल्यांना बाहेर काढण्यासाठी केवळ मनुष्य शक्ती नेहमीच अपुरी पडते. म्हणून त्यासाठी अभियांत्रिकी साधनांचा वापर करावा लागतो. जे.सी.बी. क्रेन, गॅस कटर, ड्रेजर, डंपर, ड्रिल इत्यादी. आयत्यावेळी अशी साधने गोळा करणे अवघड जाते, व वेळ बराच जातो यासाठी आपत्कालीन व्यवस्थापनाचा आधीच आराखडा तयार असावा. अशी साधने कोणाकडे व कोठे आहेत, त्यांचे फोन नंबर्स ही माहिती नेहमी जबाबदार व्यक्तीकडे तयार असावी व ती आणवण्याची व त्वरित उपयोगात आणावयाची व्यवस्था होणे अगत्याचे आहे.

## २) प्राथमिक वैद्यकीय मदत

दुर्घटनाग्रस्त व्यक्तीची सुटका केल्यावर सर्वप्रथम त्यांना तातडीची वैद्यकीय मदत विनाविलंब मिळणे आवश्यक आहे. त्यामुळे अशा लोकांची सुटका केल्यानंतर त्यांना हॉस्पिटल, दवाखाने येथे हलविणे आवश्यक आहे. शिवाय दुर्घटना घडलेल्या ठिकाणी प्राथमिक उपचार करण्यासाठी वैद्यकीय पथक व सोयी करणे अवश्यक असते. सुटका केलेल्यांपैकी जायबंदींना हॉस्पिटलमध्ये हलविताना प्रथम साहजिकच शासकीय, म्युनिसिपल हॉस्पिटलमध्ये हलविणे जरुरीचे आहे. परंतु दुर्घटना फार मोठी असेल तर या शासकीय सुविधा अपुऱ्या पडतात व त्यामुळेच त्याच दुर्घटनाग्रस्तांना साधनसामुग्री, जागा व मनुष्यबळ अभाव यामुळे वैद्यकीय मदत वेळेवर मिळत नाही; यासाठी वरील, शिवाय खाजगी ट्रस्टची व इतर वैद्यकीय सुविधांचाही वापर करावा लागतो. त्यांची यादी, फोन नंबर्स, संपर्क अधिकाऱ्यांचा कार्यालयीन, निवासी फोन नंबर ह्या हॉस्पिटलची क्षमता त्याची सर्व माहिती आधीच असली पाहिजे व ती ऐनवेळी उपलब्ध होऊन त्याचा त्वरित वापर होण्यासाठी एखाद्याला / गटाला जबाबदारी द्यावी लागेल.

शिवाय खाजगी डॉक्टर्स, नर्सेस यांचीही यादी व संपर्क क्रमांक केव्हाही तयार असावे, यामुळे त्यांच्याशी संपर्कात राहून त्यांना सक्रिय होण्यासाठी त्वरित प्रवृत्त करणे शक्य होते.

वैद्यकीय उपचार आवश्यक असलेल्यांना हॉस्पिटलमध्ये हलविण्यासाठी, ॲम्ब्युलन्स, इतर वाहने कोठे, कोणाकडे, उपलब्ध आहेत व वेळी-अवेळी संपर्क साधण्याचे मार्ग याची यादी केव्हाही तयार असावी. बऱ्याच वेळेला आग लागलेली असल्यास फायर फायटरशिवाय खाजगी, शासकीय पाण्याच्या टँकरचाही उपयोग करावा

लागतो, तेव्हा असे टँकर्स कोणाकडे, किती उपलब्ध आहेत व त्यांचा संपर्क क्रमांक याची नोंद असावी.

बऱ्याच वेळेला स्वयंसेवी संस्था व मदतीसाठी धावून आलेली जनता अप्रशिक्षित असते. त्यामुळे पडझड झालेल्या ठिकाणी कसे वावरावे, व बचाव काम करताना काय काळजी घ्यावी याचे त्यांना ज्ञान नसते. अति उत्साहात कधी कधी अशी माणसे आपला जीव नको तेवढा धोक्यात घालतात. अशा वेळी अग्नीशामक दल, पोलीस, सेनादल, एस.आर.पी. अशा लोकांना कामापासून दूर ठेवू पाहतात. अशा वेळी परिस्थिती समजून घ्यावी. ही बाब अस्मितेची करू नये व आपले श्रम इतर मदत कार्यामध्ये गुंतवावे.

### ३) वैद्यकीय मदत

मनुष्य हानी कमी करण्यासाठी व जखमींना वेळीच उपचार मिळण्यासाठी वैद्यकीय मदत अत्यंत महत्त्वाची असते. त्यामुळे अशा आपत्तीतही ही मदत जेवढ्या लवकर मिळेल तितके चांगले, यासाठी दुर्घटनाग्रस्त भागातून जखमींना बाहेर काढल्यानंतर तेथे वैद्यकीय पथक तयार असावे. जखमींपैकी अत्यवस्थ व जीव धोक्यात असलेल्या व्यक्ती कोण कोण आहेत, त्याची त्वरित चाचणी करून सर्वांत अधिक अत्यवस्थांना प्राधान्याने हॉस्पिटलला पोहोचविणे आवश्यक असते. बऱ्याच वेळेला दुर्घटनाग्रस्त, जखमी, घाबरलेले, भेदरलेले असल्याने आपणास कितपत इजा झाली आहे याचा विचार न करता सर्वप्रथम ॲम्ब्युलन्समध्ये बसण्यास धडपडतात व त्यांना त्यापासून परावृत्त करणे अवघड असते; म्हणून सर्व जखमींना प्रथम सुरक्षित स्थळी वैद्यकीय पथकाकडे पाठवावे. त्यांच्या अवस्थेनुसार अत्यवस्थांना ॲम्ब्युलन्समधून हॉस्पिटलला पाठवावे. काही दुर्घटनाग्रस्त व्यक्ती किरकोळ जखमी असतात, त्यांचेसाठी दुर्घटनास्थळी दवाखाना उघडून, उपचार करून त्यांना नंतर हॉस्पिटलला चेकअपसाठी पाठवावे. शिस्तबद्धता, तातडी व योग्य निर्णय यांचे आधारे बरेच जीव वाचविणे शक्य आहे हे लक्षात घ्यावे.

हॉस्पिटलकडील वैद्यकीय साधनांचा, औषधांचा पुरवठा नेहमीच मर्यादित असतो; व अशा आपत्कालीन वेळी साधने व औषधे कमी पडतात; ती तातडीने उपलब्ध करून देणे, त्यातल्यात्यात जीवरक्षक साधने, उपकरणे, औषधे आवश्यक ठरतात यासाठी नियोजन, पैसा व ज्ञान-माहिती आवश्यक असते. अशी माहिती असलेली माणसे अशावेळी हाताशी असणे जरुरीचे असते. तसेच बऱ्याच वेळेला अशी साधने, उपकरणे व औषधे यांसाठी विविध प्रसारमाध्यमांद्वारे मागणीची विनंती करावी लागते. आंतरराष्ट्रीय स्तरावरूनही अशी मदत मिळणे शक्य असते. अशी येणारी मदत बऱ्याच वेळेला प्रचंड प्रमाणात असते. ती घेऊन त्याच्या मागणीनुसार हॉस्पिटल, दवाखाने यांना पुरवठा करण्यासाठी यंत्रणा असणे आवश्यक आहे. यासाठी फार्मसी मेडिकल स्टोअर्समधील सेवाभावी लोक अधिक उपयुक्त ठरतात.

### ४) अन्न, वस्त्र व निवारा या प्राथमिक गरजांची व्यवस्था

अ) आपद्ग्रस्तांचे सर्वस्व गेलेले असते; त्यांना अन्न, वस्त्र, निवारा व वैद्यकीय मदत याची तातडीची गरज असते. त्यांपैकी वैद्यकीय मदतीबाबत आत्ताच आपण विचार केला. अन्न व वस्त्र, अंथरूण-पांघरूण याचीही तातडीची गरज असते. आपद्ग्रस्तांमध्ये तान्ही मुले, आजारी स्त्री-पुरुष, वृद्ध-अंध, अपंगही असतात, त्यांच्या गरजा इतर धडधाकट स्त्री-पुरुष, मुले याहून वेगळ्या असतात. त्याचाही विचार त्वरित होणे आवश्यक आहे. सुरुवातीस काही काळ अन्नछत्र उघडून लोकांना तयार अन्न पुरविणे जरुरीचे असते. प्रत्येक कुटुंबासाठी काहीना काही निवाऱ्याची व्यवस्था झाल्यावर, भांडीकुंडी, स्टोव्ह, रॉकेल यांचा व शिधा याचा पुरवठा करून, त्यांना लागणारे दैनिक अन्न त्यांनाच तयार करावे लागणार असल्याने अशा प्रसंगी काय काय वस्तूंचा संच पुरवावा लागेल, याचा विचार करून त्यांची यादी करावी. या वस्तू आयत्यावेळी कोठून मिळतील व कोणाकडून यांची मागणी करावी याचा विचार होणे जरुरीचे असते. तसेच या वस्तू आल्यावर त्याचे योग्य प्रकारे वाटप होण्यासाठी आराखडा आधीच तयार असावा. संचातील सर्व वस्तू एकावेळी मिळतील असे नाही व सर्व संच होईपर्यंत वाटप बंद ठेवणेही शक्य होणार नाही. एकतर त्यातील प्रत्येकाची नितांत गरज आपद्ग्रस्तांना असते व एकदम वाटप करण्यासाठी आलेल्या वस्तू साठवून ठेवण्यासाठी जागाही नसते. त्यामुळे या संचातील वस्तू जसजशा उपलब्ध होतील तसतशा त्यांचे वाटप करीत राहणे योग्य होईल, आपत्कालीन व्यवस्थापनामध्ये उद्घाटन, पायाभरणी, समारंभ, वाटपसोहळा यासारख्या अवडंबराला स्थान नसते व नसावे; उलट अशा गोष्टी कटाक्षाने टाळाव्यात.

ब) बऱ्याच वेळेला, आपद्ग्रस्त उच्चभ्रू मध्यमवर्गीय असतात व त्यांना शौचालय, बाथरूम यांची किमान आडोशाची गरज असते. स्त्रियांना तर या गोष्टी आवश्यकच. तातडीने सार्वजनिक अशा सुविधा कशा पुरविता येतील याचाही विचार होऊन आराखडा तयार करण्यात यावा. त्यासाठी दर घटकाला (युनिटला) काय काय लागते याची यादी करण्यात यावी.

क) पाणी ही अशावेळी अत्यावश्यक बाब ठरते, पिण्यासाठी व इतर वापरासाठी पाणी अत्यावश्यकच! आपत्काली, कदाचित नेहमीचा पाणीपुरवठा बंद होणे शक्य आहे. अशी परिस्थिती आल्यास आयत्यावेळी तातडीचा पाणीपुरवठा कोठून व कसा करता येईल, त्यासाठी काय साधने आवश्यक आहेत याची यादी तयार करावी; यामध्ये दोन भाग असू शकतात.

१) तात्कालिक पण मर्यादित काळासाठीचा पुरवठा.

२) दीर्घकालीन पुरवठा.

तात्कालिक पाणी पुरवठा, टँकर, बैलगाडी, ट्रॅक्टर याद्वारे करता येईल. परंतु दीर्घकालीन पाणी पुरवठ्यासाठी कोठून पाणी घ्यावयाचे, कसे घ्यावयाचे, याचा विचार होणे आवश्यक आहे. उदाहरणच द्यावयाचे झाल्यास, डिफेन्ससाठी जाणाऱ्या पाईप लाईनमधून पाणी घ्यावे लागत असल्यास त्याला अनुमती मिळणे दुरापास्त, वन विभाग व लष्कर यांच्याकडील जमीन, पाणी व इतर गोष्टी लवकर उपलब्ध होत नाहीत, हे सर्वांना माहीत आहे; म्हणून आराखड्यामध्ये याचा उल्लेख करून आराखड्यातील प्रस्तावित बाब आधीच मंजूर करून घेणे जरुरीचे असते.

ड) आपद्ग्रस्त भाग ग्रामीण असेल तर माणसांशिवाय त्यांचेकडील गुरे-ढोरे यांचा मोठा प्रश्न उभा राहतो. एकतर त्यांची देखभाल करणारे मृत झालेले असतात; किंवा अशा अवस्थेत असतात की, त्यांना जनावरांकडे बघणे शक्य नसते. किंवा साधनसामुग्री उपलब्ध नसते. अशावेळी प्रत्येक गावातील अगर सोयीनुसार गावाच्या गटातील गुरे-ढोरे एकत्र करून त्यांच्यासाठी छावणी उघडणे जरुरीचे असते, हे काम पशुसंवर्धन खाते करू शकते. जनावरांना चारा वन विभाग वगैरेंकडून तातडीने कोठून उपलब्ध होईल व साधारणपणे १००० जनावरांच्या छावणीसाठी काय काय सुविधा आवश्यक आहेत याची योजना त्या खात्याच्या मदतीने तयार करून ती आपत्कालीन आराखड्यामध्ये समाविष्ट करावी. यामध्ये औषधे-उपचारांची उपकरणे, तांत्रिक व अल्प मुनष्यबळ कोठून व कसे मिळवावयाचे, याचा स्पष्ट उल्लेख असावा व या भागाला त्या खात्याची पूर्वमान्यता असावी; म्हणजे आयत्यावेळी धावपळ होत नाही.

## क) आपत्ती व्यवस्थापनातील आपत्तीपश्चात टप्पा (Post-Disaster Management)

आत्तापर्यंत आपण आपत्तीपूर्व व आपत्कालीन व्यवस्थापनात तातडीच्या व्यवस्थापनाचा विचार केला. आपत्तीव्यवस्थापन या दोन अवस्थांवर, किंवा टप्प्यांवर थांबते असे नाही; तर आपत्तीमध्ये ज्या ज्या लोकांना व घटकांना आपत्तीची झळ पोहोचली आहे, त्या लोकांचे व घटकांचे कायमस्वरूपी पुनर्स्थापन (Rehabilitation) करावे लागते. तातडीची मदत सर्वांपर्यंत पोहोचली असल्यानंतर, तसेच आपत्तीमध्ये लोकांना जो मानसिक व शारीरिक धक्का बसला आहे, त्यातून सावरण्याच्या प्रयत्नाबरोबरच कायमस्वरूपीच व्यवस्थेबाबत विचार करावा लागतो. त्याला नियोजन, भरपूर निधी तसेच तांत्रिक मदत व मनुष्यबळ आवश्यक आहे. घरे बांधून देताना आपद्ग्रस्त कोणत्या स्तरांचे व वर्गांचे आहेत, याचा विचार करावा लागतो. बऱ्याचवेळा या कामाचा आराखडा तयार करणारे लोक शहरी असतात, त्यांना ग्रामीण भागातील विशिष्ट गरजांची माहिती नसते. त्यामुळे आपद्ग्रस्त नवीन घरात जाण्यास नाराज असतात. उदा. काही वर्षांपूर्वी (किल्लारी) लातूर भागात भूकंपाची आपत्ती निर्माण झाली. शासनाने तसेच सेवाभावी संस्थांनी भूकंपग्रस्तांना

घरे बांधून दिली; हे सर्व शेतकरी होते. घराशिवाय बैलगाडी, बैलजोडी, म्हशी, शेळ्या-मेंढ्या, शेतीची अवजारे देण्यात आली पण गोठा बांधला नाही. त्यामुळे ५०० चौ.फुटाच्या घरात त्यांना गुरे-ढोरे बांधण्यास जागाच शिल्लक राहिली नाही. थोडक्यात, आपत्ती व्यवस्थापन करताना आपत्तीनंतर पुनर्स्थापनेत घरांची रचना गरजेनुसार कशी करता येईल याकडे लक्ष देण्याची गरज असते.

एखादी दुर्घटना घडून गेल्यावर धावपळ करीत बसण्यापेक्षा आपत्कालीन व्यवस्थेबाबत, प्रत्येक जिल्ह्याचा व तसेच तालुका व गाव यांचा आपत्तीव्यवस्थापन नमुना आराखडा तयार करावा व त्यातील तपशील व आर्थिक बाबींसह असा समावेशक आराखडा जिल्हा, तालुका व ग्रामपंचायत यांना उपलब्ध करून देण्यात यावा. ज्यावेळी आपत्ती येते तेव्हा काय करायचे ? व कसे करायचे ? याचे पूर्ण मार्गदर्शन वेळीच उपलब्ध झालेले असेल यावरून गाव, तालुका, जिल्हा यांचे भौगोलिक व इतर वैशिष्ट्ये लक्षात घेऊन मदत कार्य सुरू करता येते.

शेजारील राष्ट्राकडून आपल्या देशाला युद्धाची भीती कायमच आहे. अशा वेळी देशातील प्रमुख शहरे, संरक्षण उत्पादने व साठवणुकीची कोठारेही धोक्यात येणार नाहीत, यासाठी व्यवस्थापन आराखडा तयार करण्यात यावा; या गोष्टीचा विचार करून सन १९८७ मध्ये मुंबई, रायगड, ठाणे इत्यादी जिल्ह्यांसाठी असा आपत्कालीन आराखडा तयार करण्यात आला असून त्या आराखड्याचा उपयोग आपत्तीनंतर पुनर्स्थापनेच्या वेळी करून घेणे सहज शक्य होईल.

## आपत्तीपश्चात या टप्प्यात करावयाच्या गोष्टी

१) होऊन गेलेल्या आपत्तीच्या कारणांचा शोध घेण्यासाठी व त्यासाठी योग्य ते मार्ग सुचवण्यासाठी शासनाच्या सर्व विभागांनी एकत्रितपणे या आपत्तींची पाहणी करण्यासाठी एक स्वतंत्र समिती नियुक्त करावी.

२) नियुक्त केलेल्या समितीच्या कार्यकक्षा, कार्यपद्धती या गोष्टी आधीच निश्चित कराव्यात.

३) समितीच्या अहवालासाठी कार्यमर्यादा ठरवून द्यावी.

४) समितीने सादर केलेल्या अहवालासंदर्भात समितीच्या सूचनांची, शिफारशींची अंमलबजावणी सरकारने कशा प्रकारे केली, याचा एक कृती अहवाल तयार करावा. यामुळे पुढील संकटांचा सामना करण्यासाठी जनतेचे मनोधैर्य वाढल्याने ते सरकारी यंत्रणेला मदत करण्यास तयार होऊ शकतील.

५) पुनर्स्थापनेत वाहतूकमार्ग, सार्वजनिक इमारती, शाळा, समाज मंदिरे यांच्या जागा निश्चित व प्रशस्त ठेवण्यात याव्यात.

६) आपत्तीला सामोरे गेलेल्या लोकांना नवीन घरांचे वाटप करताना त्यांच्या रूढी, परंपरा, चालीरीती, त्यांचे व्यवहार, त्यांच्यातील धार्मिक परंपरा यांचा विचार केल्यास आपद्ग्रस्त लोक आपल्याच समाजाबरोबर राहणे अधिक पसंत करतील व त्यांचे दैनंदिन व्यवहार लवकर सुरू होण्यास अशा पुनर्स्थापनेने मदत होईल.

## ड) आपत्कालीन नियोजनचक्र (Disaster Impact Cycle)

आपत्ती ही एक अचानक उद्भवणारी व प्रचंड प्रमाणात हानी घडवून आणणारी घटना आहे असे म्हणावयास हरकत नाही. परंतु नैसर्गिक आपत्ती किंवा मानवनिर्मित आपत्तीच्या दृष्टीने आपत्ती निवारण्याचे व्यवस्थितपणे व्यवस्थापन केल्यास, आपत्तीला धीराने तोंड देणे मानवी समूहाला तसेच संपूर्ण सजीव समूहाला सहज शक्य होऊ शकते. 'शास्त्रशुद्ध पद्धतीने आपत्तीला तोंड देण्यासाठी व कमीतकमी हानी व्हावी म्हणून मानवाने केलेले व्यवस्थापन म्हणजे आपत्ती व्यवस्थापन' असे ढोबळपणे सांगता येते. आपत्कालीन नियोजन चक्रानुसार आपत्तीवर काही अंशी विजय मिळवायचा असेल, तर या चक्रातील विविध अंगे विचारात घेतली पाहिजेत.

**आपत्कालीन नियोजन चक्र (Disaster Impact Cycle)**

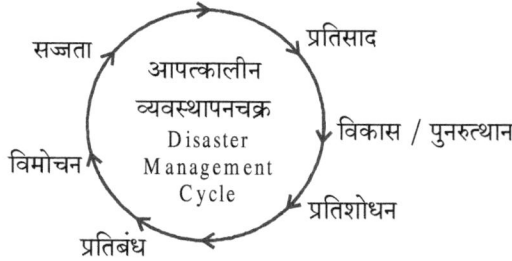

आकृती क्र. २.३

# प्रमुख अंगे

## १) प्रतिबंध

एखाद्या प्रदेशात आपत्ती घडल्यास तिची तीव्रता लक्षात घेऊन तिच्या परिणामांचा अंदाज घेता येतो. प्रथमत: आपत्तीमुळे होणाऱ्या परिणामांची तीव्रता कमीतकमी कशी होईल, त्याचप्रमाणे कमीतकमी प्रदेशाला आपत्तीची झळ कशी पोहोचेल या दृष्टीने आपत्तीस प्रतिबंध केला जातो.

## २) विमोचन

आपत्तीचा देशावर, देशाच्या आर्थिक, सामाजिक व राजकीय तसेच धार्मिक रचनेवर त्याचप्रमाणे आर्थिक उत्पादन घटकांवर आणि विशेष म्हणजे देशातील लोकांवर कमीत कमी परिणाम कसा होईल, या कृतीचा विचार केला जातो.

## ३) सज्जता

आपत्ती व्यवस्थापनात अशी योजना आखणे की त्यात सामान्य नागरिक, सेवाभावी संस्था, अशासकीय संस्था व शासन यांचा आपत्तीव्यवस्थापनाला त्वरित प्रतिसाद मिळेल.

## ४) आपत्तीचा आघात

या घटकात आपत्तीव्यवस्थापनाचा व आपत्तीच्या वेगवेगळ्या तीव्रतेच्या सापेक्षतेचा आढावा घेतला जातो.

## ५) प्रतिसाद

आघाताला प्रतिसाद हा आघात होण्यापूर्वी व आघात झाल्यानंतर त्वरित व तत्काळ द्यायचा असतो. हा घटक ह्या चक्रात आपत्ती आघाताच्या नंतर विचारात घ्यावा लागतो. 'आपत्कालीन प्रतिसाद' असेही या टप्प्याला संबोधले जाते.

## ६) पुनर्वतता

आपत्तीनंतर वेगवेगळ्या भौगोलिक क्षेत्रांतील जनजीवन जेव्हा पूर्णपणे विस्कळीत होते, तेव्हा गाव किंवा शहरांचे पुनर्वसन करण्यासाठी जेवढा वेळ लागतो. त्यालाच पुनर्वतता असे म्हणतात. पुनर्वतता हा काळ सर्वच आपत्तींसारखा असूच शकत नाही. आपत्तींच्या आघाताचे प्रमाण, प्रतिसाद सज्जता, विमोचन यावर काळ कमी अगर जास्त होऊ शकतो. (काही आपत्ती प्रसंगात हा काळ १० ते १२ वर्षे किंवा त्यापेक्षा जास्तही असू शकतो.)

## ७) विकास/पुनरुत्थापन

पुनरुत्थापन हा आपत्कालीन उपाययोजना आणि राष्ट्रीय प्रगती यांच्यातील महत्त्वपूर्ण दुवा आहे. पुनरुत्थापन हा टप्पा राष्ट्राच्या हितासाठी व पुनर्वसनासाठी वापरतात. म्हणजेच त्यातून उद्भवलेल्या बदलांचा राष्ट्रीय हितासाठी उपयोग करणे सुलभ जाते.

आपत्तीपूर्व

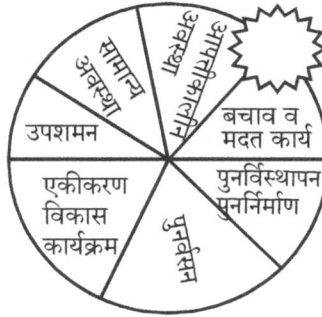

आपत्तीकालीन

**आकृती क्र. २.४ आपत्ती व्यवस्थापन चक्र**

ज्या देशाकडे आपत्ती नियोजनाची आखणी किंवा आपत्ती व्यवस्थापन रचना केलेली नसते. अशा देशांना आपत्तीच्या आघाताची तीव्रता जास्त जाणवत असते. याउलट आपत्ती व्यवस्थापनाचे नियोजन किती चांगले केलेले आहे; यावर आपत्तीची तीव्रता खूपच कमी होऊन जाते. सन २०११ मध्ये जपानमधील त्सुनामींमुळे फुकुशिमा भागातील अणूभट्ट्यांना खूप मोठा तडाखा बसला. मात्र आपत्तीच्या तीव्रतेचा व परिणामांचा अभ्यास केला तर, असे लक्षात येते की, सुनियोजित आपत्ती व्यवस्थापनामुळे होणाऱ्या हानीचे प्रमाण तुलनेने कमी आहे.

प्रकरण ३

# आपत्ती व्यवस्थापन आणि उपाययोजना
## (Disaster Management and Measures)

---

## ३.१ प्रास्ताविक

भूकंप, ज्वालामुखी, वादळवारे, पूर, ढगफुटी यांसारख्या नैसर्गिक आपत्ती माणसाला पुरत्या हतबल करून टाकतात. त्यासाठी सतत सतर्क राहावे लागते. या आपत्तींना तोंड देण्यासाठी विशेष प्रशिक्षणांनी युक्त माणसांना सज्ज ठेवावे लागते. त्यासाठी आंतरराष्ट्रीय पातळीवर ऑक्टोबर महिन्याचा दुसरा बुधवार राखून ठेवतात व या आपत्तींना आवर घालण्यासाठी करावयाच्या कारवायांची उजळणी करतात. संयुक्त राष्ट्रसंघाच्या २२ डिसेंबर १९८९ च्या सर्वसाधारण अधिवेशनात नैसर्गिक आपत्तींना आवर घालण्यासाठी प्रस्तुत दिवसाची घोषणा झाली होती. १९९०-९९ हा काळ नैसर्गिक आपत्तींना आवर घालण्याचे दशक म्हणून घोषित झाले होते, व या काळात सदर दिवसाचा सोहळा ऑक्टोबर महिन्याच्या दुसऱ्या बुधवारी साजरा होत गेला. नैसर्गिक आपत्तींमुळे जगभरच्या कितीतरी लोकांची घरेदारे नष्ट झाली आहेत. अनेक जीव प्राणास मुकले आहेत. काही आपत्तींमुळे तर देशांचा आर्थिक कणाच मोडून पडला आहे. त्यासाठी या आपत्तींसंबंधी लोकांना शिक्षित करावे, माहितीची देवाण-घेवाण व्हावी, या परिस्थितींना तोंड देण्याचे प्रशिक्षण मिळावे, याची संयुक्त राष्ट्रसंघाला प्रकर्षाने जाणीव झाली. यासाठी राष्ट्रकुलाने तयार केलेल्या बोधचिन्हात पृथ्वीवरील आपत्तीग्रस्त देश व त्यांच्याभोवती शांतीचा दर्शक असलेल्या ऑलिव्ह वृक्षाच्या फांद्या दाखविलेल्या आहेत. सर्वसाधारण लोकांत सुरक्षिततेची भावना रुजावी, आपत्तीग्रस्त लोकांना त्वरित आर्थिक, वैद्यकीय मदत मिळावी, आपत्तीच्या काळात नीट व्यवस्थापन व्हावे या उद्दिष्टांनी प्रस्तुत दिवसाचे प्रयोजन असते. अलीकडच्या काळातले त्सुनामी संकट, ज्वालामुखी, भूकंप ही त्याची ताजी उदाहरणे होत.

नागरिकांमध्ये आपत्तीकाळात कसा प्रतिसाद द्यायचा यासंबंधी चालना देणारे धडे

**आपत्ती व्यवस्थापन आणि उपाययोजना । ३३**

गिरविले जातात. सभा, परिषदांतून भूतकाळातील घटनांतून मिळालेले धडे प्रशिक्षणार्थ वापरले जातात. छोट्या छोट्या गटांना एकत्रित करून अल्प अर्थसाहाय्य करण्याची व त्याद्वारा उद्ध्वस्त झालेली जीवने उभारण्याची संकल्पना खूप उपयोगी ठरल्याचे दिसून आले आहे.

जगात नैसर्गिक संकटांची जास्त शक्यता असणाऱ्या देशांमध्ये भारताचा समावेश होतो. महापूर, दुष्काळ, दरड कोसळणे, भूकंप, वादळ अशा संकटांचा धोका १२० कोटी लोकांच्या डोक्यावर कायम असतो. देशातील काही भाग तर नैसर्गिक आपत्तीच्या बाबतीत फारच संवेदनशील आहेत. अशा नैसर्गिक संकटांचा सामना करण्यासाठी, राष्ट्रीय पातळीवर संकटांचा सामना करण्यासाठी २००६ मध्ये आपत्तीव्यवस्थापन विभाग सुरू करण्यात आला आहे.

## ३.२ जपानकडून बरेच शिकण्यासारखे

१ सप्टेंबर १९२३ रोजी जपानच्या केंटो प्रांतात भीषण भूकंप झाला. यात लाव्हारस जमिनीवर आल्याने लागलेल्या आगीने थैमान माजवले होते. यात एक लाखांपेक्षा जास्त लोकांचा मृत्यू झाला, तर संपूर्ण भाग बेचिराख झाला होता. या संकटातून सावरत सरकारने तेथे अग्निप्रतिबंधक लाकूड आणि विटांचा वापर करत घरे आणि इमारती बांधल्या. मोटर-वे नव्याने बांधण्यात आले तर सब-वे सीस्टिम सुधारण्यात आली. १९९५ मध्ये या शहराची तुलना न्यूयॉर्क आणि लंडनसोबत होऊ लागली. १९९५ मध्ये कोबे भागात आलेल्या भूकंपातूनदेखील जपान सावरला. त्यांनी भूकंपाची अचूक माहिती देणारी यंत्रणा तयार केली. १९५२ मध्ये जपानने त्सुनामी इशाराप्रणालीत ३०० सेन्सर्स आणि ८० ॲक्वाटिक सेन्सर्स लावले. हे सेन्सर्स २४ तास समुद्रात होणाऱ्या घडामोडींची माहिती घेतात. त्सुनामीपासून वाचण्यासाठी किनारपट्टीवर शहरांसाठी वेगळे नियोजन करण्यात आले. सर्वांत जास्त त्सुनामी येणाऱ्या पूर्व किनारपट्टीवर शेकडो भूकंप आणि त्सुनामी प्रतिबंधक घरे तयार करण्यात आली आहेत. काही शहरांत त्सुनामी भिंती आणि फ्लडगेटस् तयार करण्यात आले आहेत. १९८१ मध्ये जपानने भूकंपाची तीव्रता पाहता इमारती बांधण्यासाठी नवी मार्गदर्शक नियमावली लागू करत २००० इमारतींचे पुनर्मूल्यांकन केले आहे.

विशेषत: हवामानातील बदलांमुळे नैसर्गिक आपत्ती आकस्मिकपणे उद्भवते. त्यामुळे अशा नैसर्गिक आपत्तीत जीवित व वित्तहानी होण्याची शक्यता नाकारता येत नाही. आपण दैनंदिन व्यवहारातही बघतो - जर एखाद्या वाहनाला फार मोठा अपघात झाला किंवा एखादी व्यक्ती अपघातात जखमी झाली तर त्यांना उपचारासाठी, त्यांचे प्राण वाचविण्यासाठी समाजातील अनेक लोक धावपळ करतात. एकंदरीत सांगावयाचे झाल्यास, मानवी संवेदनांमुळेच ही सकारात्मक कृती समाजाकडूनच घडते तसेच यामध्ये

प्रशासनाच्या वतीने सुद्धा योग्य ती दखल घेतली जाते, म्हणूनच आपत्तीव्यवस्थापन आणि लोकांचा सहभाग ह्यांचं नातं फार जवळचं आहे. पर्यावरणातील बदल हा मानवी जीवनावर परिणाम करीत असतो. त्यामुळे आपत्ती या सांगून येत नसल्या तरी त्यांना सामोरे जाण्यासाठी आपण योग्य तयारी केली पाहिजे.

जपानसारख्या देशाने इ. स. १९२३ पासून आजपर्यंत अनेक वेळा त्सुनामी, भूकंप, चक्रीवादळे यासारख्या नैसर्गिक तर अणुबॉम्ब स्फोटासारख्या मानवनिर्मित आपत्तीस समर्थपणे तोंड दिले आहे. जपान देशाच्या आपत्तीनिवारण यशाचा अभ्यास केल्यास, परिपूर्ण, शास्त्रशुद्ध व सुनियोजितपणे आपत्तीव्यवस्थापनाची केलेली रचना होय. रचनात्मक आपत्ती व्यवस्थापनाने कोणताही देश आपत्तीला समर्थपणे सामोरा जाऊ शकतो, हे जपानने जगाला दाखवून दिले आहे.

## ३.३ आपत्तीव्यवस्थापनाची संरचना (Structure of Disaster Management)

आपत्ती लहान असो की मोठी, तिच्या परिणामातून मानवाची जीवित किंवा मालमत्ता हानी अटळ आहे. मात्र आपत्तीस सामोरे जाण्यासाठी सुनियोजित आपत्तीव्यवस्थापन असेल तर होणारी हानी कमी होते. आपत्तीव्यवस्थापनात आपत्तीव्यवस्थापनाची संरचना खूप महत्त्वाची आहे. आपत्तीव्यवस्थापन संरचना पाच टप्प्यांनी पूर्ण होते, आपत्ती व्यवस्थापनातील हे पाच टप्पे प्रभावीपणे कार्यरत झाल्यास मिळणारे निष्कर्ष अधिक चांगले असू शकतात.

### आपत्तीव्यवस्थापन संरचना

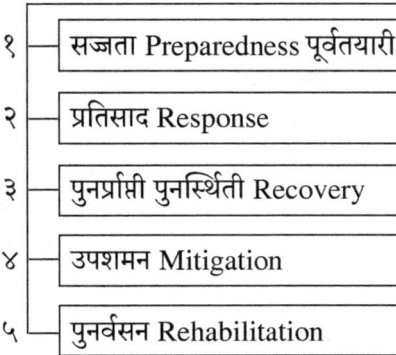

१ — सज्जता Preparedness पूर्वतयारी

२ — प्रतिसाद Response

३ — पुनर्प्राप्ती पुनर्स्थिती Recovery

४ — उपशमन Mitigation

५ — पुनर्वसन Rehabilitation

## १) सज्जता / पूर्वतयारी (Preparedness)

'समाज' (Society) या सर्वमान्य शब्दात एखाद्या विभागातील सर्वच सामाजिक घटक अपेक्षित आहेत. सर्वसामान्य जनतेबरोबरच शासनाच्या प्रशासकीय यंत्रणेतील सर्वच कर्मचारी, अधिकारी यांचा विचार करावा लागतो; कारण आपत्तीच्या प्रसंगी या

सर्वांनाच आपत्तींना सामोरे जायचे असते. व्यक्ती, कुटुंबे आणि समुदाय असे वेगवेगळे सामाजिक गट या संदर्भात विचारात घेता येतात. व्यक्तिगत पूर्वतयारीच्या दृष्टीने पुढील मूलतत्त्वे गृहीत धरून विचार करावा लागतो.

- जन्माला आलेली कोणतीही व्यक्ती कोणत्याही वयाची असो, जगण्यासाठी आपल्या परीने प्रयत्न करण्याची प्रेरणा घेऊन जन्माला येते, परंतु आपण मात्र येथे १८ ते ८० वर्षे वयोगटातील शारीरिक व मानसिकदृष्ट्या सक्षम व्यक्तीचाच विचार करू.

- सहकारी गृहसंस्था, सोसायट्या किंवा खेड्यातील एखादी वस्ती, किंवा अन्य प्रकारचा गृह समूह, या घरांमध्ये दिवसातील आठ तास किंवा त्याहून अधिक काळ राहण्याच्या व्यक्तीच विचारात घेऊ, कारण त्या व्यक्ती एकत्र काम करू शकतात.

- कारखाने, कार्यालये, शिक्षणसंस्था, रुग्णालये, हॉटेल्स, करमणुकीच्या जागा, धार्मिक स्थळे, विविध प्रकारची वाहतूक, रस्ते, रेल्वे, जहाज, हवाई वाहतूक त्याचप्रमाणे शासकीय संघटना, धरणे, वीजपुरवठा केंद्रे, आजच्या काळातील शहरातील माहिती तंत्रज्ञान केंद्रे (IT Parks) यासारख्या कामाच्या जागी लोक ८ तासांहून अधिक काळ काम करतात. त्या सर्वांचा विचार केला जावा.

वरील सर्वांना एकत्रित करून व्यक्तिगत पूर्वतयारी करावी.

**अ) व्यक्तिगत पूर्वतयारी :** जगण्याची तीव्र इच्छा असणाऱ्या मानवी समूहातील प्रत्येकाची शारीरिक, बौद्धिक कार्यक्षमता वेगवेगळी असते. प्रत्येकाची विचार करण्याची पद्धती व क्षमता भिन्न असते. त्यामुळे सर्वांना वेगाने व बिनचूक निर्णय घेऊन वेगाने कृती करता येईल असे नाही; पण सर्वांनी किमान खालील गोष्टी तरी करावयाला हव्यात.

१) प्रत्येकाने आपत्तीव्यवस्थापनेबद्दल जागृत असले पाहिजे. आपत्तीच्या वेळी आपला उपयोग व्हावा यासाठी आपत्तीपूर्वीची तयारी, प्रतिबंधक मार्गांचा अवलंब, प्रथमोपचार, अग्निशमन, मृतांची व्यवस्था करणे, लोकांचे स्थलांतर व स्वतःला वाचविणे. या बाबतचे जुजबी स्वरूपाचे तरी शिक्षण घेतले पाहिजे.

२) प्रत्येकाने आपले ओळखपत्र जवळ ठेवणे, त्या ओळखपत्रावर स्वतःचा फोटो, संपूर्ण नाव, पत्ता, रक्तगट, संपर्कासाठी जवळच्या नातेवाइकांचे नाव, त्यांचा पत्ता, फोन नंबर, बोटांचे ठसे यांची माहिती जवळ बाळगावी.

३) आपल्याजवळ एखादा मोठा टॉवेल, प्रथमोपचाराची पेटी यांसारख्या वस्तू ठेवाव्यात.

४) कपाटाच्या चाव्या, विमा पॉलिसी, ठेवीच्या पावत्या, आपली एकूण मालमत्ता, तिची दस्तऐवजे याबद्दलची माहिती बाहेर पडताना इतर जवळच्या व्यक्तीस

देऊन ठेवावी. बाहेर जाण्याचे ठिकाण, किती वेळ बाहेर जाणार, संपर्कासाठी तिथला फोन नंबर कुटुंबांतील इतरांना देऊन ठेवावा.

५) कुटुंबातील बाकीच्या व्यक्तींचे कामाचे ठिकाण, वेळा, मित्रमंडळी, त्यांचे पत्ते इ. प्रत्येकाजवळ असावी.

६) प्रवासात आपल्या आसपासच्या व्यक्तीबद्दल सावधानता बाळगावी, तिचे वर्णन व वर्तणूक संशयास्पद वाटल्यास इतरांना सावध करावे. अनेकदा व्यक्तीमधील अंत:प्रेरणा व तारतम्य संकटापासून बचाव करण्यास उपयुक्त ठरते.

७) आपत्तीपासून बचावासाठी घेतलेले शिक्षण व त्याची केलेली उजळणी, सरावाच्या कवायती यामुळे व्यक्तीला आपल्याबरोबरच इतरांचाही बचाव करता येतो,

**ब) कुटुंबाची पूर्वतयारी :** सार्वजनिक जीवनातील कुटुंब हे एक छोटे पण मूलभूत एकक आहे. व्यक्तीप्रमाणेच कुटुंबातील सर्वांनी एकत्र येऊन आपत्तीव्यवस्थापनात कार्य करावे.

कुटुंबाच्या सुरक्षिततेसाठी कुटुंबातील सर्वांनी पुढील काही गोष्टींची काळजी घ्यावी.

१) कुटुंबाने आपले निवासस्थान दिसते कसे, हे पाहण्यापेक्षा ते किती सुरक्षित आहे, याकडे लक्ष द्यावे. त्यासाठी घराचा पाया, मजबुती, भिंतीची जाडी, वायुवीज, संकटवेळी बाहेर पडण्याच्या वाटा, अग्निशमन व्यवस्था, विद्युत सुरक्षित रचना या गोष्टी बांधकाम व्यावसायिकाने पूर्ण केलेल्या आहेत का ? याकडे लक्ष द्यावे.

२) कागदपत्रे, रोख रकमा, थोडाफार शिधा, औषधे, पिण्याचे पाणी इतक्या गोष्टी व आवश्यक कपडे बरोबर घेता येतील अशा जागी ठेवावीत. अचानक घर खाली करण्याची वेळ आल्यास हे सोयीचे होते.

३) गॅस सिलेंडरची नळी, इलेक्ट्रीक फिटिंग्ज वेळोवेळी तपासून घ्यावेत. वापरात नसलेले गॅस, रेग्युलेटरचे बटण बंद ठेवावे. जास्त दिवस घराबाहेर राहणार असाल तर सिलेडरला सेफ्टी कॅप बसवावी.

४) ज्वालाग्रही अडगळ शक्यतो घरात ठेवू नये.

५) इन्व्हर्टरच्या बॅटरीजवळ ज्वालाग्रही वस्तू ठेवू नये. त्या बॅटरीची वेळोवेळी तपासणी करावी.

६) शेजारी, नातलग, पोलीस स्टेशन, अग्निशमन कार्यालय, रुग्णालये यांचे फोन नंबर्स, सूची व पत्ते फोनजवळच ठेवावे.

७) कुटुंबातील सर्वांचे रक्तगट तपासून घ्यावेत, रक्तदात्याची यादी तसेच एक प्रथमोपचार पेटी कायम घरात ठेवावी. प्रथमोपचाराचे जुजबी ज्ञान प्रत्येकाला असावे.

८) घरात कायमच पाण्याच्या दोन-तीन बादल्या कायम भरून ठेवावव्यात. तसेच बॅटरीवर चालणारा एक दिवा कायमच कार्यरत ठेवावा.

९) विभक्त कुटुंबात मुलेच फक्त घरी असतात, पालकांना कामावर जावे लागते. अशा कुटुंबात जागरूकता व सावधगिरी या दृष्टीने मुलांना माहिती द्यावी.

**क) गृहरचना संस्था व गृहसंस्था पूर्वतयारी :** सोसायट्या किंवा अपार्टमेंटमध्ये राहणाऱ्या सर्व कुटुंबांनी एकत्रितपणे काही गोष्टी कराव्यात.

१) परिसराची सुरक्षा राखण्यासाठी प्रशिक्षित सुरक्षारक्षक नेमावेत.

२) सर्व तरुणांनी एकत्र येऊन आपत्तीच्या प्रसंगी मदत व आपत्ती प्रतिबंध करण्यासाठी आपला एक गट करावा. सर्वांनी गटाचा प्रमुख ठरवावा व गटप्रमुखाने दिलेली जबाबदारी स्वीकारावी. त्यातूनच वेगवेगळ्या पातळ्यांवर स्वयंसेवी गट निर्माण होतात.

३) शिडी, लांब व मजबूत दोरी यांसारख्या वस्तू सामुदायिकरित्या खरेदी कराव्यात. सर्व रहिवाशांचे फोन नंबर्स एकत्र करावेत. आवश्यक तेव्हा मदतीसाठी इतरांना हाक मारावी.

४) बहुमजली इमारतीत प्रत्येक मजल्यावर योग्य जागी आग्निशमन साधने ठेवावीत. ती वापराविषयी सर्व सभासदांनी प्रशिक्षण घ्यावे.

५) आकस्मिक गरज पडली तर तळमजल्यावरील पाण्याच्या टाकीचा उपयोग करता येईल अशी व्यवस्था करून ठेवावी.

६) धोक्याचा इशारा देणारा भोंगा मध्यवर्ती ठिकाणी बसवावा व तो वापरण्याचे प्रशिक्षण सर्वांना देण्याची व्यवस्था करावी.

७) महत्त्वाचे फोन नंबर्स सोसायटीच्या कार्यालयात तसेच, अन्य जागी रंगवून ठेवावेत. जेणेकरून संकटप्रसंगी कुणीही संपर्क साधून मदतयंत्रणेची मागणी करू शकेल.

८) स्वतंत्र बंगला असेल तर जमिनीला भेगा नाहीत, मोठ्या झाडांची मुळे इमारतीच्या पायात गेलेली नाहीत, सांडपाणी न तुंबता निचरा होती आहे या गोष्टींसंदर्भात सावधानी बाळगावी. डोंगराच्या कडेला दरड कोसळल्यास पडलेल्या दगडमातीचे इमारतीला नुकसान होत नाही ना हे पाहावे.

**ड) उद्योगधंदा / संस्थांची पूर्वतयारी :** उद्योगधंद्यांची वेगवेगळ्या आपत्तींपासून सुरक्षितता व्हावी यासाठी विविध प्रकारचे निकष अस्तित्वात आहेत. तरीही वेगवेगळे अपघात होऊन तेथील लोकांना आपत्तीस सामोरे जावे लागते. उद्योगसंस्थांमधील संकटे किंवा आपत्ती टाळण्यासाठी खालीलप्रमाणे पूर्वतयारी करावी-

१) उद्योगसंस्थांमधील जुन्या व अनुभवी कामगारांचे सुरक्षितता गट बनवून त्यांच्यामार्फत वेळोवेळी परिसर, इमारत, यंत्रसामुग्री यांची तपासणी केली पाहिजे व आढळलेल्या त्रुटी दुरुस्त केल्या पाहिजेत.

२) कायमस्वरूपी अगर हंगामी कामगारांना आपत्ती निवारणाचे प्रशिक्षण दिले गेले पाहिजे.

३) प्रत्येक पाळीसाठी आपत्तीनिवारक स्वयंसेवकांचे गट बनवावेत. प्रत्येकाला या कामाची गोडी निर्माण होईल असे पाहावे.

४) मदतीसाठी उपयुक्त अशी साधने, हत्यारे कारखान्यात कायमच जवळ ठेवावीत याबरोबरच प्रथमोपचाराच्या पेट्याही ठेवाव्यात.

५) कारखान्यातील कार्यालयीन कामगाराव्यतिरिक्त इतरांनी कारखान्याच्या क्षेत्रात शिरस्त्राण (हेल्मेट) वापरावे.

६) संकटसमयी पूर्वसूचना देणारा भोंगा सुस्थित ठेवावा. त्याची वेळोवेळी चाचणी घ्यावी. अग्निशमन टाक्या, पाण्याचा जास्त दाबाने उपसा करणाऱ्या पंपसेटचा वापर वाढवावा.

७) शक्यतो, औद्योगिक परिसरातील जागेवर निवासी संकुले नसावीत.

**इ) शिक्षणसंस्थांची पूर्वतयारी :** कुंभकोणम् शहरातील शाळेत झालेल्या आगीच्या दुर्घटनेपर्यंत शैक्षणिक संस्थांचा आपत्तीव्यवस्थापनासंदर्भात विचार केला जात नव्हता.

शिक्षणसंस्थांतील वर्गाच्या खोल्या कशा असाव्यात? इमारत कोठे असावी, मुख्याध्यापक, शिक्षक व अन्य कर्मचारी यांची दालने कोठे असावीत, शिक्षक व अन्य कर्मचारी यांनी विद्यार्थ्यांच्या सुरक्षेसाठी कोणती काळजी घ्यावी? आपत्तीला कसे सामोरे जावे, इत्यादी गोष्टींचे ज्ञान शिक्षणसंस्थांना देणे महत्त्वाचे आहे. तसेच शालेय अभ्यासक्रमातही आपत्तीव्यवस्थापन या विषयाचा समावेश करणे आवश्यक आहे. आपत्तीव्यवस्थापनाच्या दृष्टीने शिक्षणसंस्थांनी पुढील पूर्वतयारी करणे आवश्यक आहे.

१) शिक्षणसंस्थांना परवानगी देताना आपत्तीव्यवस्थापनाच्या दृष्टीने कोणकोणते सुरक्षा उपाय (Sefety Measures) योजना केलेल्या आहेत, यावर परवानगी देण्याची व्यवस्था केली जावी.

२) शाळेच्या मुख्याध्यापकांची / प्राचार्यांची मार्शलपदी नेमणूक करून त्यांच्या हाताखाली शिक्षक व शिक्षकेतर वर्ग, यांचा एक आपत्तीनिवारण व्यवस्थापन गट तयार करावा. आपद्प्रसंगी करावयाची कामे याबद्दल त्यांना संपूर्ण शिक्षण द्यावे.

३) अग्निशमन टाक्या, पाण्याचे हौद, प्रथमोपचार पेट्या, शिडी, दोर इ. साधने पुरेशा प्रमाणात व वेळेवर उपयोगी पडतील अशी ठेवावीत.

४) इमारतीतून बाहेर पडण्यासाठी अनेक दरवाजे ठेवावेत.

५) आपत्तीव्यवस्थापनाचे शिक्षण विद्यार्थी, शिक्षक, तसेच संस्थाचालक यांना देण्यात यावे.

६) विद्यार्थ्यांसाठी आपत्तीव्यवस्थापनासंदर्भात सोपे अभ्यासक्रम तयार करण्यात यावेत.

**फ) रुग्णालये : पूर्वतयारी :** आपत्तीत सापडलेल्या आपद्ग्रस्तांची जीवितरक्षणाची जबाबदारी रुग्णालये घेत असतात. आपल्या मर्यादित जागेत अनेक आपद्ग्रस्त रुग्णांना सामावून घेणे व त्यांच्यावर उपचार करणे हे रुग्णालयांचे आपत्तीव्यवस्थापनात महत्त्वाचे काम असते; परंतु जर आपत्तीत रुग्णालयांनाच बळी जावे लागले. तर मात्र मोठा अनर्थ होऊ शकतो. हे टाळण्यासाठी रुग्णालयांनी पुढीलप्रमाणे पूर्वतयारी करावी.

१) रुग्णालय इमारतींना धोका पोहोचत असताना शस्त्रक्रिया केलेल्या टेबलवरच्या रुग्णांना वाचविण्याची व्यवस्था करावी.

२) विशेष दक्षता विभागातील रुग्णांना सुरक्षित ठेवण्याचे उपाय करावेत.

३) अन्यत्र जाऊ न शकणाऱ्या रुग्णांना सुरक्षित ठेवण्याची व्यवस्था करावी.

४) ऑक्सिजन सिलींडर्स वापरावर नियंत्रण ठेवावे.

५) 'क्ष' किरण विभागाच्या सुरक्षेकडे लक्ष द्यावे.

६) अतिरिक्त संख्येने आलेल्या रुग्णांना सामावून घेतले जावे.

७) रुग्णालयातील उपचारांच्या सुविधा तात्पुरत्या वाढविण्यासंबंधी योजना केली जावी.

८) बाहेरच्या आपत्तीप्रमाणे रुग्णालयांवरही आपत्ती येऊ शकते. आपत्ती ओढवली तर त्यातून बाहेर पडण्याचे नियोजन करावे.

**म) करमणूक व मनोरंजनाच्या ठिकाणांनी करावयाची पूर्वतयारी :** दिल्लीतील 'उपहार' नावाच्या चित्रपटगृहाला काही वर्षांपूर्वी आग लागून प्रेक्षकांची प्रचंड प्राणहानी झाली होती. या घटनेमुळे असे लक्षात आले की, भारतातील चित्रपटगृहांमध्ये रचनात्मक दृष्ट्या काही साधे बदल केले तर मोठा अनर्थ होण्याचे थांबविता येईल.

बाहेर पडण्याच्या दृष्टीने जास्त संख्येने दरवाजे ठेवणे, जिने रुंद करणे, अग्निशमन यंत्रणा कार्यक्षम ठेवणे, कर्मचाऱ्यांना अग्निशमन यंत्रणेचा वापर शिकविणे, अडचणीच्या वेळी प्रेक्षकांना योग्य मार्गदर्शन करणे, आजच्या काळात घातपात कृत्यांचा वाढलेला धोका ध्यानात घेऊन बांधकामाचे निकष, अग्निशमन यंत्रणा, प्रथमोपचाराच्या सोयी इ. गोष्टींची पाहणी करूनच चित्रपटगृहास परवानगी देणे.

आजकाल पुणे-मुंबई सारख्या शहरात एकाच छत्राखाली अनेक चित्रपटगृहांची (Multiplex) निर्मिती केलेली आहे. आपत्ती व्यवस्थापन दृष्टिकोनातून या चित्रपटगृहाची सुरक्षाउपायासंदर्भात (Safety Measures) पाहणी करणे गरजेचे आहे.

**न) जत्रा - उत्सव पूर्वतयारी :** पुण्यापासून तसेच साताऱ्याजवळील मांढरदेवी या ठिकाणी २००५ मध्ये झालेली दुर्दैवी घटना, सन २००३ मध्ये नाशिकला कुंभमेळ्याच्या निमित्ताने लोकांना अनेक आपत्तींना तोंड देणे भाग पडले. या घटना अभ्यासल्यानंतर असे लक्षात येते की, ज्या ठिकाणी उत्सव, जत्रा इ. धार्मिक उत्सव असतात, अशा ठिकाणी तुलनेने भिन्न समूहांतील लोकांची प्रचंड संख्या असते, ही बेशिस्त गर्दीच असते. हिंदू मंदिरातील स्वच्छता हाही एक विषय महत्त्वाचा ठरतो; कारण तेल, नारळपाणी यामुळे जमीन निसरडी बनलेली असते. लोक घसरून पडतात. या सर्व गोष्टी टाळण्यासाठी पुढीलप्रमाणे पूर्वतयारी केल्यास आपत्तीच्या वेळी जीवितहानी कमी होईल.

१) सुरक्षित वाहनतळे मंदिरापासून अंतरावर निर्माण करावीत.
२) मंदिराच्या जवळ वाहनांना प्रवेश न देण्याची व्यवस्था असावी.
३) मंदिरात भाविक रांगेत जाण्याची व्यवस्था करावी.
४) मंदिरात धूळ, धूर लवकरातलवकर बाहेर जाईल अशा खिडक्या ठेवाव्यात.
५) तेल / नारळ व्यवस्था मंदिराबाहेर दूर अंतरावर करावी.
६) वृद्ध व बालके यांची दर्शनव्यवस्था वेगळी करण्याचे प्रयत्न करावेत.
७) उत्सवप्रसंगी होणारे ध्वनिप्रदूषण, सामाजिक बेशिस्त वर्तनातून येणारी संकटे टाळण्यासाठी पूर्वतयारी करावी.

**य) सार्वजनिक वाहतुकीतील पूर्वतयारी**

१) प्रत्यके बस, रेल्वे डबे, बोटी यामध्ये अग्निशमन साधने, प्रथमोपचार पेट्या ठेवाव्यात.
२) प्रथमोपचार व अग्निशमन यंत्रणेचे प्रशिक्षण बस चालक व वाहक यांना देण्यात यावे.
३) आपत्ती कधीही येऊ शकते. त्यादृष्टीने सावधगिरी बाळगावी.

र) **पूर्वसूचना देणारी यंत्रणा :** भारतातील विविध आपत्तींची पूर्वसूचना देणारी यंत्रणा खूप पूर्वीपासून अस्तित्वात आहे. दूरदर्शनच्या माध्यमातून लोकांना आपत्तीविषयी तत्काळ सावध करता येते. शासनपातळीवरही कमीतकमी कालावधीत लोकांचे स्थलांतर, आपत्तीचे निवारण, पुनर्वसन याबाबत निर्णय घेतले पाहिजेत. याशिवाय युद्धासारख्या आपत्तीच्या अगोदर वार्डनची नियुक्ती करणे, आपत्तीकाळात काय करावे व काय टाळावे हे लोकांपर्यंत पोहोचविण्याची व्यवस्था झालेली असावी, वाहतूक कार्यपद्धती, संपर्क माध्यमे, इत्यादी संदर्भातही पूर्वतयारी असणे गरजेचे असते.

आपत्तीव्यवस्थापनाच्या एकूण रचनेतच फक्त पूर्वतयारी करूनच आपत्तीवर मात करता येईल किंवा आपत्तीची तीव्रता कमी करता येईल असे म्हणता येत नाही. आपत्तीचा आघात हा घटक आपत्ती व्यवस्थापनाचा व आपत्तींच्या वेगवेगळ्या तीव्रतेच्या सापेक्षतेचा आढावा घेतो. आघाताला प्रतिसाद हा आघात होण्यापूर्वीच द्यायचा असतो. उशिरात उशीर म्हणजे आघात झाल्यावर तत्काळ प्रतिसाद दिला गेल्यास आपत्तीची तीव्रता कमी करता येऊ शकते. त्यामुळेच पूर्वतयारी व प्रतिसाद हे आपत्ती व्यवस्थापनेतील दोन टप्पे पूर्णपणे वेगळे करता येत नाहीत.

## २) प्रतिसाद (Response)

आपत्तीदरम्यान व आपत्तीअगोदरच आपत्तीमुळे मानवी जीवितहानी, मालमत्तेची तसेच इतर सजीवसृष्टीचा विनाश होऊ नये, यासाठी, तसेच सर्वच, घटकांचे नुकसान होऊ नये यासाठीचा प्रतिसाद हा निर्णायक टप्पा असतो. आणीबाणीची परिस्थिती ते सुरक्षितता या गोष्टींसाठी आपत्ती व्यवस्थापनाच्या योजना केलेल्या असतात, त्यांना 'प्रतिसाद' असे म्हणतात. प्रतिसाद म्हणजे जीवन वाचविणे व मालमत्तेची हानी टाळण्यासाठी केलेले नियोजन होय.

त्सुनामीसारख्या आपत्तीमध्ये पूर्वतयारी झाल्यानंतरसुद्धा आपत्तीच्या वेळी मानवी समूहांनी उपलब्ध करून दिलेल्या सुरक्षित स्थळी जाण्यास व आपले जीवन वाचवण्यास दिलेले महत्त्व आणि त्या वेळी सागरकिनारी येणाऱ्या महाभयंकर लाटांपासून शक्य होईल तितके दूर जाण्याचे नियोजन महत्त्वाचे आहे.

भूकंपाची चाहूल लागताच घरातून बाहेर पडणे व मोकळ्या जागी येऊन खाली बसणे, वाहनाची गती थांबविणे, विद्युत उपकरणे बंद करणे, आडोशाला जाताना आपल्या सभोवताली मोकळी, पुरेशी जागा ठेवणे, विद्युतप्रवाह बंद करणे, पडझड झाल्याची खात्री करून घेऊन अगदी संथ गतीने तेथून बाहेर पडणे, गोंधळून गडबडून न जाणे, पलंगाखाली न लपणे, वेगाने श्वास घेऊन दमछाक करून न घेणे असे भूकंपासारख्या आपत्तीत प्रतिसाद दिल्यास जीवित व मालमत्तेची हानी टाळता येते.

वादळासारख्या आपत्तीत खालच्या मजल्यावर सुरक्षित जागी दरवाजे, खिडक्यांपासून दूर आश्रय घेणे यासारख्या नियोजनास प्रतिसाद दिल्यास, आपत्तीच्या वेळी होणारी जीवित व मालमत्तेची हानी कमी होऊन आपत्तीग्रस्त सर्व क्षेत्र पूर्वपदावर येण्यास कमी कालावधी लागेल.

## ३) पूर्वस्थिती पुनर्प्राप्ती (Recovery)

आपत्तीनंतर जनजीवन जेव्हा विस्कळीत होते तेव्हा गाव किंवा शहरांचे पुनर्वसन करण्यासाठी खूप मोठा किंवा खूप छोटाही काळ लागतो. आपत्तीला सामोरा गेलेला प्रदेश, तेथील मानवी समाज, तेथील नैसर्गिक वनस्पती, प्राणीजीवन यांना पूर्वपदावर येण्यासाठी केलेली योजना पुनर्प्राप्तीत अपेक्षित आहे.

मोठ्या प्रमाणात वैद्यकीय सुविधा आपत्तीत जखमी झालेल्यांना उपलब्ध करून देणे, आपत्तीमुळे सामान्य नागरिक तसेच समाजातील व आर्थिकदृष्ट्या वरचा वर्ग या सर्वांचे सर्वस्व गेलेले असते. त्यांची घरे, उत्पादनसाधने, मालमत्ता या सर्वच गोष्टींचा विनाश झाल्यामुळे त्यांचे मानसिक स्थैर्य पूर्णपणे हरवलेले असते; अशा वेळी आपत्तीत ज्यांची घरे गेलेली असतात, त्यांच्यासाठी तात्पुरती निवाऱ्याची व्यवस्था केली गेली पाहिजे. मदतकार्याची अंमलबजावणी व्हायला हवी. आपत्ती ज्या ठिकाणी झाली, त्या ठिकाणच्या आपद्ग्रस्तांना सुरक्षित स्थळी स्थलांतरित करून मदत शिबिरे सुरू केली पाहिजेत. मदत शिबिराच्या जागा स्वच्छ व निरोगी असाव्यात. आपत्तीच्या काळातील रोगराई या ठिकाणी पसरणार नाही; याची काळजी घेतली जावी, पडझड कमी प्रमाणात झालेल्या घरांची डागडुजी करून दुरुस्ती करणे महत्त्वाचे आहे. शासकीय मदत आपद्ग्रस्तांपर्यंत पोहोचल्यास, त्यांची सर्व हरविल्याची भावना कमी होऊन ते पूर्वपदावर येण्यास सुरुवात करतील.

संक्रमणशिबिररचनेचा निश्चित असा आराखडा असावा, आपद्ग्रस्तांचे तंबू, आपद्ग्रस्तांच्या सामुदायिक कार्याच्या जागा, कार्यकर्त्यांची राहण्याची व्यवस्था, पाण्याचा साठा, शौचालय या संदर्भात योग्य रचना असावी.

शिबिर संघटक, प्रशासकीय समन्वयक, कार्यकर्ते, प्रथमोपचार व्यवस्था, भेटीला येणारे लोक यांचीही व्यवस्था शिबिर स्थळी असावी.

आरोग्यविषयक सेवेसाठी आरोग्यकेंद्र, संघटकाने निवडक डॉक्टर, नर्सेस, मदतनीस वगैरेंचे गट आरोग्यविषयक सेवेसाठी तयार करावेत.

आपत्तीच्या काळात अनेक लोकांची घरे, वाहने, उत्पादनसाधने तसेच मालमत्ता यांचे मोठ्या प्रमाणात नुकसान झालेले असते. त्याचे रीतसर पंचनामे करून, होणाऱ्या नुकसानीचा अंदाज बांधणे, सरकारी मदत किती प्रमाणात उपलब्ध आहे, त्या प्रमाणात

तिचे वाटप करणे, ज्यांची गुरे मृत्युमुखी पडली त्यांना नवीन गुरे, गायी, म्हशी घेण्यास मदत करणे, घराच्या बांधणीसाठी आयोजन करणे आवश्यक आहे. आपत्तीच्या काळात बिघडलेली वाहतूकव्यवस्था, संदेशवहन व्यवस्था यात सुधारणा केल्यास आपद्ग्रस्त एकमेकांशी संपर्क साधून काही प्रमाणात मानसिक ताणातून बाहेर पडून या संपूर्ण टप्प्याच्या शेवटी पुनर्वसन कार्याला सुरुवात करण्यात ते हातभार लावतील. थोडक्यात, आपत्तीच्या धक्क्यातून काही प्रमाणात बाहेर येऊन आपद्ग्रस्त लोक पूर्वस्थितीत येतील. परंतु खेडे किंवा गाव यांना पूर्वस्थिती प्राप्त करण्यास किती काळ लागेल हे निश्चित सांगता येणार नाही.

## ४) उपशमन (Mitigation)

आपत्तीव्यवस्थापनातील विविध टप्प्यांपैकी उपशमन (Mitigation) हा ही एक महत्त्वाचा टप्पा मानला जातो. किंबहुना, वरील तीन टप्प्यांच्या यशस्वितेवर हा टप्पा अवलंबून असतो. विविध पूर्वतयाऱ्यांमुळे आपत्तीची तीव्रता रोखण्यास मदत होते. आपत्ती क्षेत्रातील सर्वच घटकांचा, म्हणजे मानवी समाज, कुटुंब, वसाहती या सर्वांनी दिलेल्या प्रतिसादावर आपत्तीतील हानी कमी करण्याचे यश-अपयश अवलंबून असते. उपशमन ही संकल्पना आपत्तीव्यवस्थापनाचा पाया आहे. 'नैसर्गिक आपत्तीच्या परिणामांची व धोक्याची तीव्रता कमी करणे किंवा धोके पूर्णपणे काढून टाकणे म्हणजेच उपशमन होय.'' भविष्यातील समस्या टाळण्यासाठी किंवा आपत्तीची झळ कमी बसण्यासाठी केलेले नियोजन, तसेच जोखीम कमी करण्यासाठी केलेले दीर्घकालीन उपाय म्हणजेच उपशमन. (कमी करणे) थोडक्यात, आपत्तीच्या वेदना कमी करण्याची उपाययोजना किंवा टप्पा म्हणजेच 'उपशमन' असेही म्हणता येते.

- माहिती असलेल्या संकटांना मूलभूत समजून शाश्वत जमिनीवर नियोजनात्मक रचना तयार करणे
- आपल्या जीवन संरक्षणासाठी पूर, भूकंप, त्सुनामी, आग, वादळ, अपघात विमा घेणे
- पूररेषेच्या किंवा भूकंपक्षेत्राच्या तसेच आपत्तीच्या कक्षेबाहेर शक्यतो पुनर्स्थापनेच्या जागा निवडण्यात याव्यात.
- इमारतसुरक्षेसंदर्भातील तत्त्वे निश्चित करून प्रमाणित केलेल्या अग्निशमन यंत्रणा नवीन बांधकाम केलेल्या इमारतीत वापराव्यात.
- आपत्तीसंबंधी संवेदनशीलता कमी करण्यासाठी आपल्या व्यवसायात किंवा समाजात नवीन सुधारित पद्धतीचा अवलंब करावा.

या सर्व बाबींमुळे संकट पूर्णपणे संपेल असे नाही, परंतु त्या आपत्तीच्या परिणामांची तीव्रता किंवा वेदना निश्चितपणे कमी करता येतील.

## ५) पुनर्वसन (Rehabilitation)

मूळ लॅटिन भाषेतील 'Prefix re' या शब्दापासून 'again' म्हणजे 'पुन्हा' आणि 'habitare' म्हणजे 'make fit' अशा शब्दांच्या एकत्रित येण्याने 'Rehabilitation' या शब्दाची निर्मिती झालेली आहे. लोकांमध्ये 'पुन्हा' प्रयत्नपूर्वक शक्तीत वाढ करून त्यांची ताकद वाढविणे, त्यांना पुन्हा सक्षम बनविणे म्हणजे 'पुनर्वसन' होय.

नैसर्गिक आपत्ती टाळता येत नाहीत. परंतु नैसर्गिक आपत्तीची तीव्रता कमी करून आपत्तीपासून होणारा धोका कमी करण्यासाठी आपण प्रयत्न करणे महत्त्वाचे असते. ज्या आपत्ती मानवाला थांबवताच येत नाहीत, त्यांना धीराने सामोरे जाणे हेच महत्त्वाचे असते. दुर्घटना किंवा आपत्ती घडून गेल्यानंतर तिच्या कारणांचा शोध घेण्याबरोबर सर्वसामान्य जनजीवन पूर्वपदावर जितके लवकर येईल तेवढ्या प्रमाणात परिणामांची तीव्रता कमी होईल. याच काळात प्रसारमाध्यमे, स्वयंसेवी संस्था यांचे कार्य खूपच महत्त्वाचे असते.

**१) सार्वजनिक पुनर्वसन :** आपद्ग्रस्त विभागामध्ये रस्ते, वीज, शाळा, पाणीपुरवठ्याची व्यवस्था, वैद्यकीय सुविधा, सांडपाणी, संदेशवहन इत्यादी व्यवस्था त्वरित कराव्या लागतात. त्याचप्रमाणे सार्वजनिक इमारतीची दुरुस्ती करणेही महत्त्वाचे असते. खाजगी दुकाने, शेती, उद्योग व लोकांची घरे यांची दुरुस्ती किंवा पुनर्बांधणी या सर्व गोष्टींसाठी शासकीय विधी, किंवा वित्तीय संस्था याची मदत घ्यावी लागते. शासकीय किंवा वित्तीय संस्थांच्या त्वरित मदतीमुळे किंवा निधीमुळे पुनर्बांधणी वेगाने होण्यास मदत होते.

**२) वैद्यकीय सुविधा :** आपत्तीच्या काळात अनेक लोक गंभीर जखमी झालेले असतात. अशा आपत्तीकाळात जखमी झालेल्या आपद्ग्रस्त लोकांना वैद्यकीय सेवा पुरविणे, त्यांच्या कुटुंबीयांना मानसिक धक्क्यातून सावरण्यासाठी त्वरित मदत करणे अत्यंत महत्त्वाचे आहे.

**३) नियंत्रणकक्षातील सावधानता :** एखाद्या विभागात एकदा आपत्ती होऊन गेली म्हणजे परत आपत्ती येऊच शकत नाही, असे म्हणता येत नाही. भूकंपासारखी आपत्ती कमी काळात पुन्हा निर्माण होऊ शकते. त्यामुळे आपत्तीबद्दल कायमच सतर्क असणे महत्त्वाचे असते. शासनाने आपत्तीचे निरीक्षण करण्यासाठी स्वतंत्र्य कक्ष स्थापन केलेला असतो. या कक्षातील कार्य करणारे सर्व कर्मचारी सावधान, सक्षम असले पाहिजेत. असे कर्मचारी सावधान असतील तरच, आपत्तीच्या पुनरावृत्तीत, तसेच आपत्तीच्या तीव्रतेने होणारे नुकसान कमी करता येईल.

**४) समन्वयकांची निर्मिती व भूमिका :** सर्व जनतेला सावधानतेचा इशारा देणे, आपद्ग्रस्त व्यक्तींना मानसिक आधार देणे, वैद्यकीय साहाय्य आपद्ग्रस्तांना पुरविणे, आपत्तीत बेघर झालेल्यांना तात्पुरता निवारा पुरविणे, आपद्ग्रस्तांना मदत करणाऱ्या शासकीय, अशासकीय व सामाजिक या सर्व संस्थांच्या कार्यपद्धती ठरविणे, बाहेरून येणाऱ्या संस्था व त्यांच्याकडून वाटप करण्यात येणाऱ्या मदतीची योजना या सर्व गोष्टींसाठी समन्वयकांची नेमणूक केली जाते. समन्वयकाने केलेल्या प्रयत्नांनी आपद्ग्रस्तांना लवकरात लवकरसक्षम करून, पूर्वपदावर आणता येते.

**५) विल्हेवाट :** आपत्तीच्या काळात मृत झालेल्या व्यक्तींचे शवविच्छेदन (Post Mortem) करवून घेणे. मृतदेहाची विल्हेवाट लावणे, मृत्यूचा दाखला देणे. इत्यादींची पूर्तता होईल अशी व्यवस्था तत्काळ करावी लागते.

आपद्ग्रस्त लोकांना नवीन निवासव्यवस्था निर्माण करून लोकांच्या पुनर्वसनाचा प्रश्न तत्काळ सुटण्यासाठी प्रयत्न करणे शक्य झाल्यास एकूणच आपत्तीची तीव्रता कमी करता येईल.

अशा प्रकारे, आपत्तीव्यवस्थापनात महत्त्वाची असलेली व्यवस्थापनसंरचना गुणात्मक दृष्ट्या कालबद्ध स्वरूपात राबविल्यात आपत्तीची तीव्रता व परिणामकता निश्चितच कमी करणे शक्य आहे.

## ३.४ आपत्तीव्यवस्थापनाची प्रमाणित कार्यपद्धती
## (Standard Operating Procedure and Disaster)

आपत्तीच्या काळात मोठ्या प्रमाणात जीवित व वित्तहानी किंवा मालमत्तेची हानी होते. आपत्ती नियंत्रणाखाली आणणे, तिची तीव्रता कमी करणे मानव व मालमत्ता हानी कमी कशी करता येईल यासाठी आपत्ती काळात विविध शासकीय स्तरांवर यंत्रणा कार्यरत असते, त्या कार्यप्रणालीला प्रमाणित कार्यपद्धती म्हणतात. आपत्तीच्या काळात आपत्ती व्यवस्थापनाच्या दृष्टीने विविध खात्यांनी कोणकोणत्या जबाबदाऱ्या पार पाडावयाच्या आणि कोणती कर्तव्ये पार पाडायची, याची रचना या कार्यपद्धतीत महत्त्वाची आहे. यामुळे आपण आपत्तीच्या काळात प्रतिसाद मिळण्याची वेळ कमी करू शकतो. तसेच जिल्ह्यांतर्गत विविध खात्यांतील समन्वय वाढवू शकतो. ही पद्धती जवळजवळ सर्वच आपत्तींच्या काळात उपयुक्त ठरू शकते.

शासकीय विविध खात्यांतील समन्वय हा, शासकीय खाते आणि खाजगी संस्थांतील समन्वय आणि शासकीय विविध खात्यांतील माहितीचे प्रसारण अशा तीन प्रकारच्या सहकार्याची आपत्तीकाळात आवश्यकता असते. त्यामध्ये मूळ प्रत्येक खात्यातील कामांची निश्चिती करण्यात आल्याने आपत्तीच्या काळात प्रत्येकजण आपआपले काम करत असतो.

आपल्या विविध विभागांतील प्रत्येक खात्यातील पथके आपत्तीत प्रशिक्षण व साहित्यासह तयार असतात. आपल्याकडील साधनांची माहिती, आपल्या प्रमुख आणि जबाबदार अधिकाऱ्यांचे पत्ते, फोन नंबर्स, मोबाईल नंबर्स, जिल्हा नियंत्रण कक्षास उपलब्ध करून देतात. प्रत्येक खाते आपला एक कक्ष २४ तास × ७ दिवसां (२४ × ७) साठी स्थापन करते. जिल्ह्यातील वेधशाळा पावसाविषयीचा अंदाज जिल्हा नियंत्रण कक्षास दर दिवशी कळवितात. जास्त पाऊस असल्यास पर्जन्य वृत्तांत सहा तासांनी अद्ययावत करतात. जिल्हावार व्यवस्थापनात जिल्ह्यातील प्रत्येक विभागाने आपले काम व्यवस्थितपणे केल्यास आपत्तीमुळे होणारी जीवित आणि वित्तहानी निश्चितपणे कमी करता येते. आपत्तीच्या काळात विविध खात्यांकडून पार पाडावयाची जबाबदारी आणि त्याची प्राथमिक कार्यपद्धती पुढीलप्रमाणे -

## १) महसूलखाते - आपत्ती काळातील कामे

महसूलखाते अंतर्गत - १) जिल्हाधिकारी, २) उपविभागीय अधिकारी, ३) तहसीलदार, ४) मंडल अधिकारी, ५) तलाठी असे गट कार्यरत असतात. आपआपल्या गटअंतर्गत विभागवार बैठका घेऊन आपत्ती निवारणासंदर्भात नियोजन केले जाते. जिल्हा, तालुका, गाव या विभागीय पातळ्या मानून जिल्हा आपत्तीव्यवस्थापन आराखडा, तालुका आपत्तीव्यवस्थापन आराखडा, गाव आपत्तीव्यवस्थापन आराखडा, तयार करून या आराखड्याचे वर्षातून दोनदा अद्ययावतीकरण केले जाते. विभागातील संपर्कयंत्रणा सज्ज ठेवणे व बिघडल्यास त्यास पर्यायी यंत्रणा तयार ठेवणे गरजेचे असते.

आपत्तीकाळात लोकांचे स्थलांतर करण्याची वेळ आल्यास त्यांना निवारा मिळावा या दृष्टीने निवाऱ्याची व्यवस्था करून ठेवावी लागते. नियंत्रणकक्षाची तपशीलवार व्यवस्था करून हा कक्ष (२४ × ७) मध्ये सुरू ठेवण्याची व्यवस्था केलेली असते. मदत व सोडवणूक कामासाठी आवश्यक असणारे साहित्य जमा करून ठेवणे आवश्यक असते. उदा. लाईफ जॅकेट, मेणबत्ती, बॅटरी, पेट्रोमॅक्स, १०० मी. दोर, सर्च लाईट, विविध करवती, मेगाफोन वेल्डींग मशीन इ.

आपत्तीकाळात लागणाऱ्या जड संसाधनांची, वाहनांची उपलब्धता परिसरात कोठे होईल, याची यादी करून ठेवावी लागते. (जे.सी.बी., फोकलेन, ट्रक, बोटी, जनरेटर इ.) गाववार, तालुकावार, जिल्हा अद्ययावत नियंत्रण नकाशा कक्षात असावेत. स्वयंसेवी संस्थांचे पत्ते व फोन नंबर इ. गोष्टी फोनजवळ दर्शनीय जागेवर लावावे. आपत्तीची सूचना मिळताच, गाव पातळीवरील अधिकारी यांना त्यांच्या मुख्यालयाच्या जागीच राहण्याची सूचना द्यावी.

विविध विभागांच्या अधिकाऱ्यांनी तयार केलेल्या गटास नियोजनानुसार कार्य

करण्यास पाचारण करावे लागते. मंत्रालय नियंत्रण कक्ष, विभागीय आयुक्त, सचिव, मदत आणि पुनर्वसन विभाग, मुख्य सचिव, पालकमंत्री यांना आपत्तीविषयी कल्पना द्यावी लागते. अग्निशमन, होमगार्ड, पोलीस खाते यांच्या मदतीने सोडवणुकीचे (Rescue Operation) कार्य करावे. उपचाराला नेण्यासाठी वाहनाची व्यवस्था करावी लागते. तसेच मृत्यू झालेली व्यक्ती व मृत जनावरे यांना वाहून नेण्याची व्यवस्था करणे यासाठी सरकारी वाहतूक यंत्रणेच्या बसेस, शासकीय वाहने व खाजगी वाहनांचाही वापर करावा. संवेदनशील भागात लाऊड स्पीकर वाहनांवरून दक्षतेचा इशारा दिला जातो.

जनजीवन पूर्ववत् होण्यासाठी दळणवळणव्यवस्था सुरळीत करून लोकांचे स्थलांतर करावे लागते. तात्पुरती शिबिरे, निवासव्यवस्था आणि अन्नधान्याची व्यवस्था करावी लागते. माहितीकेंद्राची स्थापना करून लोकांना माहिती उपलब्ध करून देण्याची व्यवस्था करावी लागते. खाजगी वाहने जिल्हा अधिकाऱ्यांनी अधिग्रहण करून, मदतीसाठी ही वाहने वापरण्यासाठी घेणे, आरोग्य विभागाच्या मदतीने साथीचे रोग पसरू न देणे व त्यासाठी उपाययोजना करणे, कृषी नुकसानीचा कृषी विभागासह संयुक्त गटांमार्फत पंचनामा करणे, अन्न, पाणी, औषधे यांचे निरीक्षण करून वाटप करणे, प्रतिसाद योजनेसाठी स्वयंसेवी संस्था, खाजगी व्यक्ती, अशासकीय संस्था (NGO) यांना मदतीचे आवाहन करणे, कपडे, सुके धान्य, तसेच स्वयंपाकासाठी आवश्यक वस्तूची उपलब्धता करून देणे, सानुग्रह अनुदानाचे वाटप करणे, आपत्ती स्वरूपाविषयी माहिती घेण्यासाठी लोकप्रतिनिधींशी संपर्क साधणे इ. योजना कराव्या लागतात.

पुरासारख्या आपत्तीत पुराची तीव्रता वाढल्यास सेनेस पाचारण, मदत कार्यासाठी आवश्यक असणाऱ्या उपकरणांची व्यवस्था ऐनवेळी उपयुक्त ठरते. राज्य, जिल्हा, तालुका, गाव येथील नियंत्रणकक्षांना माहिती देणे व हे काम २४ × ७ चालूच ठेवावे लागते.

## २) पोलीसखाते - आपत्तीकाळातील कामे

आपत्तीच्या काळात १) पोलीस अधीक्षक २) पोलीस उपअधीक्षक ३) पोलीस निरीक्षक ४) पोलीस उपनिरीक्षक ५) पोलीस पाटील यांचा गट कार्यरत केलेला असतो.

पोलीसखाते हे पुढील अनेक उपक्रमांत महसूल खात्याशी समन्वयाकाची भूमिका करत असते.

i) पोलीस नियंत्रण कक्षाला दर दोन तासांनी जिल्हाधिकारी कार्यालयाच्या नियंत्रण कक्षास आपणाकडील माहिती पुरवावी लागते

ii) आपत्तीकाळात पोलीस अधिकाऱ्यांमधील एकाची (२४ × ७) अशी नेमणूक

पोलीस नियंत्रण कक्षास करावी लागते

iii) जखमींना प्राधान्याने दवाखान्यात व इस्पितळात नेत असताना होणारी गर्दी नियंत्रित करणे

iv) आपत्तीच्या ठिकाणी बघे, गाड्यांची गर्दी नियमित करणे, व वाहतुकीची व्यवस्था लावणे

v) आपत्तीग्रस्त भागातील संपत्ती व मौल्यवान वस्तूंचे रक्षण करणे, आपद्ग्रस्तांना चोरांनी न लुटण्याची काळजी घ्यावी लागते

vi) आपत्तीच्या वेळी झालेल्या मृतांची ओळख पटवून मृतदेहांची व्यवस्थित विल्हेवाट लावणे

vii) मृताचा नियमाने पंचनामा करणे

viii) रेल्वे स्टेशन, बस स्टॅण्ड, याठिकाणी बंदोबस्त ठेवणे

ix) आपद्ग्रस्त भागातील कायदा व सुव्यवस्था काबूत ठेऊन समाज-विघातक प्रवृत्तींना नियंत्रित ठेवणे, तसेच अफवा पसरू देणाऱ्यांना काबूत ठेवणे

x) आपद्कालीन मदत साहित्याची वाहतूक सुरक्षा पुरविणे, त्याचप्रमाणे आपद्ग्रस्तांना हलविण्यासाठी वाहनांची व्यवस्था करणे

xi) राष्ट्रीय छात्र सेना, राष्ट्रीय सेवा योजना तसेच आर. एस. पी. यांच्या मदतीने ट्रॅफिकवर नियंत्रण ठेवणे

वरील वेगवेगळ्या कामांबरोबरच आपद्ग्रस्त लोकांना व्यक्तिगत माहितीसाठी मार्गदर्शन करणे, हे पोलीस खात्याचे काम असते. इतर सर्व खात्यांच्या अधिकाऱ्यांना व कक्षात काम करणाऱ्या सेवकांना व स्वयंसेवी संस्थांना संरक्षण देण्याचे महत्त्वाचे काम पोलीस खाते आपत्ती व्यवस्थापनेत करत असते.

### ३) सार्वजनिक बांधकाम विभाग - आपत्तीकाळातील कामे

आपत्तीकक्षाची रचना पुढीलप्रमाणे असते. गटरचना : १) अधीक्षक अभियंता २) उपअभियंता ३) कनिष्ठ अभियंता

**आपत्तीकाळातील कामे :** सार्वजनिक बांधकाम खाते पुढील उपक्रमात महसूल विभागाशी समन्वय साधताना दिसते.

i) आपत्तीमुळे निर्माण झालेल्या रहदारीतील अडथळ्यांना दूर करणे व रस्ते वाहतूक पुन्हा सुरू करून देणे

ii) जिल्हाअधिकारी कार्यालय नियंत्रणकक्षास दर दोन तासांनी माहिती देणे

iii) सार्वजनिक बांधकाम विभागातील एका अधिकाऱ्याची आपत्तीकाळात नियंत्रण

कक्षास नेमणूक करणे; तिचे स्वरूप (२४ × ७) असे ठेवणे

iv) पावसाळ्याच्या काळात दरडी कोसळण्याने होणारी आपत्ती टाळण्यासाठी दरडी कोसळणाऱ्या भागाची व रस्त्याची पाहणी करून योग्य ती कार्यवाही करावी.

v) अशा धोकादायक ठिकाणी मजूर, बुलडोझर, जे. सी. बी. या गोष्टींचा संच सज्ज ठेवणे

vi) घाट क्षेत्रात आपत्ती घडल्यास अशा ठिकाणी फलक लावून गाड्या थांबविण्याची व्यवस्था पाहणे

vii) प्रवाशांची जेणेकरून गैरसोय होणार नाही याची दक्षता घेणे, राज्य किंवा विभागीय वाहतूक महामंडळाशी समन्वय साधून वाहतूकव्यवस्था उपलब्ध करणे आणि आपत्ती घडताच, अशी माहिती नियंत्रण कक्षास त्वरित कळवणे.

### ४) विद्युतपुरवठा विभाग : आपत्तीकाळातील कामे

विद्युतपुरवठा विभागांतर्गत पुढीलप्रमाणे आपत्तीव्यवस्थापन कक्ष म्हणून गट तयार केलेला असतो. या गटाची रचना - १) अधीक्षक अभियंता २) उप अभियंता ३) कनिष्ठ अभियंता अशी असते. आपत्तीकाळात एका अधिकाऱ्याची पूर्णपणे (२४ × ७) अशी नेमणूक आपत्तीव्यवस्थान कक्षात केली जाते. या विभागावर पुढील जबाबदारीची कामे असतात.

i) दर दोन तासांनी जिल्हाधिकारी आपत्तीव्यवस्थापन कक्षास माहिती पुरविणे व समन्वय साधणे

ii) विद्युतपुरवठा पूर्ववत् करणे किंवा आवश्यकता भासल्यास विद्युतपुरवठा खंडित करणे

iii) आपद्ग्रस्त भागातील विजेसाठी पर्यायी व्यवस्था करणे व विद्युतपुरवठा पूर्ववत् करण्यासाठी विविध गट तयार ठेवण्याचे काम विद्युत विभाग करते.

vi) तहसीलदार यांचेमार्फत जिल्हानियंत्रण कक्षाशी अधिक माहितीसाठी संपर्क साधणे

v) प्रसारमाध्यमांशी संपर्क साधून, भारनियमन, विजेची उपलब्धता यांची माहिती सर्वसामान्यांपर्यंत पोहोचविणे

### ५) आरोग्य विभाग - आपत्तीकाळातील कामे

आपत्तीच्या काळात : १) जिल्हा आरोग्य अधिकारी, २) अतिरिक्त जिल्हा आरोग्य अधिकारी, ३) वैद्यकीय अधिकारी (Primary Health Centre), ४) जिल्हा शल्य चिकित्सक, ५) निवासी वैद्यकीय अधिकारी, ६) ग्रामीण रुग्णालयातील अधिकारी व कर्मचारी हे कार्यरत असतात. आरोग्य विभागाला पुढील कामे करावी लागतात.

i) जिल्हा परिषदेने निर्माण केलेले आपत्तीनियंत्रण कक्ष, जिल्हाधिकारी कार्यालयाने निर्माण केलेल्या नियंत्रणकक्षास दर दोन तासांनी आपल्याकडील माहिती पुरविण्याचे काम करते

ii) उपायात्मक औषधोपचार आणि साथीचे रोग पसरणार नाहीत यासाठी लोकांना माहिती देण्याचे काम हा विभाग करतो

iii) लोकांना दिले जाणारे अन्न, पाणी इ. वर नियंत्रण ठेवून स्वच्छतेबाबत काळजी घेणे, व याबाबत स्वयंसेवी संस्था व इतर खाजगी व्यक्तींची मदत घेणे

iv) कर्मचारी, औषधे, साथीच्या रोगांचा प्रसार इत्यादींच्या अधिक मदतीसाठी तहसीलदारामार्फत आरोग्यअधिकाऱ्यांना जिल्हा नियंत्रणकक्षाशी संपर्क साधावा लागतो

v) जखमींना व अतिसंवेदनाशील व्यक्तींवर इस्पितळात औषधोपचार करणे

vi) आपत्तीग्रस्त भागात प्रथमोपचार व औषधांचा पुरवठा करणे

vii) हॉस्पिटलमध्ये माहितीकेंद्रांची निर्मिती करणे, जिल्हाधिकारी नियंत्रणकक्षाशी संपर्क ठेवणे व कोणत्याही आपत्तीत विशेषत: पुराच्या व चक्रावाताच्या आणि त्सुनामीसारख्या आपत्तीकाळात पाणी पिण्यासाठी योग्य आहे, का यांची तपासणी करून घेणे

viii) पाणी शुद्ध करण्याच्या उपाययोजनांचे समुपदेशन घरोघरी जाऊन करणे

ix) साथीचे रोग पसरले असल्यास डॉक्टरांचे पथक आणि पॅरामेडिकल कर्मचाऱ्यांचे पथक गरजेच्या औषधांसह गावातच मुक्कामासाठी पाठविण्याचे कामही आरोग्य विभाग करते

## ६) पाटबंधारे विभाग : आपत्तीकाळातील कामे

अधीक्षक अभियंता, उप अभियंता आणि कनिष्ठ अभियंता यांचा एक आपत्ती व्यवस्थापन गट कार्यरत करावा लागतो. या गटामार्फत पुढीलप्रमाणे कामे केली जातात-

i) धरणावरील नियंत्रण कक्षाने जिल्हाधिकारी कार्यालयाच्या नियंत्रण कक्षाच्या संपर्कात राहून माहिती पुरविण्याचे काम पाटबंधारे विभाग करते.

ii) पाटबंधारे विभागातील एका अधिकाऱ्याची २४ × ७ साठी नियंत्रण कक्षास नेमणूक करणे हे काम या विभागाकडून केले जाते.

iii) धरणाच्या पाण्याच्या स्थितीविषयी माहिती जिल्हा प्रशासनास पुरविण्याचे काम पाटबंधारे विभागाकडूनच केले जाते.

### ७) दूरसंचार विभाग - आपत्तीकाळातील कामे

i) जिल्हाधिकारी कार्यालयास दूरसंचार नियंत्रण कक्षाकडून दिवसातील दर दोन तासांनी माहिती पुरवण्याचे काम करावे लागते.

iii) जिल्हा नियंत्रणकक्ष तसेच आपत्तीव्यवस्थापनात महत्त्वाची भूमिका बजावत असणाऱ्या अधिकाऱ्यांचे दूरध्वनी कायम कार्यरत ठेवणे व दुरुस्ती करणे

iii) आपत्तीकाळात दूरसंचार सेवा पूर्ववत् करणे व ही सेवा पूर्ववत् करण्यासाठी तंत्रज्ञानी व्यक्तींचा एक गट तयार करणे

iv) अधिक माहितीसाठी तहसीलदारांमार्फत जिल्हा नियंत्रणकक्षाशी संपर्क साधणे.

v) आपत्तीकाळात आपल्या एका अधिकाऱ्याची नेमणूक (२४ × ७) या काळासाठी आपत्ती व्यवस्थापन कक्षासाठी करणे

### ८) रेल्वे-आपत्तीच्या काळातील कामे

i) रेल्वे नियंत्रणकक्षाने जिल्हाधिकारी कार्यालयाच्या नियंत्रणकक्षास आपणाकडील माहिती दर दोन तासांनी पाठविणे गरजेचे काम असते.

ii) रेल्वे पोलिसांमार्फत रेल्वे स्टेशनवरील गर्दीचे नियंत्रण करणे

iii) लोकांना रेल्वे वेळापत्रक अगर रेल्वे अपघाताविषयी योग्य व अद्ययावत माहिती द्यावी लागते

iv) लोकांना तात्पुरत्या स्वरूपात केलेल्या निवाऱ्याविषयी माहिती पुरविणे

v) जखमींना प्राधान्याने हॉस्पिटल / इस्पितळात हलविण्याचे काम करणे

vi) गाडी स्थानकावर थांबली असल्यास त्यामागील कारणाची उद्घोषणा करणे

vii) अपघाताविषयी माहिती देण्यासाठी स्वतंत्र्य कक्ष उघडणे व स्टेशनवरील प्रवाशांना बसेसची सेवा उपलब्ध करून देणे

viii) प्रसारमाध्यमांना बदललेल्या वेळापत्रकासंदर्भात अगर रेल्वे वाहतुकीसंदर्भात माहिती देणे

ix) स्थानकांवर अडकलेल्या लोकांसाठी जेवण / पाणी यांची व्यवस्था करणे

वरील कामासाठी व त्या कामाचे पूर्णपणे व्यवस्थापन करण्यासाठी रेल्वेतील एक अधिकारी (२४ × ७) साठी आपत्तीकाळात नियंत्रणकक्षात नेमणूक करणे

### ९) वेधशाळा - आपत्तीकाळातील कामे

आपत्तीव्यवस्थापन योजनेअंतर्गत वेधशाळांनी व उपमहानिर्देशक केंद्रांनी काही जिल्हाधिकारी कार्यालयांत आपत्ती इशारा यंत्रे बसवली आहेत. या यंत्रांकडून आपत्तीचे इशारे देणारे सायरनस् वाजतात. ही माहिती मिळताच ती सर्व तहसीलदार यांना बिनतारी संदेश यंत्रणेमार्फत किंवा दूरध्वनीने कळविण्याचे काम वेधशाळेला करावे लागते. या

सूचना मिळताच विनाविलंब कार्यवाही करावी लागते. हवामानाबाबत दैनिक व विशेष सूचना प्रसारमाध्यमांना, त्याचप्रमाणे दूरदर्शन केंद्रसंचालकांना देण्याचे काम करणे, पावसाविषयी किंवा वादळाविषयी तसेच किनारी भागात भरती-ओहटीची माहिती जिल्हा नियंत्रणकक्षास दर दिवशी न चुकता कळविण्याचे काम वेधशाळेचे असते. अधिक पाऊस पडत असल्यास त्याची माहिती जिल्हा नियंत्रण कक्षास दर सहा तासांनी कळविण्याचे कामही करावे लागते.

## १०) कृषी विभाग - आपत्ती काळातील कामे

शेतीच्या नुकसानीचे मोजमाप तहसीलदारांच्या मदतीने निश्चित करण्यासाठी पथक तयार करून नुकसानीचा अहवाल जिल्हाधिकाऱ्यांना द्यावा लागतो. पिकांचे मोठ्या प्रमाणात नुकसान झाल्यास नवीन बियाणांचा साठा उपलब्ध करून देण्याचे काम कृषी विभागास करावे लागते. तलाठी व ग्रामसेवक यांनी शेतीविषयक नुकसानीचा पंचनामा संयुक्तरित्या करावयाचा असल्याने तशा सूचना ग्रामसेवकांना व तलाठ्यांना देण्याचे काम कृषी विभागास करावे लागते. आपत्तीच्या दरम्यान शेतीच्या झालेल्या नुकसानीच्या संबंधित आपद्ग्रस्तांना प्रचलित नियम किंवा आदेशानुसार त्वरित अनुदान कसे मिळेल, याची काळजी घेण्याचे काम कृषी विभागास करावे लागते.

## ११) जिल्हा माहिती विभाग - आपत्ती काळातील कामे

विविध विभागांतील अधिकाऱ्यांनी केलेले कार्य, नुकसानीचे प्रमाण, आदी माहिती जिल्हा माहिती अधिकाऱ्याने प्रसारमाध्यमांना कळवावी लागते. जिल्हा प्रशासन व प्रसारमाध्यमे यांच्यातील 'महत्त्वाचा दुवा' म्हणून जिल्हा माहिती विभागाला काम करावे लागते. आपत्तीच्यावेळी पूर्वतयारी म्हणून केलेल्या शासकीय कामांना प्रसिद्धी देणे व वर्तमानपत्रामध्ये विपर्यस्त छापलेल्या बातम्यांना पायबंद घालण्याचे कामही जिल्हा माहिती विभागाला करावे लागते. शासनातील सर्व विभागांतील अधिकाऱ्यांनी नैसर्गिक आपत्तीपूर्वी जनतेला दिलासा व मदत देण्याच्या दृष्टीने केलेल्या कामाला जिल्हा माहिती अधिकारी यांच्याशी संपर्क साधून वर्तमानपत्रात प्रसिद्धी देण्याचे कामही हा विभाग करतो. गैरसमज न पसरविण्यासाठी वर्तमानपत्रे तसेच प्रसारमाध्यमे यांना सत्यता कळावी म्हणून जिल्हा माहिती विभाग माहिती पुरविण्याचे काम करत असतो.

वरील खातेनिहाय प्रमाणित कार्यपद्धती शिवाय शासनाच्या पातळीवर इतर अनेक कामे आपत्तीव्यवस्थापन दृष्टिकोनातून हाती घेऊन ती पूर्ण केली जातात.

आपत्तीच्या काळात महानगरपालिका, नगरपालिका तसेच नगरपरिषदा, त्याचबरोबर ग्रामपंचायत या सुद्धा आपत्ती कामे पूर्ण करून आपत्तीचे संकटनिवारण कसे करता येईल यासाठी नियोजन करत असतात. अग्निशमन दलाची तयारी, आपत्तीत निर्माण झालेल्या

घाणीची विल्हेवाट लावणे, पाण्याचे तलाव अशुद्ध झाले असल्यास किंवा आपत्तीमुळे पाणी स्रोत नाहीसे झाले असल्यास पिण्याच्या पाण्यासाठी टँकरची व्यवस्था करणे, यासारखी अनेक कामे स्थानिक स्वयंसेवी संस्थांकडून केली जातात. राष्ट्रीय पातळीवर भारतीय जैन संघटनेचे शैक्षणिकदृष्ट्या केलेले भरीव कार्य खूप महत्त्वाचे आहे.

आपत्तीकाळात राज्य परिवहन महामंडळासारख्या व्यवस्थेला सर्वच दृष्टींनी वाहतुकीची जबाबदारी पार पाडण्याचे काम करावे लागते.

स्वयंसंस्था, मित्रमंडळे, लोकप्रतिनिधी तसेच गावपातळीवरील समन्वय समिती स्थापन करून प्रमाणित कार्यपद्धतीद्वारे, शासन आपत्तीव्यवस्थापन करण्याचा प्रयत्न करत आहे. दरवर्षी पूरग्रस्त गावाबद्दल तयारी करणे, पूरग्रस्त गावासाठी अन्नधान्याची सोय करणे, आर्थिक मदतीसाठी लागणाऱ्या चलनाची पूर्वतयारी करणे, इत्यादी कामे शासनाला आपत्तीव्यवस्थापन दृष्टीने करावी लागतात.

अशा प्रकारे शासनाचे विविध विभाग पूर्वतयारी करून दरवर्षी येणाऱ्या किंवा अनियमितपणे येणाऱ्या आपत्तीस सामोरे जातात. प्रत्येक विभाग पूर्वतयारी करत असल्याने एखादी आपत्ती कोसळल्यास कमीतकमी जीवित व वित्त किंवा मालमत्तेची हानी होते.

### भारत सरकारचे आपत्तीव्यवस्थापन
### (Disaster Management : Government of India)

भूकंप, महापूर, चक्रीवादळे, अतिवृष्टी ह्या सर्व घटना नैसर्गिक आपत्तीमध्येच मोडणाऱ्या आहेत. अशा आपत्तींमध्ये होणारी जीवित व वित्तहानी टाळण्यासाठी महाराष्ट्र आपत्ती जोखीम व्यवस्थापना अंतर्गत, विभागीय व जिल्हास्तरावर आपत्तीव्यवस्थापन प्राधिकरणाची स्थापना करण्यात आली आहे. इतकेच नव्हे, तर केंद्र शासनाने २००५ मध्ये आपत्ती व्यवस्थापन कायदा तयार केला आहे. याचा मूळ उद्देश नैसर्गिक आपत्तीमध्ये होणारे नुकसान टाळणे व सर्वांना सुरक्षितता प्रदान करणे हा आहे. हा कार्यक्रम प्रशासकीय यंत्रणेकडून राबविला जात असला, तरीदेखील संकटकालीन परिस्थितीचा मुकाबला करण्यासाठी लोकसहभागही तितकाच महत्त्वाचा आहे. आपत्तीव्यवस्थापनामध्ये स्थानिक पातळी ही देखील महत्त्वाची आहे.

आपत्तीला सामोरे जाण्यासाठी वस्तुनिष्ठ नियोजन करणे व आपत्तीला सामोरे जाण्यासाठी बळ मिळवणे हा आपत्ती व्यवस्थापन या महत्त्वाकांक्षी प्रकल्पाचा उद्देश होता. फक्त वस्तुनिष्ठ नियोजन करणे व आपत्तीला सामोरे जाणे एवढाच मुख्य हेतू या प्रकल्पाचा नसून, संभाव्य नैसर्गिक धोक्यांची माहिती घेऊन त्यांची तीव्रता कमी कशी करता येईल हा सुद्धा या प्रकल्पाच्या मुख्य हेतुपैकी एक हेतू होता. या प्रकल्पासाठी भारतातील ज्या राज्यांना वारंवार आपत्तींना सामोरे जावे लागते, अशा १२ आपत्तीप्रवण

राज्यांतील १२५ जिल्हे निवडलेले आहेत. महाराष्ट्रातील १४ जिल्ह्यांत हा कार्यक्रम राबविण्यात येत आहे.

भारत सरकारचे 'आपत्ती व्यवस्थापन' या प्रकल्पाचे मुख्य हेतू पुढीलप्रमाणे होते. भारतातील १२ राज्यांतील १२५ आपत्तीप्रवण जिल्ह्यातील विविध आपत्तीमुळे होणारी संभाव्य हानीची तीव्रता कमी करणे. हा या प्रकल्पाचा हेतू असून, त्याची उद्दिष्टे पुढीलप्रमाणे :

## उद्दिष्टे :

१) संपूर्ण भारतात आपत्तीव्यवस्थापनाबद्दल विविध स्तरांतील घटकांना गृहमंत्रालयाच्या मार्गदर्शनाखाली सक्षम करणे

२) आपत्तीव्यवस्थापनाबद्दल जनजागृती करणे, तसेच या विषयाचे विविध स्तरांवर प्रशिक्षण देणे, यासाठी लागणारी शैक्षणिक व इतर साधनसामग्री उपलब्ध करून देणे

३) विविध स्तरांवर देशातील आपत्तीप्रवण राज्य, जिल्हे, तालुका व गाव पातळीवर आपत्तीपूर्व व आपत्तीनंतरच्या काळात कार्य करण्याबाबत योग्य सक्षमता निर्माण करणे

४) आपत्तीव्यवस्थापनाशी निगडित विविध उपक्रम, कार्यक्रम, माहिती साधनांची उपलब्धता इत्यादी माहितीची इतर राज्यांशी देवाण घेवाण करणे

महाराष्ट्रातील ज्या १४ जिल्ह्यांत हा कार्यक्रम राबविला जातो; त्याची महसूल विभाग रचनेच्या दृष्टीने विभागणी पुढे दिलेली आहे.

अ) **कोकण विभाग :** १) मुंबई उपनगर, २) मुंबई शहर, ३) रायगड, ४) रत्नागिरी, ५) सिंधुदुर्ग

ब) **पुणे विभाग :** १) सातारा, २) कोल्हापूर, ३) पुणे

क) **नाशिक विभाग :** १) नाशिक, २) धुळे, ३) अहमदनगर

ड) **औरंगाबाद विभाग :** १) लातूर, २) उस्मानाबाद

## भारतातील आपत्तीव्यवस्थापन कार्यपद्धती :

### राज्यपातळीवरील अंमलबजावणी / कार्यपद्धती

राज्यात आपत्तीव्यवस्थापन कार्यक्रमाची अंमलबजावणी करण्यासाठी पुढीलप्रमाणे कार्यवाही करण्यात आलेली आहे.

• राज्यस्तरीय सुकाणू समितीची स्थापना करणे

- प्रशासकीय अधिकाऱ्यांमध्ये जागरूकता निर्माण करणे; व त्यांना या विषयामध्ये प्रशिक्षित करणे
- राज्यस्तरीय आपत्तीव्यवस्थापन आराखड्यांचे नूतनीकरण / अद्ययावतीकरण करणे
- शालेय शिक्षण अभ्यासक्रमात आपत्तीव्यवस्थापन विषयांचा अंतर्भाव किंवा समावेश करणे
- संणक निगडित प्रणाली तयार करून तिचा वापर करणे
  तसेच उपग्रहाच्या साहाय्याने मिळणाऱ्या माहितीचे पृथक्करण करून या माहितीचा आपत्तीव्यवस्थापन कामी योग्य वापर करणे
- आपत्तीव्यवस्थापनासंदर्भात मार्गदर्शन करणाऱ्या पुस्तिका तसेच माहिती पुस्तिका तयार करून त्याचा प्रसार करणे
- राज्यापासून गावापर्यंत संपर्कव्यवस्था निर्माण करणे व आपत्तीची पूर्वसूचना व माहिती देण्यासाठी तिचा उपयोग करणे

## जिल्हा पातळीवरील अंमलबजावणी किंवा कार्यपद्धती

- जिल्हा पातळीवरील अधिकारी, पंचायतराज संस्थांचे अधिकारी व इतर पदाधिकारी यांना आपत्तीव्यवस्थापनाबद्दल मार्गदर्शन व प्रशिक्षण देणे
- जिल्हा आपत्तीव्यवस्थापन समितीची स्थापन करणे
- जिल्हापातळीवरील आपत्तीव्यवस्थापन आराखड्याचे नूतनीकरण व अद्ययावतीकरण करणे
- माहिती तंत्रज्ञान व संपर्क व्यवस्थापनावर माहिती देऊन जिल्ह्यातील जनतेत आपत्तीव्यवस्थापनाविषयी जागृती निर्माण करणे

## तालुका पातळीवरील अंमलबजावणी किंवा कार्यपद्धती

- तालुका पातळीवरील अधिकारी, पंचायतराज संस्थांचे अधिकारी व इतर पदाधिकारी यांना आपत्तीव्यवस्थापनाबद्दल माहिती देणे, मार्गदर्शन करणे व प्रशिक्षण कार्यक्रम राबविणे.
- तालुका आपत्तीव्यवस्थापन समिती स्थापन करणे
- तालुका पातळीवरील आपत्तीव्यवस्थापन आराखड्याचे नूतनीकरण किंवा अद्ययावतीकरण करणे
- माहिती तंत्रज्ञान व संपर्क व्यवस्थापनावर माहिती देणे व जागृती निर्माण करणे.

## गाव पातळीवर अंमलबजावणी किंवा कार्यपद्धती

- पंचक्रोशीतील गावांची एकत्रित सभा वेळोवेळी आयोजित करणे
- आपत्तीव्यवस्थापनाबद्दल ग्रामसभेत माहिती देणे
- गाव पातळीवर आपत्तीजन्य आराखडा तयार करणे, गावातील आपत्तीक्षेत्रे ओळखणे व त्याबाबत माहितीचे एकत्रीकरण करणे
- ग्राम पातळीवर आपत्तीव्यवस्थापन समितीची स्थापन करणे
- ग्राम पातळीवर आपत्तीव्यवस्थापन गट निर्माण करणे. हा गट आपत्तीपूर्वी व आपत्तीनंतर कार्य करेल.
- बांधकाम क्षेत्रातील कार्यरत असणारे अभियंते, गवंडी इत्यादींना आपत्ती प्रतिरोधक बांधकाम पद्धतीचे प्रशिक्षण देणे
- आपत्ती प्रतिरोधक बांधकामे, विमा संरक्षण इत्यादींबद्दल जनजागृती करणे
- आपत्तीनंतरच्या काळासाठी आराखडा तयार करणे
- आपत्तीला तोंड देण्यासाठी पूर्वतयारी कवायतीच्या स्वरूपात बसवून तिचा सराव करून घेण्यास मदत करणे
- ग्रामपातळीसाठी आपत्कालीन आराखडा तयार करून त्यास अंतिम स्वरूप देणे.
- आपत्तीव्यवस्थापन आराखड्याचे नूतनीकरण व अद्ययावतीकरण करणे

## राष्ट्रीय आपत्तीव्यवस्थापन प्राधिकरण

देशातील नैसर्गिक व मानवनिर्मित आपत्तीसंदर्भात काही निष्कर्ष निश्चित करून राष्ट्रीय आपत्तीव्यवस्थापन प्राधिकरणाने व्यापक संशोधन करून आपत्तीसंदर्भात उपाय योजना केलेल्या आहेत.

भारतात दर तीन वर्षांत नित्याने भयंकर पूर परिस्थिती निर्माण होत असते. एकूण ३२९ दशलक्ष क्षेत्रापैकी ४० दशलक्ष हेक्टर क्षेत्रामध्ये भयंकर पुराची परिस्थिती निर्माण होण्याची शक्यता असते. दरवर्षी सुमारे ७५ लाख हेक्टर भूभाग पुराच्या पाण्याखाली जातो. अनेक सेवा सुविधांचे नुकसान होते. दरवर्षी सरासरी १८०० कोटी रुपयांपेक्षा अधिक नुकसान होते. गेल्या दहा वर्षांत नुकसानीचे प्रमाण वाढलेले दिसते, भारतातील लोकसंख्येतील आर्थिक व सामाजिक दृष्ट्या कमजोर वर्गातील लोकांनाच पूर परीस्थितीचा जास्त फटका बसतो.

## राष्ट्रीय आपत्ती निवारणासाठीच्या उपाययोजना

२६ डिसेंबर २००५ रोजी आपत्तीव्यवस्थापन अधिनियम २००५ बनविण्यात आला. या अधिनियम क्र. ५३/२००५, नुसार राष्ट्रीय राज्यस्तरीय आणि जिल्हास्तरावर अनुक्रमे

राष्ट्रीय आपत्ती व्यवस्थापन प्रधिकरणा (NDMA) खाली सर्व राज्यं एकत्र आली आहेत. व्यवस्थापन प्राधिकरणाची स्थापना ही राष्ट्रीय आपत्ती व्यवस्थापन संस्थांच्या विकासासाठी उत्कृष्ट केंद्र म्हणून आहे. या कायद्यातूनच तात्काळ आणि निश्चित कार्यवाहीसाठी आपत्ती नियोजनासाठी विशेष दलांची स्थापना केली गेली, निश्चित व ठोस कार्यवाही करण्यासाठी, अंतर्गत नियम व योजना आणि दिंशादर्शन करण्यासाठी राष्ट्रीय आपत्तीव्यवस्थापन प्राधिकरण (NDMA) महत्त्वाची भूमिका पार पाडत आहे. काही काही नियम व योजनांसाठी प्रवर्तन आणि कार्यवाही याकरिता समन्वयक म्हणून राष्ट्रीय आपत्तीव्यवस्थापन प्राधिकरण जबाबदार राहणार आहे. थोडक्यात, राष्ट्रीय आपत्तीव्यवस्थापन प्राधिकरण (NDMA) ची निर्मिती डिसेंबर २००५ च्या आपत्ती व्यवस्थापन अधिनियम (5-3-2005) चे मुख्य फलित आहे. आपत्तीव्यवस्थापन अधिनियम २००५ च्या कलम ४८ नुसार राज्य व जिल्हा स्तरावर खालीलप्रमाणे चार निधींची स्थापना करणे आवश्यक आहे.

| | |
|---|---|
| १) राज्य आपत्ती प्रतिसाद निधी<br>State Disaster Response Fund | राज्यासाठी एक |
| २) जिल्हा आपत्ती प्रतिसाद निधी<br>District Disaster Response Fund | प्रत्येक जिल्ह्यासाठी एक |
| ३) राज्य आपत्ती सौम्यकरण निधी<br>State Disaster mitigation Fund | राज्यासाठी एक |
| ४) जिल्हा आपत्ती सौम्यकरण निधी<br>District Disaster mitigation Fund | प्रत्येक जिल्ह्यासाठी एक |

नैसर्गिक आपत्तीमध्ये सापडलेल्या लोकांना आपत्तीनिवारण निधीतून (CRF) मदत दिली जात होती. या निधीतील ७५% हिस्सा केंद्र सरकारकडून व २५% हिस्सा राज्यशासनाकडून उपलब्ध करून दिला जात होता. केंद्रीय वित्त आयोगाच्या शिफारशी नुसार प्रत्येक राज्यासाठी आपत्तीनिवारण निधीचा आकडा आगाऊ निश्चित केला जातो. राज्य शासनाने आपत्तीनिवारण निधीचे नाव आपत्तीव्यवस्थापन अधिनियम 2005 (Disaster Management Act 2005) नुसार आता राज्य आपत्ती प्रतिसाद निधी (State Disaster Response Fund) असा केला आहे.

आपत्ती निवारण / प्रतिसाद निधी (CRF) किंवा SDRF हा फक्त एक प्रतिसाद निधी असल्याने त्याचा उपयोग सौम्यीकरण उपाय योजनांसाठी करता येत नाही. म्हणून शासनाने २००८-२००९ पासून सौम्यीकरण योजनासाठी (Mitigation measures)

मुख्य लेखाशीर्ष निधीची तरतूद करण्यास सुरुवात केली. या निधीचा वापर सौम्यीकरण उपाययोजनांसाठी करता येतो, आपत्तीव्यवस्थापन अधिनियम २००५ प्रमाणे आवश्यक असलेल्या ४ निधींपैकी राज्यात सध्या फक्त आपत्तीनिवारण निधी अस्तित्वात आहे. राज्यात राज्य आपत्ती सौम्यीकरण निधी अस्तित्वात नाही.

## आपत्तीव्यवस्थापनात प्रसारमाध्यमांची भूमिका (Role of Media in Disaster Management)

भारतासारख्या सुमारे १२० कोटी लोकसंख्येच्या देशात लोकांच्या सामाजिक जीवनात प्रसारमाध्यमांची भूमिका ही खूपच महत्त्वाची असते. वृत्तपत्रातील बातम्या, दूरदर्शनवरील बातम्या, आजच्या काळातील व्हॉट्सॲप सारख्या संदेशवहनयंत्रणा यांच्यामार्फत विविध घटनांबद्दल कमीतकमी वेळात प्रसारण केले जाते. अनेक वेळा त्या प्रसारणातील भडकपणामुळे सामाजिक व कौटुंबिक स्वास्थ्य बिघडते. आजच्या काळात रेडिओ, फोन, टेलिव्हिजन, मोबाईल यासारखी अनेक साधने विविध घटनांबद्दल प्रसारण करण्यास उपलब्ध आहेत. नैसर्गिक आपत्ती, मानवी आपत्ती यासारख्या आपत्ती समयी किंवा ज्या घटनेचा समाजजीवनावर खूप मोठ्या प्रमाणात परिणाम होणार आहे, अशा गोष्टींच्या प्रसारणामध्ये प्रसारमाध्यमांनी आपली भूमिका खूप विश्वासार्हपणे व जबाबदारीने निभावली पाहिजे.

आजच्या काळात प्रसारमाध्यमांचे स्वरूप, प्रसारणपद्धती व प्रसारण काळ यादृष्टीने पूर्णपणे बदलून गेले आहे. त्यात आमूलाग्र स्वरूपाचे बदल झाले आहेत. दूरदर्शनसारख्या माध्यमाचा जमिनीवरून प्रसारण केल्यामुळे अनेक वेळा वर चष्मा राहिला असला तरी सुद्धा वृत्तपत्रे, रेडिओ, प्रकाशने यांचे महत्त्व कमी झाले असे म्हणता येत नाही. इराक, अमेरिका युद्ध, कारगील युद्ध यासारख्या मानवनिर्मित आपत्तीत दूरदर्शनने प्रसार माध्यम म्हणून खूप मोठी उंची गाठलेली दिसून येते.

आजच्या काळात संगणक व मोबाईल युगाच्या क्रांतीमुळे माहितीच्या देवाण-घेवाणीला खूप मोठा वेग आलेला दिसून येतो. संगणक व मोबाईलबरोबरच उपग्रहांद्वारे माहितीचे हस्तांतरण शक्य झाल्याने कमीतकमी वेळात, जास्तीतजास्त माहिती विस्तृत प्रदेशापर्यंत तसेच दुर्गम प्रदेशापर्यंत पोहोचविणे शक्य झाले आहे. वेगवेगळ्या उद्देशांनी अवकाशात पाठविलेल्या उपग्रहाच्या माध्यमातून आपत्तीच्या वेळी आपत्तीचे चित्रण करून माहितीचे संकलन व प्रसारण केले जाते. या साधनाबरोबरच इतर साधनांच्या माध्यमातून आपत्तीचा आगाऊ इशारा देणे, तसेच आपत्तीला तोंड देऊन निवारण कार्य साधणे व पुनर्वसनास साहाय्यभूत ठरणे ही वैशिष्ट्ये प्रसारमाध्यमांमध्ये निश्चितच आहेत. आपत्तीचा आगाऊ इशारा देणे, निवारण कार्य साधणे, त्याचप्रमाणे पुनरूउभारणी या

सर्वांबद्दल प्रसारमाध्यमे भूमिका ठरवू शकतात. जनसामान्यांचे प्रबोधन करून आपत्तीबद्दल त्यांना माहिती देऊन तसेच आपत्ती ओढविल्यास काय केले पाहिजे आणि काय करणे टाळले पाहिजे या बाबींसंदर्भात जनजागृती करण्याचे कार्य सर्व प्रसारमाध्यमे एकाच वेळी किंवा सातत्याने करू शकतात. आपत्तीच्या काळात, आपत्तीचा मुकाबला करण्याकरता संघटित शिस्तबद्ध प्रयत्न करणे गरजेचे असते. अशा तऱ्हेच्या भूमिका प्रसारमाध्यमे ठरवून त्याची सुनियोजितपणे अंमलबाजवणीही करू शकतात.

इतिहासाकडे पाहिले तर प्लेग, डेंग्यु, स्वाईन फ्ल्यू, चक्रीवादळ, दुष्काळ अशा आपत्तींच्या वेळी वर्तमानपत्रांतून या रोगांना यशस्वीपणे तोंड देण्यासाठी जनजागृतीचे मोठे प्रयत्न केलेले दिसून येतात. इंडियन ओपिनियन, अमृत बाजार पत्रिका, हरिजन या सारख्या वृत्तपत्रांतून महात्मा गांधींनी प्लेग टाळण्याच्या पद्धतीबाबत सविस्तर लेख, निबंध, पत्रे, लिहिली होती. लोकांनी त्यांच्या वाईट सवयी दूर करण्यासाठी वृत्तपत्रांनी परखडपणे लिहावे असे गांधीजींना वृत्तपत्रांकडून त्या काळी अपेक्षित होते.

१९९० साली सुरतेत प्लेगने थैमान घातले त्या वेळीही वृत्तपत्रे खडबडून जागी झाली. प्रथम रुग्णांची संख्या व मृतांची संख्या यावर केंद्रित झालेली वृत्तपत्रे नंतर आपत्ती कशामुळे ओढवली याचीही माहिती देऊन जनजागृती करू लागले. अर्थात सुरतमध्ये प्लेगची साथ वाढण्यास स्थानिक प्रशासनही तेवढेच जबाबदार होते. परंतु प्रसारमाध्यमांनी त्या त्रुटीकडे डोळेझाक न करता जर परखडपणे त्रुटीकडे लक्ष केंद्रित केले असते, तर ही आपत्ती ओढविली नसती हे ही तितकेच खरे आहे. भोपाळ वायू दुर्घटनेतील प्रसार माध्यमाची भूमिका खूपच तकलादू स्वरूपाची होती असेही म्हणावे लागते.

बऱ्याच वेळा अयोग्य वेळी अयोग्य माहितीच्या प्रसारणामुळे आपत्कालात मुळात गोंधळ निर्माण होते. आणि त्यामुळे विनाकारण निवारण कार्यात अडथळे निर्माण होतात व हानीचे प्रमाण वाढते. त्यामुळे योग्य माहितीचे योग्य वेळीच प्रसारण खूप महत्त्वाचे असते. प्रसारमाध्यमांनी आपत्तीच्या काळात फक्त चित्रीकरण करून दाखविणे व त्यांचे प्रसारण करणे एवढेच काम न करता आपत्तीच्या काळात मार्गदर्शकाची भूमिकाही पार पाडणे महत्त्वाचे असते. त्यामुळे आपत्ती काळात लोकांची भीती कमी होऊन हानी काही प्रमाणात टाळता येईल. थोडक्यात, प्रसारमाध्यमे कोणत्याही प्रकारच्या आपत्तीमध्ये प्रभावीपणे आपली भूमिका निभावू शकतात, त्याचप्रमाणे कोणत्याही नैसर्गिक किंवा मानवनिर्मित आपत्तीमध्ये प्रसारमाध्यमांची भूमिका समाजमनाचा कल बदलवू शकतात.

### प्रसारमाध्यमांची आपत्तीपूर्वीची भूमिका

२००७ मध्ये मुंबईला चक्रीवादळाचा तडाखा बसेल असे भाकीत वेधशाळेने केले होते. मार्च व एप्रिल २०१४ मध्ये महाराष्ट्रातील मराठवाड्यातील गारपीट या संदर्भातही

थोड्या प्रमाणात अंदाज वेधशाळेने दिला होता. वेधशाळेच्या या अंदाजाला वृत्तपत्रे, दूरदर्शन, यासारख्या प्रसारमाध्यमांनी जोरदार प्रसिद्धी दिली होती. तसेच या काळात कोणती काळजी घ्यावी, दुर्घटना झाल्यास कुठे संपर्क साधावा. इ. बाबतही प्रसारण केले होते. या काळात इतर ठिकाणी आपत्तीचा परिणाम कुठे कुठे जाणवेल याचाही अंदाज प्रसार माध्यमांनी दिला होता. त्यामुळे नागरिकांनी खबरदारीचे योग्य उपाय अवलंबले. त्याचा परिणाम म्हणजे कमीतकमी जीवितहानी व वित्तहानी झाली. या उलट ओरिसामध्ये नागरिकांच्या दुर्लक्षामुळे तसेच प्रशासनाच्या ढिसाळपणामुळे मोठ्या प्रमाणात हानी झाली. थोडक्यात, प्रसारमाध्यमांचे महत्त्व आपत्तीपूर्व काळात किती महत्त्वाचे असते हे आपल्या लक्षात येते. जर नागरिकांची आपत्तींना तोंड देण्याची योग्य तयारी करावयाची असेल तर प्रसारमाध्यमाच्या द्वारे ही तयारी करणे सहज शक्य होते. आपत्तीपूर्वी आपत्तीबाबत माहिती, आपत्तींना तोंड देण्यासाठी नागरिकांची मानसिक तयारी तसेच करणे प्रशासनातल्या त्रुटी व त्या टाळून निवारण कार्याबाबत जागृती निर्माण करणे फक्त प्रसारमाध्यमांद्वारेच शक्य आहे.

## प्रसारमाध्यमांची आपत्तीकाळातील भूमिका

आपत्तीच्या काळात नागरिकांचा विश्वास सर्वात जास्त प्रसारमाध्यमांवर असतो, कारण प्रसारमाध्यमांची साधने जनसामान्यांपर्यंत त्वरित पोहोचतात. त्यामुळे ठरावीक आपत्तीत माध्यमांची जबाबदारी वाढते. जातीय तणाव वाढेल असे माध्यमांनी काहीही दाखवू नये, अगर लिहून प्रकाशित करू नये. आपत्ती काळात मदत करणाऱ्या मदत गटांमध्ये माध्यमे सुसूत्रता राखू शकतात. मदतकार्य वेगाने व कार्यक्षमतेने करण्यासाठी प्रसारमाध्यमांची मोठी मदत होऊ शकते. गुजरातमधील भूजच्या भूकंपात याचे प्रत्यंतर आलेले दिसते. प्रसारमाध्यमांनी या काळात योग्य मदत मिळवून देण्यासाठी मोठा प्रसार केला होता. तसेच तेथे त्रुटी होत्या, त्या लोकांसमोर आणल्या होत्या, त्यामुळे निवारण कार्याला आवश्यक गती प्राप्त झाली होती. आवश्यक उपाय योजनांना प्रसिद्धी देणे व जनजागृती वाढविणे, आपत्काळात नागरिकांचे मनोधैर्य उंचावण्याच्या दृष्टीने प्रबोधन करणे आपत्काळात अफवा पसरू न देणे, मदत कार्यात अधिकाधिक व्यक्तींना अथवा समूहांना, गटांना सामावून घेणे, जनसमुदाय सहभाग वाढविणे, याबरोबरच प्रबोधन प्रशिक्षण इ. बाबत प्रयत्न करणे ही प्रसारमाध्यमांची आपत्तीकाळातील महत्त्वाची कामे आहेत. त्या दृष्टीने प्रसारमाध्यमांची भूमिका असणे आवश्यक आहे.

## प्रसारमाध्यमांची आपत्तीनंतरची भूमिका

आपत्ती घडून गेल्यानंतर सर्वसामान्य लोकांचे जनजीवन पूर्वपदावर जेवढ्या वेगाने येईल तेवढी आपत्तीच्या परिणामांची तीव्रता कमी कमी होत जाते. या कार्याला

प्रसारमाध्यमांचे योगदान अतिशय गरजेचे असते. लोकांना मदत करण्यासाठी प्रवृत्त करून त्यांच्याकडून निधीचे संकलन करून पुनर्वसन कार्य करणे, इ. बाबत प्रसारमाध्यमांचे महत्त्व फार महत्त्वाचे व मोठे आहे.

किल्लारी (लातूर) भूकंपाच्या वेळी बऱ्याच वृत्तपत्रांनी निवारण कार्यासाठी निधी जमा करून आपद्ग्रस्त नागरिकांना निवारा, शाळा, रस्ते इ. उपलब्ध करून दिले. त्यामुळे तेथील जनतेला आपत्तीतून सावरण्यासाठी मोलाचा हातभार लागला. सकाळवृत्तपत्र समूहाचे काम या दृष्टीने खूपच कौतुकाचे आहे. यासारख्या कामांमुळे माणसाचा माणुसकीवरील विश्वास अधिकच विस्तृत होत जातो.

आपत्ती व्यवस्थापन इंटरनेट, टेलिफोन, वॉकी टॉकी, हॅम रेडिओ, सायरन, डिस्प्ले बोर्ड, मेगाफोन, रेडिओ, दूरदर्शन, पेज, मोबाईल यासारखी प्रसार साधने प्रसारमाध्यमांना मदत करतात.

प्रकरण ४

# वातावरणीय आपत्ती आणि त्यांचे व्यवस्थापन

## (Climatic Disasters and their Management)

---

### आवर्त (Cyclones)

आवर्तात मध्यभागी हवेचा दाब कमी असतो तर सभोवताली दाब वाढत जातो. जो सागरी प्रदेश विषुववृत्तीय क्षेत्रात येतो त्या क्षेत्रांत नेहमी तापमान जास्त असल्याने अशा क्षेत्रांत चक्रावात निर्माण होणारी परिस्थिती निर्माण होते. सागरी क्षेत्रांमध्ये असणाऱ्या सागरी वाऱ्याचे तापमान सुमारे २७° ते २८° सेल्सिअसपेक्षा कधीही जास्त असणे गरजेचे आहे. काही क्षेत्रांमध्ये विषुववृत्ताच्या जवळील सुमारे ६° ते ८° उत्तर अक्षांशाजवळ निर्माण होतात. चक्रीवादळे निर्मितीकरता कॉरीऑलिस प्रेरणा महत्त्वाची भूमिका बजावत असते. नैर्ऋत्याकडून येणाऱ्या व्यापारी वाऱ्यांची गती जेवढी जास्त त्या प्रमाणात चक्रीवादळाची निर्मिती लवकर विकसित होते. चक्रीवादळे निर्मिती होण्यासाठी शांत हवेची गरज असते; त्याचबरोबर हवेत बाष्पाचे प्रमाण खूप असणे त्या वेळेस गरजेचे असते, तरच पाऊस पडतो.

### आवर्ताच्या निर्मितीची कारणे

आवर्ताचे मुख्य कारण वायूभारातील फरक होय. डॉ. के. आर. रामनाथन यांच्या विचारश्रेणीनुसार, बंगालच्या, उपसागरात तयार होणारी चक्रीवादळे व विषुवृत्तीय क्षेत्राकडून येणारी उष्ण व बाष्पयुक्त वायुराशी, उत्तरेकडून येणारी थंड व कोरडी वायुराशी यांच्या संपर्कामुळे चक्रीवादळे निर्माण होतात. थोडक्यात म्हणजे चक्रीवादळांची निर्मिती ही वेगवेगळ्या क्षेत्रांमधील अस्तित्वात असलेल्या तापमानाच्या कक्षेतील वायुराशींच्या परस्पर संपर्कामुळे निर्माण होतात; अशी चक्रीवादळे निर्माण झाल्यावर स्थानिक भूभागावरील वायुराशी व सागरी क्षेत्रावरील वायुराशी ज्या प्रदेशात एकत्र येतात त्या क्षेत्रात ती निर्माण होतात. दोन भिन्न वायुराशींचा संपर्क नेहमी समुद्रकिनारपट्टीलगत येत असल्याने तेथे

चक्रीवादळे नियमित सागरी क्षेत्रांत निर्माण होतात. विषुववृत्तीय प्रदेशात सूर्याची किरणे लंबरूप पडत असल्याने त्या प्रदेशाचा भूप्रदेश असो किंवा सागरी क्षेत्र असो, त्याचा पृष्ठभाग तत्काळ उष्णतेमुळे तापला जातो व अशा भूप्रदेशांमध्ये अभिसरण प्रवाहाची निर्मिती होते व अभिसरण प्रवाहाला पृथ्वीची परिवलन गती प्राप्त होते, त्यातूनच चक्रीवादळाची निर्मिती ठराविक कालखंडात होताना दिसून येते.

**अ) मोसमी वाऱ्यांच्या आगमन काळातील चक्रीवादळे** - भारताच्या दक्षिण क्षेत्रामध्ये हिंदी महासागरावरून येणारी बाष्पयुक्त वायुराशी व भारताच्या भूखंडावरून सागराकडे जाणारी उष्ण व कोरडी वायुराशी ज्या क्षेत्रावर एकत्र येतात त्या क्षेत्रावर चक्रीवादळे निर्माण होतात. या वाऱ्यांचा वेग प्रचंड प्रमाणात असतो; अशी स्थिती सुमारे १५ एप्रिल ते १५ जूनच्या दरम्यान अनुभवास येते.

**आ) मोसमी वाऱ्यांच्या कालखंडातील चक्रीवादळे** - या चक्रीवादळांचा कालखंड मुख्यत्वेकरून जूनचा शेवटचा आठवडा ते सप्टेंबरच्या शेवटच्या आठवड्यात ही चक्रीवादळे क्वचित निर्माण होताना दिसून येतात; म्हणून त्यांची संख्यासुद्धा कमी असते.

**आकृती ४.१ : चक्रीवादळ**

**इ) मोसमी वाऱ्यानंतरच्या कालखंडातील चक्रीवादळांची परिस्थिती** - चक्रीवादळांच्या स्वरूपातील चक्रीवादळे ऑक्टोबरच्या पहिल्या आठवड्यापासून ते डिसेंबरच्या शेवटच्या आठवड्याच्या दरम्यान हिंदी महासागरावर वायव्य दिशेकडून येणाऱ्या थंड व कोरड्या वायुराशी व विषुववृत्ताकडून येणाऱ्या उष्ण व बाष्पयुक्त वायुराशी यांचा संपर्क येऊन चक्रीवादळांची निर्मिती होते.

**तक्ता ४.१**

**भारतातील महत्त्वाची वादळे**

| वर्षे | | स्थान | मृत्यू (लोकसंख्या) | मृत्यू (जनावरे) |
|---|---|---|---|---|
| ऑक्टो. | १८४७ | प. बंगाल | ७५००० | ६००० |
| ऑक्टो. | १८७४ | प. बंगाल | ८०००० | ४६५० |
| नोव्हें. | १९४६ | आंध्रचा किनारा | ७५० | ३०००० |
| डिसें. | १९७२ | तमिळनाडू | ८० | १५० |
| सप्टें. | १९७६ | प. बंगाल | १० | ४०००० |
| मे | १९७९ | ओरिसा | ८४ | २६०० |
| सप्टें. | १९८५ | ओरिसा | ८४ | २६०० |
| नोव्हें. | १९८७ | आंध्रचा किनारा | ५० | २५८०० |
| जून | १९८९ | ओरिसा | ६१ | २७००० |
| मे | १९९० | आंध्रचा किनारा | ९२८ | १४० |
| नोव्हें. | १९९१ | तमिळनाडू | १८५ | ५४० |
| एप्रिल | १९९३ | प. बंगाल | १०० | ०३ |
| नोव्हें. | १९९६ | आंध्रचा किनारा | १०५७ | ६४७ |
| जून | १९९८ | गुजरात | १२६१ | २५७ |
| ऑगस्ट | १९९९ | ओरिसा | १००८६ | २१६ |

**चक्रीवादळ निर्मितीची वैशिष्ट्ये**

१) भारतीय उपखंडामध्ये चक्रीवादळ निर्मितीचा कालखंड हा कधी कधी सुमारे तीन ते चार दिवसांपर्यंत दिसून येतो.

२) चक्रीवादळ निर्मितीनंतर काही क्षेत्रांवर क्वचित प्रसंगी गारांचा पाऊस पडण्याची शक्यता दिसून येते.

३) चक्रीवादळाच्या कालखंडामध्ये मोठ्या प्रमाणात विजा चमकतात व मेघगर्जनासुद्धा होते; अशा वेळी आकाशात काळ्या ढगांचे आच्छादन प्रामुख्याने दिसून येते.

४) कधी कधी चक्रीवादळाची गती क्वचितप्रसंगी एका तासाला सुमारे ११० ते १५० किलोमीटरच्या दरम्यान आढळून येते.
५) चक्रीवादळांचा आकार फार लहान असतो. चक्रीवादळाचा परीघ सुमारे ९० ते ३०० किलोमीटरच्या दरम्यान आढळून येतो.
६) चक्रीवादळामध्ये केंद्रभागापासून सभोवतालच्या क्षेत्रामध्ये हवेचा दाब सर्व दिशांना एकसारखा असतो.
७) चक्रीवादळामधील परिस्थिती मध्यवर्ती हवा ही नेहमी स्थिर असते.
८) चक्रीवादळ निर्मितीच्या कालखंडामध्ये केंद्रभागापासून सभोवतालच्या प्रदेशाकडे हवेच्या भारात शीघ्र गतीने बदल होत जातात.
९) चक्रीवादळाच्या वेळी समभार रेषा अगदी जवळजवळ आल्याचे दिसून येते.
१०) चक्रीवादळाच्या वेळी मोठ्या प्रमाणात हवेचे केंद्रभागात शीघ्र गतीने बदल झालेले दिसून येतात. त्यामुळे वारे अतिवेगाने आकर्षिले जातात; अशा वाऱ्यांची गती दर तासाला ५० ते ६० कि.मी. इतकी असते.

**अवर्षण (Drought)**

'अवर्षण' किंवा 'दुष्काळ' ही एक साधी संकल्पना आहे. सामान्यपणे शुष्कतेला ती संबोधितात. अवर्षणग्रस्त समस्या प्रामुख्याने पर्जन्याच्या किंवा जलाच्या कमतरतेमुळे निर्माण होते. अवर्षणग्रस्तस्थिती पूर्ण ऋतूभर किंवा एखादे वर्षं किंवा कित्येक वर्षे विशिष्ट प्रदेशात किंवा क्षेत्रात दिसून येते; प्रत्येकजण वेगवेगळ्या घटकाला अनुसरून अवर्षणांची व्याख्या करीत असतो. हवामानशास्त्रज्ञांच्या मते ज्या वेळी पर्जन्यमानांचे शास्त्रीय दृष्टीने वितरण ५० टक्क्यांच्या पेक्षा कमी असते तेव्हा अवर्षणांची स्थिती निर्माण होते. ज्यावेळी ७५ टक्क्यांच्या जवळपास असल्यास त्याला सर्वसामान्य पर्जन्य म्हटले जाते; जर पर्जन्यमान १०० टक्क्यांपेक्षा जास्त असेल तेव्हा ओला दुष्काळ जाहीर करतात. हवामानतज्ज्ञांच्या मते अवर्षण म्हणजे पर्जन्याची दीर्घकालीन निर्माण झालेली कमतरता आहे. जलतज्ज्ञांच्या मते, 'अवर्षण म्हणजे नद्या, नाले व भूगर्भातील जलपातळी कमी होणे. यासाठी जलाचा वापर व जलाचे प्रमाण याचे स्पष्टीकरण विचारात घेतले जाते. शेतीतज्ज्ञांच्या मते, 'अवर्षण किंवा दुष्काळ म्हणजे शुष्क कालावधीत पर्जन्याची कमतरता होय. ज्यामुळे जल उगमस्थानात पाण्याचे प्रमाण फारच कमी होणे होय.' वरील गोष्टींचा एकत्रित विचार केला तर थोडक्यात अवर्षण किंवा दुष्काळाची व्याख्या पुढीलप्रमाणे करता येईल -

१) 'A prolonged period of dryness that can cause damage to plants and animals.'

२) Less rainfall than expected over an extended period of time, usually several months or longer.

३) एखाद्या प्रदेशात किंवा क्षेत्रामध्ये पाण्याची तीव्र स्वरूपाची कमतरता दिसून येते त्याला 'अवर्षण' किंवा 'दुष्काळ' म्हणून संबोधावे.

४) वातावरणीय अवर्षण म्हणजे ज्या वेळेस सरासरी पर्जन्याचे प्रमाण २५ टक्के पेक्षा कमी होय.

५) कृषीविषयक अवर्षण म्हणजे शेतीतील उभ्या पिकांना पाणी न मिळाल्याने पीके जळून नष्ट होणे होय.

६) जलीय अवर्षण म्हणजे भूजलपातळी कमालीची कमी होणे म्हणजे नद्या, ओढे, सरोवरे, नाले पूर्णपणे कोरडे पडणे होय.

दुष्काळ अनेक ठिकाणी व विविध कालखंडांत दिसून येतो. दुष्काळाच्या तीव्रतेमुळे कधी कधी मृत्यू होण्याची शक्यता जास्त असते. अवर्षणाची तीव्रता सर्व भागांत सारख्या स्वरूपाची नसते, त्याला पर्जन्याचे वितरण कारणीभूत असते. पर्जन्याच्या वितरणामुळे काही क्षेत्रांमध्ये शुष्क काळ, अवर्षणक्षेत्राचा प्रदेश, त्या प्रदेशातील प्रत्यक्ष उपलब्ध असलेले जलसंसाधन यांसारख्या घटकांवर अवलंबून असते. प्रत्यक्षात पृथ्वीगोलावरील जलसंपत्तीचे प्रमाण ७०.८१ टक्के असूनसुद्धा आज जगात शुद्ध पाण्याची कमतरता भासताना दिसून येते; म्हणूनच अवर्षण या जागतिक घटनेचा खुलासा करण्यासाठी जागतिक जलसंपत्तीचे वितरण पुढील तक्त्यात केले आहे.

**तक्ता ४. २**

| अ.क्र. | जलसंपत्तीचे क्षेत्र | क्युबिक कि.मी. | टक्केवारी |
|---|---|---|---|
| १) | सागर | १३२१८९०००० | ९७.२१७०९४५७ |
| २) | ध्रुवीय बर्फ व<br>बर्फाच्छादित भाग | २९१९०००० | २.१४६७४९७२२ |
| ३) | भूगर्भजल<br>अ. ४००मी. खोलीपर्यंत जल<br>ब. ४०० मी. खोलीनंतर जल<br>क. मृदेतील आर्द्रतेत जल | -<br>४१७००००<br>४१७००००<br>६७००० | -<br>०.३०६६७८५३२<br>०.३०६६७८५३२<br>०.००४९२७४९ |

| अ.क्र. | जलसंपत्तीचे क्षेत्र | क्युबिक कि.मी. | टक्केवारी |
|---|---|---|---|
| ४) | भूपृष्ठावरील जल<br>अ. भूवेष्टितावरील सरोवर<br>ब. नद्या व इतर जलप्रवाह | -<br>२२९०००<br>१००० | -<br>०.०१६८४१५७९<br>०.००००७३५४४ |
| ५) | वातावरणातील जल | १३००० | ०.०००९५६०७२ |
| ६) | एकूण जलसंपत्तीचे प्रमाण | १३५९७३०००० | १००% |

१ क्युबिक कि.मी. = $१०^{९}$ क्युबिक मीटर = $१०^{१२}$ लीटर

संदर्भ - योजना प्रा. डी. एस. सूर्यवंशी, डिसेंबर २००० अंक ५, पान नंबर २३

**अवर्षणाची कारणे** - अवर्षणांची प्रमुख अशी कारणे सांगणे कठीण आहे, तरीसुद्धा काही महत्त्वाची कारणे पुढीलप्रमाणे सांगता येतात :

अवर्षणग्रस्त प्रदेशाच्या किंवा क्षेत्राच्या निर्मितीला प्रामुख्याने पर्जन्याची अनिश्चितता व अनियमित पर्जन्यमान कारणीभूत ठरते. कारण मोसमी वारे ठराविक काळात व ठराविक दिशेने न वाहता त्यांच्यात अनिश्चितता, उशिरा आगमन किंवा त्यांच्यामध्ये कधी कधी खंड पडतो. त्यामुळे पर्जन्य पडतो, तोसुद्धा कधी कधी कमी पडतो. त्यामुळे अवर्षणांची स्थिती निर्माण होते. लोकसंख्येचा आकृतिबंध, जलव्यवस्थापनाची अयोग्य वापरपद्धती कारण वाढत्या लोकसंख्येमुळे प्रत्येकाची गरज वाढत जाते. अतिजलसिंचनासाठी मोठ्या प्रमाणात भूगर्भातील जल उपसले जाते. परिणामी, मोठ्या प्रमाणात भूगर्भातील पाण्याचा साठा कमी होत जाऊन पाण्याची पातळी घटतेच. त्याचप्रमाणे विहिरी व कूपनलिका कोरड्या पडत चालल्या असल्याचे दिसून येते. त्यामुळे शेतातील पिकांना व मनुष्याला पुरेसे पाणी उपलब्ध होत नाही. पाण्याची मोठ्या प्रमाणात कमतरता निर्माण होते व अवर्षणासारखी परिस्थिती निर्माण होते. या परिस्थितीलासुद्धा मानव आपल्या अतिहव्यासापोटी शेती व कारखान्यांची अतिनिर्मितीसुद्धा कारणीभूत ठरत आहे. वरील परिस्थिती निर्माण होण्यासाठी मोठ्या प्रमाणात जंगलतोडसुद्धा कारणीभूत ठरत आहे. कारण पर्जन्यमान कमी होऊन अवर्षणजन्य स्थिती निर्माण झाली आहे. कारण प्रत्येक वनस्पती पाऊस पाडण्यास मदत करीत असते. एक म्हणजे बाष्पपुरवठा व दुसरे म्हणजे ढगांचे सांद्रीभवन होय. ज्या भागात जंगलतोड झालेली आहे तेथे बाष्पांचा पुरवठा होत नाही. त्याप्रमाणे सांद्रीभवन होण्यासाठी थंड हवेची गरज मोठ्या प्रमाणात लागते, परिणामी जंगलतोड झाल्यामुळे थंड हवेचा पुरवठा होत नाही. सांद्रीभवनाची क्रिया बऱ्याचदा पूर्ण होत नाही. त्यामुळे ढगांचे पाण्याच्या थेंबात रूपांतर होत नाही. परिणामी, पाऊस पडत

नाही. त्यामुळेसुद्धा अवर्षणग्रस्त परिस्थिती निर्माण होते.

अवर्षणग्रस्त स्थिती पाऊस कमी झाल्यामुळे निर्माण होते नाही, तर ज्या वेळी मोठ्या प्रमाणात पर्जन्य पडतो त्या वेळीसुद्धा अवर्षणग्रस्त स्थिती निर्माण होते; अशा स्थितीला 'ओला दुष्काळ' म्हणून संबोधले जाते. अशा अवर्षणग्रस्त स्थितीमुळे मोठ्या प्रमाणात नुकसान न होता फक्त उभ्या पिकांचे नुकसान होते. या वेळी अन्नपिकांच्या उत्पादनात घट होते; परंतु, कोरड्या दुष्काळात पाण्याचे व अन्नपिकांचेसुद्धा मोठ्या प्रमाणात नुकसान होते. ज्या वेळी मोठ्या प्रमाणात पर्जन्य पडतो त्या वेळी नद्यांना पूर येतात. त्या वेळी नदीकाठच्या प्रदेशात मोठ्या प्रमाणातील उभी पिके वाहून जातात; त्याचप्रमाणे नदीकाठची घरे पडतात किंवा घरांमध्ये पाणी शिरून अन्नधान्याची व इतर मालमत्तेची मोठ्या प्रमाणात हानी होते. जनावरे वाहून जातात किंवा चारासुद्धा वाहून जातो. परिणामी, अवर्षणजन्य परिस्थिती निर्माण होते.

तक्ता क्र. ४.३

मागील २०० वर्षांतील भारतातील दुष्काळाची स्थिती दर्शविणारा तक्ता

| सन | दुष्काळाची वर्षे | दुष्काळाची संख्या |
|---|---|---|
| १८०१-१८२५ | १८०१, १८०४, १८१२, १८१९, १८२५ | ०६ |
| १८२६-१८५० | १८३२, १८३३, १८३७ | ०३ |
| १८५१-१८७५ | १८५३, १८६०, १८६२, १८६६, १८६८, १८७३ | ०६ |
| १८७६-१९०० | १८७७, १८८३, १८९१, १८९७, १८९९ | ०५ |
| १९०१-१९२५ | १९०१, १९०४, १९०५, १९०७, १९११, १९१८, १९२० | ०७ |
| १९२६-१९५० | १९३९, १९४१ | ०२ |
| १९५१-१९७५ | १९५१, १९६५, १९६६, १९७१, १९७४ | ०६ |
| १९७६-२००० | १९७७, १९७८, १९७९, १९८२, १९८३, १९८५, १९८७, १९८८, १९९२ | १० |

वाळवंटी प्रदेशात तापमानकक्षा मोठी असते. त्यामुळे या भागात पर्जन्यस्थिती फारच क्लिष्ट स्वरूपाची असते. या भागात पर्जन्य झाले तर पर्जन्याचे पाणी वाहून जाते. जे शिल्लक राहाते ते जास्त तापमानामुळे त्याचे मोठ्या प्रमाणात बाष्पीभवन झालेले दिसून येते. त्यामुळे या भागात पाण्याची तीव्र स्वरूपाची कमतरता भासते व अवर्षणजन्य परिस्थिती निर्माण होते. याचबरोबर मोठ्या धरणातील पाण्याच्या संचित साठ्यात मोठ्या

प्रमाणात गाळाचे संचयन झाले आहे. त्यामुळे पाणीसाठ्याच्या मर्यादा निर्माण झाल्या आहेत. त्याचबरोबर काही भागांत हिवाळा व उन्हाळ्यात ठराविक काळात कालव्याद्वारे पाणीपुरवठा केला जातो. तेथेही राजकारण किंवा समाजकारण करून त्याची असमान वाटणी दिली जाते, त्यामुळेसुद्धा पिकांना पाहिजे तेव्हा पाणी उपलब्ध झाले नाही तर उत्पादनात घट होते व अवर्षणजन्य परिस्थिती निर्माण होते. पठारी प्रदेशातील कुरणांचा वापर मोठ्या प्रमाणात शेतीसाठी केला जाऊ लागला. भूप्रदेशातील नैसर्गिक वनस्पतींचे असमान वितरण या घटकाचाही अवर्षणनिर्मितीवर परिणाम होत असतो.

**अवर्षणाची कारणे (Causes of Droughts)**

अवर्षणाची निश्चित कारणे सांगणे कठीण आहे; पण अवर्षणाचा काही गोष्टींशी संबंध येतो, त्यावरून खालीलप्रमाणे अवर्षणाची कारणे सांगितली जातात -

**१) जलचक्रातील बिघाड** - पृथ्वीच्या निर्मितीपासून पृथ्वीवर असलेले पाणी हे जलचक्रामुळे टिकून आहे; पण निसर्गाच्या काही कारणांमुळे व मानवाच्या निसर्गातील हस्तक्षेपामुळे जलचक्रात बिघाड होत आहे. पावसाचे वर्तन बदलले आहे. तसेच बाष्पीभवन, सांद्रीभवन, ढगनिर्मिती व पर्जन्य या प्रक्रियेमध्ये अडथळे निर्माण होत आहेत.

**२) सूर्यडाग चक्र** - हॅले या शास्त्रज्ञाने बावीस वर्षांचे सूर्यडाग चक्र (१७१०) हा सिद्धान्त मांडला. त्यात ११ वर्षे धनभाराची, तर ११ वर्षे ऋणभाराची असतात. सूर्याच्या पृष्ठभागावर सतत स्फोट होत असतात. सूर्य डागाचा आणि पृथ्वीवरील हवामानबदलाचा संबंध असल्याचे सिद्ध झाले आहे. त्यामुळे सूर्यावरील डागांची संख्या कमी-जास्त होताच अवर्षण ही पर्यावरणीय समस्या निर्माण होते.

**३) निर्वनीकरण** - जरी वातावरणातील बाष्पाचे प्रमुख उगमस्थान पृथ्वीवरील सागर विभाग असले, तरी वातावरणाला बाष्प पुरविणारी दुय्यम उगमस्थाने म्हणजे वनस्पतींद्वारे होणारे बाष्पोत्सर्जन होय. जेथे वनस्पतींचे, जंगलांचे प्रमाण जास्त आहे तेथे हवेत आर्द्रतेचे प्रमाणदेखील जास्त आढळते. या उलट, ज्या प्रदेशातील जंगलांचे आच्छादन मानवाने कमी केलेले आहे, तेथे वातावरणात वनस्पतींद्वारे होणाऱ्या बाष्पाचा पुरवठा कमी होतो व पावसाचे प्रमाणदेखील घटत जाते.

**४) वातावरणाच्या वरच्या थरांमधील बदल** - ३०° उत्तर व दक्षिण अक्षवृत्तावरील दोन्ही गोलार्धात अतिउंचीवरील वातावरणाच्या थरात पश्चिमेकडून पूर्वेकडे

वेगाने वाहणाऱ्या हवेच्या प्रवाहास 'जेट प्रवाह' असे म्हणतात. ऋतूनुसार हा जेट प्रवाह वर-खाली सरकतो. त्यामुळे वातावरणाच्या खालच्या थरातील व भूपृष्ठावरील दाबपट्टे व दाबाच्या प्रमाणात बदल होतो. दाबपट्टे व पाऊस यांचा निकटचा संबंध असल्यामुळे भूपृष्ठावरील पर्जन्याच्या प्रमाणात बदल होतो; तसेच भूपृष्ठापासून साधारणत: ४० कि.मी. उंचीवर असलेल्या ओझोनच्या प्रमाणात घट होते व वातावरणाच्या खालच्या थरांमध्ये हवेच्या अभिसरणास अडथळे निर्माण होतात; अनेक ठिकाणी वादळाची निर्मिती होते.

**५) मोसमी वाऱ्याच्या वर्तनात बदल** - पृथ्वीवर बहुतांश प्रदेशात मोसमी वाऱ्यापासून पाऊस पडतो. हे वारे ठराविक काळात ठराविक दिशेकडून वाहतात. बऱ्याच वेळा हे वारे दरवर्षीपेक्षा उशिराने वाहण्यास सुरुवात होते. त्यामुळे पाऊस कमी मिळतो. या सर्व प्रदेशात अवर्षणाची स्थिती उत्पन्न होते.

**६) परमाणू अस्त्रांच्या चाचण्या** - पृथ्वीवरील काही प्रगत राष्ट्रे परमाणू अस्त्रांच्या चाचण्या सागरी भागात किंवा वाळवंटी भागात घडवून आणतात. त्यामुळे जलावरणातील पाण्याच्या स्वरूपात बदल होऊन त्याची बाष्पीभवन क्षमता कमी होत जाते. वातावरणात बाष्पाचे प्रमाण कमी होऊन अवर्षण उद्भवते. तसेच वातावरणातील हवेचे अभिसरण, आर्द्रता, सांद्रीभवन क्रिया, ढग निर्मिती, पाऊस अशा गोष्टींवर प्रतिकूल परिणाम होऊन अवर्षण परिस्थिती निर्माण होते.

**७) एल निनो** - एल निनो (El Nino) हा समुद्रातील उष्ण प्रवाह असल्याने तो जेव्हा हिंदी महासागरात येतो त्या वेळी हिंदी महासागरात तापमान कमी न झाल्याने अधिक दाबाची केंद्रे निर्माण होत नाहीत. त्यामुळे मोसमी वारे वाहू शकत नाहीत व त्या वर्षी दुष्काळसदृश स्थिती निर्माण होते.

**८) इतर कारणे** - वाढते नागरीकरण, वाढते औद्योगिकरण, वाढते प्रदूषण, भूमिउपयोगातील असमतोल, भूपृष्ठातील पाण्याचा अतिरेकी वापर, धरणे, सरोवरात झालेले गाळाचे संचयन त्यामुळे पाणीसाठवण क्षमता कमी होते. तसेच मृदाधूप अशा अनेक कारणांमुळे अवर्षण निर्माण होते.

### स्वातंत्र्यपूर्व अवर्षणांची स्थिती-

स्वातंत्र्यपूर्व कालखंडात इ.स. १८७७ मध्ये सरासरी पर्जन्य ७८ टक्क्यांपेक्षा कमी पडला. त्या वेळेस सुमारे ६७ टक्के क्षेत्रावर दुष्काळ परिस्थिती निर्माण झाली. त्यानंतर पुन्हा इ.स. १८९९ मध्ये अवर्षण परिस्थिती निर्माण झाली होती. त्या वेळेस सुद्धा सरासरी सुमारे २६ टक्के मान्सून पर्जन्य पडला होता व सदर पर्जन्यामुळे सर्वसामान्यपणे सुमारे ८० टक्के क्षेत्रावर अवर्षणजन्य परिस्थिती निर्माण झाली होती, म्हणून अवर्षण दोन्ही प्रकारचे असू शकतात.

**तक्ता क्र. ४.४**

**स्वातंत्र्यानंतर भारतातील अवर्षणांचे वितरण**

| अ.क्र. | प्रदेश | १९५१ | १९६१ | १९७१ | १९८१ | एकूण |
|---|---|---|---|---|---|---|
| १ | बिहार | २ | २ | २ | ९ | १५ |
| २ | गुजरात | ३ | १ | २ | ५ | ११ |
| ३ | सौराष्ट्र व कच्छ | १ | २ | २ | ५ | १० |
| ४ | पश्चिम राजस्थान | १ | ३ | ३ | ७ | १४ |
| ५ | मराठवाडा | ० | ० | २ | ३ | ०५ |
| ६ | ओरिसा | २ | २ | ५ | ६ | १५ |
| | एकूण | ९ | १० | १६ | ३५ | ७० |

**संदर्भ** - योजना प्रा. डी. एस. सूर्यवंशी, डिसेंबर २००० अंक ५, पान नं. २३

## स्वातंत्र्योत्तर अवर्षणाची स्थिती

स्वातंत्र्योत्तर कालावधीमध्ये पुढीलप्रमाणे अवर्षणांची स्थिती निर्माण झाली होती. भारतात १९७९ मध्ये सुमारे २५ लाख लोकांना अवर्षणाचा तडाखा बसला. हा तडाखा पुढील राज्यांत प्रामुख्याने दिसून आला. पंजाब, पूर्व राजस्थान, हिमाचल प्रदेश व आंध्र प्रदेशाचा काही भाग यांचा समावेश होतो. त्यापेक्षाही १९८२ मध्ये अवर्षणाची स्थिती अत्यंत उग्र स्वरूपाची होती. त्या वेळेस भारतात सुमारे १४ टक्के पर्जन्य एकूण क्षेत्रफळाच्या सुमारे ४६ टक्के इतके होते. त्यामुळे बाकी राहिलेले एकूण अवर्षणग्रस्त क्षेत्र सुमारे ५४ टक्के होते. याची परिणिती म्हणजे सुमारे ११० लाख लोकांना अवर्षणाचा तडाखा बसला होता. ही परिस्थिती पंजाब, राजस्थान व हिमाचल प्रदेशांमध्ये होती. यानंतर १९८७ मध्ये पुन्हा अवर्षणाचा तडाखा १५ राज्य व ६ केंद्रशासित प्रदेशाला कमी-अधिक बसला होता. त्या वेळी सुमारे १९ टक्के पर्जन्य देशाच्या सुमारे ६४ टक्के क्षेत्रांवर पडला होता. सुमारे ३०० लाख लोकांना व सुमारे १७५ लाख पशूंना अवर्षणाचा त्रास झालेला दिसून येतो. यानंतर पुन्हा २००० मध्ये ११ राज्यांना अवर्षणाचा तडाखा बसला होता. त्या वेळी ५.५ कोटी लोकांना व सुमारे ४ कोटी पशूंना त्याचा फटका बसला होता. गुजरात व राजस्थानमधील परिस्थिती अतिशय भीषण स्वरूपाची होती.

## अवर्षणाचे परिणाम

अवर्षणाच्यावेळी अनेक प्रकारच्या समस्या निर्माण होतात. त्यामुळे मोठ्या प्रमाणात कुपोषण, संसर्गजन्य रोगांचा प्रसार होतो. अवर्षणग्रस्त प्रदेशातून किंवा क्षेत्रातून मोठ्या प्रमाणात स्थलांतर होते. त्याचा परिणाम आर्थिक असंतुलन निर्माण होण्यासाठी होत असतो. त्यामुळे राजकीय व सामाजिक असंतुलन यासारख्या प्रश्नाला ऊत येतो.

अवर्षणग्रस्त प्रदेशात मोठ्या प्रमाणात पाण्याची कमतरता निर्माण होते. परिणामी, सर्व दिशांना मानवाबरोबर इतर घटकसुद्धा भटकंती करीत असतात, कारण जलाची तीव्र टंचाई निर्माण होते. त्याचा परिणाम कारखानदारी व उद्योगक्षेत्रांवरसुद्धा झालेला दिसून येतो. अवर्षणामुळे मोठ्या प्रमाणात जलाची कमतरता निर्माण होते. जलाच्या कमतरतेमुळे शेतातील पिकांना जल न मिळाल्याने पिके जळून नष्ट होतात. अन्नधान्याचे उत्पादन मोठ्या प्रमाणात घटते. अवर्षणग्रस्त क्षेत्रामध्ये अन्नधान्याचा तुटवडा मोठ्या प्रमाणात जाणवतो. त्याचा परिणाम म्हणजे उपासमार. अर्धपोटी अन्न मिळाल्याने मोठ्या प्रमाणात कुपोषण होते. भूकबळी या जीवघेण्या समस्या निर्माण होतात. त्यातूनच भूकबळी जाण्याची शक्यता जास्त असते. ही अवर्षणाची परिणिती आहे.

अवर्षणामुळे जलावर अवलंबून असणारे विविध व्यवसाय बंद झाल्याने व्यवसायात गुंतलेले लोक बेकार होतात व बेकारीचे प्रमाण वाढते. त्यामुळे समाजात त्याचे दूरगामी परिणाम होत असतात. अवर्षणक्षेत्रामध्ये जलाची तीव्र टंचाई निर्माण झाल्याने पिकांना पुरेशा प्रमाणात पाणी प्राप्त न झाल्याने पिकांची वाढ चांगल्या प्रकारे होत नाही. त्यामुळे पिके जळून नष्ट होतात. याचाच परिणाम म्हणून उत्पादनात मोठ्या प्रमाणात घट होते. लोकसंख्येच्या तुलनेत शेती उत्पादनात मोठ्या प्रमाणात तफावत निर्माण होते. ही तफावत भरून काढण्यासाठी मोठ्या प्रमाणात अन्नधान्य आयात करावे लागते. त्यासाठी राष्ट्रीय उत्पन्नातील बराचसा हिस्सा आयातीवर खर्च होतो. त्याचे अर्थव्यवस्थेवर दूरगामी परिणाम होत असतात. अवर्षणांमुळे शेती उत्पादनात घट झाल्याने लोकांची अन्नधान्यासाठी मोठी मागणी असते. मागणीच्या मानाने उत्पादन कमी असल्याने शेतीमालाच्या किमतीत मोठ्या प्रमाणात वाढ होऊन महागाईच्या भस्मासुराचा उदय होतो. त्याची परिणिती म्हणजे दारिद्र्य, उपासमार होय. ग्रामीण जनतेच्या उत्पन्नाचा तीव्र स्रोत म्हणजे शेती उत्पादन घटल्याने त्यांच्या दारिद्र्यात भरच पडते. त्यामुळे उपासमारीमुळे पुढील घटकांचा प्रादुर्भाव जाणवतो तो म्हणजे अवर्षणग्रस्त प्रदेशातील मानवाचे डोळे खोल जातात. स्वभाव चिडचिडा होतो. रक्तदाब कमी होत जातो. परिणामी तोंडावर सूज येते.

अवर्षणाच्या काळात विविध घटकांच्या अभावामुळे विविध साथीच्या रोगांचा प्रसार होतो. त्यामुळे लोकांच्या मृत्यूत वाढ होते; कारण अवर्षणग्रस्त परिस्थितीमुळे उत्पन्नाचे स्रोत बंद झाल्याने आजारी कालखंडात औषधोपचार करता येत नाही. त्यामुळे

मृत्यूच्या संख्येत भरच पडते.

अवर्षणाचा प्रभाव असलेल्या क्षेत्रांमध्ये वस्त्यांच्या आकृतिबंधात मोठ्या स्वरूपाचे बदल झालेले दिसून येतात. त्यातून समाजरचनाही पूर्णपणे बदलून जाते. दुष्काळामुळे उत्पादनक्षमतेवर परिणाम होऊन ती पूर्णपणे नष्ट होण्याचा धोका असतो. त्यामुळेच भांडवलनिर्मिती कमी प्रमाणात होतो. पिकांच्या व जलाच्या ऱ्हासामुळे मोठ्या प्रमाणात स्थलांतर क्रिया घडते आणि त्याचा अप्रत्यक्ष प्रभाव शहरी भागावर दिसून येतो. शहरी भागाची संरचना बदलून ती वाढताना दिसून येतात. परिसंस्थांवर परिणाम होऊन त्याच्या वाढीमध्ये अडथळे निर्माण होतात. साहजिकच काही परिसंस्था अवर्षणकाळात नष्टही होतात. संपूर्ण प्रक्रिया हळुवारपणे नियमित सुरू राहिल्यास वाळवंटाची परिस्थिती निर्माण होऊन अवर्षणाचे मूल्यमापन करता येत नाही. साहजिकच मोठ्या प्रमाणात आर्थिक हानीबरोबरच सामाजिक, सांस्कृतिक, राजकीय, ऐतिहासिक व पर्यावरणीय हानीसुद्धा अप्रत्यक्षरीत्या घडून येते.

## अवर्षणाचे परिणाम (Effects of Droughts)

**१) जलचक्राचे संतुलनात बदल** - अवर्षणामुळे पाण्याचे दुर्भिक्ष जाणवते, पाण्याची उपलब्धता कमी होते. त्यामुळे बाष्पीभवन होण्यासाठीदेखील पाणी नसते. त्यामुळे सांद्रीभवन, ढगनिर्मिती व पाऊस या जलचक्राच्या संतुलनात बदल होतो.

**२) अन्नधान्याचा तुटवडा** - पाण्याच्या टंचाईमुळे पिके घेता येत नाहीत. उत्पादन घटते, जनावरांच्या चाऱ्याचा प्रश्न निर्माण होतो व अन्नधान्याचा तुटवडा निर्माण होतो.

**३) पिण्याच्या पाण्याची समस्या** - पाऊसच पडला नसल्यामुळे भूजलपातळी देखील घटते. पिण्याच्या पाण्याची मोठी समस्या निर्माण होते. भारतात असंख्य खेडी व शहरे यांना सध्या पिण्याच्या पाण्याची समस्या जाणवते आहे.

**४) भूजलपातळी खालावते** - विहिरी, कूपनलिका यांची कितीही खोली वाढविली तरी पाणी मिळत नाही; कारण जमिनीत पावसाचेच पाणी पडून भूजल उपलब्ध होत असते. त्यामुळे भूजलसाठ्यांवर ताण येऊन त्या खालावतात, तसेच अंतर्गत भागातील परिसंस्थांना धोका उत्पन्न होतो.

**५) स्वास्थ्य बिघडते** - लोकांना पाण्यासाठी खूप दूर दूर जावे लागते. त्यातच त्यांचा खूप वेळ जातो, श्रम होतात. शिवाय अन्न व पाण्याच्या टंचाईमुळे मानवी शरीरात निर्जलीकरण, कुपोषण, अर्धपोषण, भूकबळी यांसारखे परिणाम होऊन मानसिक स्वास्थ्य बिघडते.

उदा. - इथिओपियामध्ये १९८५ मध्ये हजारो माणसे व जनावरे अन्न व पाण्याच्या टंचाईने मृत्युमुखी पडली.

**६) बेकारीत वाढ होते** - पाऊस नसल्यामुळे शेती करता येत नाही. तसेच शेतीवरील आधारित सर्व उद्योग ठप्प होतात. त्यामुळे बेकारीमध्ये प्रचंड वाढ होते.

**७) स्थलांतरात वाढ** - दुष्काळ पडला की अनेक लोक व जनावरांना अन्न व पाण्याच्या शोधार्थ भटकावे लागते. त्यामुळे स्थलांतरात वाढ होते.

**८) देशाच्या अर्थव्यवस्थेवर परिणाम** - अवर्षणामुळे शेती उत्पादन घटते. शेतीसंबंधित औद्योगिक उत्पादनावर त्याचा परिणाम होऊन देशाच्या एकूण अर्थव्यवस्थेवर परिणाम होत असतो.

अशा प्रकारे वरील आठ परिणाम हे अवर्षणाचे महत्त्वाचे मानले जातात. याशिवाय अवर्षणाचे परिणाम खालील तीन घटकांत विभागून त्याचे उपघटक दिलेले आहेत.

## दुष्काळाचे परिणाम/अवर्षणाचे परिणाम

दुष्काळाचे परिणाम खालील मुख्य तीन घटकांत सांगता येतील -

## अ) आर्थिक परिणाम

१) राष्ट्रीय आर्थिक वाढीस अडथळा.

२) पिकांच्या दर्जात व उत्पादनात घट.

३) अन्नधान्याच्या किमतीत वाढ.

४) अन्नधान्याच्या आयातीत वाढ.

५) पिकांवर रोगराई.

६) रोगजंतूंचा फैलाव.

७) दूध व पशुधनात घट.

८) जनावरांसाठी चाऱ्याचा तुटवडा.

९) जनावरांच्या मर्त्यतेत वाढ.

१०) पुनरुत्पादन चक्रात वाढ.

११) जंगली प्राण्यांच्या त्रासात वाढ.

१२) माशांची मूळस्थाने नष्ट व उत्पादनात घट.

१३) शेतकऱ्यांच्या उत्पादनात घट.

१४) उत्पादनातील ऱ्हासामुळे बेकारीत वाढ.

१५) करमणूक व पर्यटन व्यवसायावर कुऱ्हाड.

१६) जलऊर्जेत घट.

१७) नदी व कॅनॉलमधील जलपर्यटनात घट.

### ब) पर्यावरणावरील परिणाम

१) वाळवंटीकरणात वाढ.
२) मासे व जंगली प्राण्यांच्या संख्येत घट.
३) अन्न व पिण्याच्या पाण्याचा अभाव.
४) रोगराईंचा फैलाव.
५) काही भागांतील जंगली प्राण्यांच्या संख्येत घट.
६) धोकादायक प्राण्यांच्या/वनस्पतींच्या संख्येत वाढ.
७) वनस्पतींच्या जाती नष्ट होतात.
८) वणव्यांच्या संख्येत व तीव्रतेत वाढ.
९) मृदेची वारे व पाण्यामुळे धूप.

### क) सामाजिक परिणाम

१) धान्यसाठ्यावर परिणाम.
२) अन्न, उष्णता, आत्महत्या, घातपात यांचा मानवी जीवनास धोका.
३) मानसिक आणि शारीरिक ताण.
४) पाण्यासंबंधी झगडे/विरोध.
५) राजकीय झगडे/विरोध.
६) सामाजिक अशांतता.
७) लोकांमध्ये असंतोष.
८) दुष्काळ मदतनिधी वितरणात असमानता.
९) सांस्कृतिक विभागाचे नुकसान.
१०) जीवनाच्या दर्जात घट व जीवनशैलीत बदल.
११) दारिद्र्यात वाढ.
१२) लोकसंख्येत वाढ.

### अवर्षणाचे भविष्यकालीन व्यवस्थापन

भारत स्वतंत्र होण्यापूर्वी अवर्षणासंबंधीचे नियोजन चांगल्या स्वरूपाचे केले जात असे. आज त्या तुलनेत व्यवस्थापन करण्याची गरज निर्माण झाली आहे; कारण मोसमी पर्जन्य वेळेवर पडतोच असे नाही. त्यामध्ये अनिश्चितता मोठ्या प्रमाणात दिसून येते. पर्जन्य एक जूनला केरळमध्ये पोहोचला पाहिजे; त्या संदर्भात कोणत्या समस्या निर्माण झाल्या आहेत या संदर्भाचे विश्लेषण करण्यासाठी भारतीय हवामान खात्याने ३५ हवामान उपविभाग संपूर्ण देशात निर्माण केले आहेत. या उपविभागाच्या माध्यमातून मोसमी पर्जन्याचे अध्ययन केले जाते. त्या अध्ययनाद्वारे पर्जन्याच्या वितरणांचा अंदाज किंवा

स्वरूप व्यक्त केले जाते. त्यावरूनसुद्धा अवर्षणासंदर्भात नियोजन करणे शक्य होते.

ज्या वेळी अवर्षणस्थिती निर्माण होईल त्या वेळी उपग्रह छायाचित्रांच्या साहाय्याने किंवा सुदूर संवेदनांच्या साहाय्याने निरीक्षण केले पाहिजे. निरीक्षणाद्वारे योग्य नियोजन करीत असताना समाजातील सर्व स्तरांतील लोकांचा सहभाग घेऊन,अवर्षणग्रस्त प्रदेश किंवा क्षेत्रांचा तत्काळ आराखडा तयार करून उपाययोजना केली पाहिजे. अवर्षणग्रस्त स्थितीतून लोकांना बाहेर काढण्यासाठीचे योग्य नियोजन करत असताना सरकारच्या विविध योजनांचा लाभ सर्वांपर्यंत पोहोचण्यासंदर्भात नियोजन केले पाहिजे. दीर्घकालीन स्थितीचा विचार करून, अन्नधान्य तुटवडा होऊ नये म्हणून उपाययोजना केली पाहिजे. त्यासाठी विविध रोजगारांच्या संधी उपलब्ध करण्यासंदर्भात उपाय योजले पाहिजेत.

अवर्षणग्रस्त स्थितीवर मात करण्यासाठी भारत सरकारमार्फत वाळवंट विकास कार्यक्रम (DDP), रोजगार निर्माण कार्यक्रम (EAS), एकत्रित ग्रामीण विकास कार्यक्रम (IRDP), ग्रामीण भूमिहीन रोजगार कार्यक्रम (NREP), राष्ट्रीय ग्रामीण रोजगार कार्यक्रम (NREP) अशा स्वरूपातील कार्यक्रमांद्वारे गरीब व खेड्यांतील जनतेला त्यांची मदतच होईल. साहजिकच यामुळे जमीनसुधार कार्यक्रमामुळे जमिनीची धूप तर होईल, काही प्रमाणात जलसंपत्तीवर आधारित कार्यक्रम घेतल्यामुळे भविष्यात भूगर्भजल वाढण्यास मदत होईल. त्याचबरोबर मृदासंवर्धन होईल, त्याचबरोबर जमिनीची झीज होण्याचे थांबेल. याचाच परिणाम म्हणून भविष्यात अवर्षणांवर मात करण्यास मदत होईल.

### अवर्षणाचे व्यवस्थापन

**१) मृदासंधारण** - मृदा व पाणी यांच्या संधारणासाठी जर शेतीत सर्वत्र बांधबंदिस्ती, जमिनीचे सपाटीकरण, सलग समपातळी चर, कोल्हापूर पद्धतीचे बंधारे, गौबियन बंधारे, वनराई बंधारे, नालाबंडिंग यांसारखे उपक्रम पाणलोटक्षेत्र विकास कार्यक्रमांतर्गत राबविल्यास भूजलपातळीत वाढ व जमिनीची धूप कमी होईल.

**२) पीकपद्धतीत बदल** - विशिष्ट एकाच प्रकारची पिके घेतल्याने जमिनीची सुपीकता घटते. त्यामुळे पीकपद्धतीत बदल करून फेरबदल करणे तसेच आंतरपिके घेणे यामुळे पाण्याची बचत होते. तसेच उत्पादनात वाढ होते.

**३) आधुनिक सिंचनपद्धतींचा वापर** - पाण्याची बचत करण्यासाठी सारापद्धतीऐवजी ठिबक सिंचन, तुषार सिंचन, मटका सिंचन अशा आधुनिक सिंचनपद्धतींचा वापर करावा.

**४) नैसर्गिक वनस्पतींची वाढ करणे** - वनस्पतींमुळे जमिनीत भूजल वाढते, मृदाधूप थांबते, बाष्पीभवन कमी होते, हवेत आर्द्रता राहते. त्यामुळे नैसर्गिक वनस्पतींची वाढ करणे गरजेचे असते.

**५) शेती परिसंस्थेत पाण्याचे संतुलन राखणे** - कृषी परिसंस्थेत होणारा पाण्याचा अनिर्बंध वापर थांबवून कमीत कमी पाण्यात शेती करावी. पाऊस व पाण्याचा वापर यामध्ये समतोल राखावा. भूजल पाण्यावरील ताण कमी करावा.

**६) शेततळी निर्माण करावीत** - पडणारे पावसाचे परिसरातील पाणी शेततळ्यात साठवावे. शेततळे खाली प्लॅस्टिकचा कागद टाकून तयार करतात. त्यामुळे जमिनीत पाणी मुरत नाही. तसेच बाष्पीभवन होऊ नये म्हणून पाण्यावर तेलाचा तवंग अथवा फिल्मन टाकावी.

**७) जलपुनर्भरण करावे** - शेतात असलेल्या विहिरी, कूपनलिका पावसाळ्यात पाण्याने भराव्यात. त्यामुळे भूजलपातळी वाढते. उन्हाळ्यात जास्त काळ हे पाणी वापरता येते.

**८) सुधारित गवताच्या जातींची पैदास करणे** - जर सुधारित गवताच्या जातींची पैदास केली तर जनावरांच्या चाऱ्याचा प्रश्न सुटतो. अगदी पावसाच्या पाण्यावर येणारे गवत, सुबाभूळ, शेवरी, उंच गवत वाढविल्यास त्याचा फायदा होतो.

**९) जलवळण योजना राबविणे** - नद्याजोड प्रकल्पांतर्गत जलवळण योजना राबविली जात आहे. त्यामुळे जेथे अवर्षण आहे अशा भागात पाणी उपलब्ध होऊ शकते.

**१०) भूमिउपयोजनांचे सर्वेक्षण करणे** - शेतजमिनीचा उपयोग कशा कशासाठी केला जातो, कोणत्या पिकांखालील क्षेत्र किती, याचे सर्वेक्षण होणे गरजेचे असते.

**११) जनजागृती** - कुऱ्हाडबंदी, चराईबंदी, नशाबंदी करून समाजप्रबोधन करणे; तसेच गोबरगॅस, शिक्षण, सौरचुली, उत्तम आरोग्य, जनजागृती करत ग्रामविकास साधता येतो.

## पूर (Floods)

ज्या वेळी प्रमाणापेक्षा जास्त पुरवठा नदी किंवा इतर जलस्रोतांना झाल्यास पाणी पात्रात न मावल्याने ते काठालगतच्या प्रदेशात प्रवेश करते तेव्हा त्यास 'पूर' असे म्हणतात. यामध्ये पुढील घटकांचासुद्धा समावेश होतो. उदा. - उपनदी, नाला, ओढा यांनासुद्धा ग्रामीण किंवा शहरी भागात पूर येतात तर समुद्रालगत प्रदेशात त्सुनामी लाटांमुळे किंवा भरती प्रदेशातील नदीच्या मुखांच्या प्रदेशात पूर या संज्ञेचा वापर केला जातो. पूरपरिस्थिती निर्माण झाल्याने अनेक स्वरूपाचे चांगले व वाईट परिणाम पाहावयास मिळतात.

## पूरग्रस्त प्रदेश (Flood Regions)

जगातील काही मोठमोठ्या नद्यांना दरवर्षी मोठे मोठे पूर येतात. दक्षिण अमेरिकेतील ॲमेझॉन उत्तर अमेरिकेतील मिसिसीपी, सेंट लॉरेन्स व मिसूरी तर चीनमधील यांगत्से, होहॅग - हो, इजिप्तमधील नाईल, इराकमधील तैग्रीस, युफ्रेटिस तसेच पाकिस्तानातील सिंधू, युरोपमधील ऱ्हाईन आणि भारतातील गंगा, यमुना, कोसी, गंडक, सतलज इ.

## पुराची कारणे

पूरजन्य परिस्थिती निर्माण होण्यासाठी खालील घटक कारणीभूत आहेत :

**१) नद्यांच्या पात्रातील मानवी हस्तक्षेपांमुळे उथळपणा :** नदी शहराजवळ किंवा मानवी वस्तीजवळ असल्याने त्यामध्ये मानवी वस्तीमधील विविध टाकाऊ घटक टाकले जातात. त्यामुळे नदीकाठचे पात्र तर अरुंद होते; त्याचप्रमाणे ते काही वेळेला उथळसुद्धा होते. ज्या वेळी पावसाळ्यात पाऊस जास्त प्रमाणात पडतो त्या वेळी पाणी पात्रात मावत नाही; परिणामी ते पाणी नदीकाठच्या प्रदेशात किंवा क्षेत्रामध्ये प्रवेश करते किंवा काही शहरांमध्ये वाहत्या पाण्याच्या नाल्यांवर घरे बांधणे किंवा भर टाकून पात्र बंद केले जाते, त्याचा परिणाम सभोवतालच्या क्षेत्रावर होऊन पूरजन्य परिस्थिती निर्माण होते. उदा. - कल्याणजवळील मिठी नदी.

**२) जमिनीची सतत होणारी धूप :** प्रत्येक क्षेत्रामध्ये काहीतरी कृती ही घडत असते. त्यांचा संबंध मृदेशी येतो. कारण मानवी हस्तक्षेपांमुळे होणारी जंगलतोड त्यामुळे जमिनीची धूप घडून येते. विविध प्रकारची विविध कारके व कण उताराच्या दिशने किंवा वाऱ्याच्या प्रवाहाच्या दिशेने वाहत जाऊन त्यांचा संबंध पाण्याच्या सान्निध्यात आल्याने प्रवाहाचा वेग जास्त झाल्यास त्यांचे एका ठिकाणावरून दुसऱ्या ठिकाणी वहन होते. हे वहन प्रवाहाच्या वेगावर अवलंबून असते. नदी, पर्वत किंवा डोंगरउतारावरून वाहत असताना ज्या वेळी मैदानी प्रदेशात प्रवेश करते त्या वेळी तिचा वेग मंदावतो. परिणामी, नदीने वाहून आणलेले विविध कण किंवा इतर घटक नदीच्या तळाशी किंवा तिच्या काठावर त्याचे संचयन होते. पात्र उथळ होते. ही क्रिया सातत्याने सुरू राहिल्याने नदीचे पात्र टप्याटप्प्याने उथळ होते. प्रमाणापेक्षा थोडा जास्त पाऊस झाल्यास पाणी पात्रात मावत नाही. ते आजूबाजूच्या परिसरात पसरते. त्यामुळे पूर येतो. उदा. - गंगा, ब्रह्मपुत्रा, कृष्णा, नर्मदा, दामोदर व कोसी इ.

**३) तापमानात होणारी वाढ :** बर्फाच्छादित प्रदेशात जर तापमानात एखाद्या वर्षी वाढ झाल्यास उन्हाळ्याच्या कालखंडामध्ये तेथील बर्फ वितळते. सतत बर्फ वितळत राहिल्याने नदी उगम क्षेत्रामध्ये असे अनेक प्रवाह एकत्र आल्याने तो एक मोठा प्रवाह तयार होतो. नदीला पूर येतो;  अशी स्थिती प्रामुख्याने बर्फाच्छादित पर्वतीय क्षेत्रांमध्ये उगम पावणाऱ्या नद्यांच्या क्षेत्रात दिसून येते. उदा. - गंगा, ब्रह्मपुत्रा व सिंधू.

**४) चक्रीय वादळांची निर्मिती** - चक्रीवादळांची निर्मिती झाल्यानंतर प्रामुख्याने आवर्त वाऱ्यापासून मोठ्या प्रमाणात समुद्रकिनारपट्टीच्या भागात किंवा इतर क्षेत्रांवर जोरदार पर्जन्य पडतो. हा पर्जन्य खूपच जास्त असल्याने काही क्षणांत मोठ्या प्रमाणात जलप्रवाह निर्माण होतो. हा प्रवाह नदीपात्रात मावत नाही. नदीपात्र कमी पडते. पाण्याचा जोर प्रमाणापेक्षा जास्त असल्याने काहीशा थोड्या कालावधीत मोठ्या प्रवाहाची निर्मिती होते व त्यांचे विध्वंसक परिणाम स्थानिक पातळीवर निर्माण होतात;  ही पूरजन्य परिस्थिती ऐन वेळी निर्माण होते.

**५) अतिजंगलतोड :** पर्वतीय किंवा डोंगरक्षेत्रांमध्ये मोठ्या प्रमाणात स्वार्थासाठी जंगलतोड केली जाते. जंगलक्षेत्र नष्ट झाल्याने पर्जन्याच्या पाण्याला कोणत्याही प्रकारचा अडथळा येत नाही;  जर जंगलक्षेत्रात मोठ्या प्रमाणात विविध प्रकारचे वृक्ष असल्यास त्यांचा परिणाम जंगलक्षेत्रात पाणी मुरण्यासाठी प्रक्रिया घडून येते, ती सध्या घडून येत नाही; कारण जंगलक्षेत्र प्रमाणापेक्षा कमी झाले. पडणारे पावसाचे पाणी लगेच नदीपात्रात येते. परिणामी, पाण्याची आवक वाढली जाते व पूरपरिस्थिती निर्माण होते.

**६) अतिपर्जन्य परिस्थिती** : एखाद्या प्रदेशात प्रमाणापेक्षा अवेळी जास्त पर्जन्य झाले किंवा एखाद्या क्षेत्रात एकाच दिवशी मोठ्या प्रमाणात पर्जन्याचा विपरीत परिणाम नदी प्रदेशाच्या क्षेत्रात होतो व ते पाणी आजूबाजूच्या क्षेत्रावर पसरून मोठ्या प्रमाणात वित्तहानी व जीवितहानी घडून येते; अशी परिस्थिती विविध क्षेत्रांत निर्माण होऊन पूरजन्य परिस्थिती निर्माण होत असते. उदा. कृष्णा, गोदावरी, कावेरी, गंगा, कोसी, दामोदर, ब्रह्मपुत्रा इ.

**७) सागरामधील भरतीच्या वेळेची सर्वांत उंच लाट :** ज्या क्षेत्रांमध्ये नद्या समुद्राला जाऊन मिळतात त्या भागात भरतीच्या वेळी नदीच्या मुखातील पाण्याचा फुगवटा वाढत जाऊन त्याचा परिणाम आजूबाजूच्या परिसरात होतोच; परंतु, नदीच्या मुखाच्या क्षेत्रामध्ये मोठ्या प्रमाणात विविध कारकांचे संचयन होते. या संचयनकार्यामुळे नदीच्या मुखामध्ये नदीचे पाणी व सागराची लाट यांचा एकत्रित परिणाम होऊन मोठ्या प्रमाणात संचयन घडून येते. यांची परिणिती म्हणजे नदी पाण्याची पुढे वाहत जाण्याची प्रक्रिया मंदावते व पाणी नदीच्या मागे सतत पाण्याचा फुगवटा वाढत जाऊन पूरजन्य परिस्थिती

निर्माण होते. उदा. मुंबई प्रदेशातील दरवर्षी पर्जन्याच्या वेळी नदी व नाले यांची भरतीच्या वेळची परिस्थिती पूरजन्य आहे.

**८) धरण फुटणे** : नदीक्षेत्रावरील प्रदेशात पूर नियंत्रण करण्यासाठी, शेतीला सुयोग्य पाणी पुरवठा करण्यासाठी, जलविद्युत निर्मिती प्रकल्पासाठी, विविध मोठमोठ्या शहरांना किंवा औद्योगिक वसाहतींना पाणीपुरवठा करण्यासाठी नद्यांवर धरणे बांधली जातात. काही वेळेस धरणक्षेत्रांमध्ये प्रमाणापेक्षा जास्त पर्जन्य होतो किंवा प्रमाणापेक्षा पाणी जास्त साठवले जाते किंवा बांधकाम निकृष्ट दर्जाचे असल्याने धरण फुटून नद्यांना क्वचित पूर येतात. त्यांचा विपरीत परिणाम नदी प्रदेशातील वित्तहानीबरोबरच जीवितहानीवरसुद्धा झालेला दिसून येतो. उदा. पुणे येथे १९६१ साली मुठा नदीवरील पानशेत धरण फुटल्याने पुणे शहराचे मोठे नुकसान झाले. मोर्वी धरण १९८४ मध्ये फुटल्याने गुजरातमध्ये मोठ्या प्रमाणावर पूर आला, तसेच धरण फुटल्याने नदीपात्रातदेखील बदल होत असतो. अचानक वाढलेल्या पाण्यामुळे नदी मिळेल त्या मार्गाने वाहू लागते. त्यामुळे मोठ्या प्रमाणावर जीवित व वित्तहानी घडून येते. उदा. कोसी नदी.

**९) मानवी हस्तक्षेप :** मानव आपली विविध प्रकारची कृती करीत असताना विविध टाकाऊ घटक, गरज नसताना विविध केरकचरा नदीपात्र किंवा ओढे, नाले परिसरात नेऊन टाकतो. त्या क्षेत्र परिसरातील पात्राची रुंदी कमी होतेच, त्याचबरोबर पात्रसुद्धा उथळ होते. त्याचा विपरीत परिणाम वाहत्या पाण्याला अडथळा निर्माण झाल्याने होतो. थोड्या पावसातसुद्धा पूरजन्य परिस्थिती स्थानिक पातळीवर निर्माण होते.

**तक्ता क्र. ४.५**

**भारतातील पूर**

| वर्ष | स्थान | प्रकार | मृत्यू (लोकसंख्या) |
|---|---|---|---|
| १९४१ | गंगेचा त्रिभुज प्रदेश | तुफान वादळ, पाऊस | - |
| १९४३ | राजपुताना | खारी नदी | १०००० |
| १९५२ | हिमाचल प्रदेश | मॉन्सून | १७०० |
| १९५५ | पंजाब, पटियाला | मॉन्सून | १७०० |
| १९५९ | सूरत | तापी नदी | १५०० |
| १९६१ | बिहार | २५ इंच पाऊस | १००० |
| १९६८ | गुजरात, राजस्थान | मॉन्सून | १००० |
| १९७४ | उत्तर प्रदेश | मॉन्सून | ९०० |
| १९७५ | पूर्व भारत | मॉन्सून | ४५० |

| वर्ष | स्थान | प्रकार | मृत्यू (लोकसंख्या) |
|------|-------|--------|-------------------|
| १९७९ | मोरवी | धरण फुटून | ५००० |
| १९८१ | ईशान्य भारत | मॉन्सून | ५०० |
| १९८७ | ईशान्य भारत | मॉन्सून | १२०० |
| १९८८ | पंजाब, काश्मीर | मॉन्सून | १००० |
| १९९१ | वर्धा नदी | मॉन्सून | ४७५ |
| १९९४ | महाराष्ट्र | मॉन्सून | ५०० |
| १९९६ | आंध्र प्रदेश | मॉन्सून | ३५० |
| १९९८ | ईशान्य भारत | मॉन्सून | १००० |

## पुराचे परिणाम

पुरामुळे दोन स्वरूपाचे परिणाम झालेले दिसून येतात. काही परिणाम विधायक स्वरूपाचे असले तरी ते चटकन् लक्षात येत नाहीत. हे विधायक परिणाम लक्षात येण्यासाठी बराच कालावधी जावा लागतो, तर पुरामुळे निर्माण होणारे विध्वंसक परिणाम सर्वांच्या चटकन् लक्षात येतात; कारण त्यामुळे निर्माण होणारी परिस्थितीसुद्धा कारणीभूत असते; त्याचे कारण म्हणजे मोठ्या प्रमाणात होणारी वित्तहानी व जीवितहानी होय. ती पुढीलप्रमाणे सांगता येईल.

**१) वित्तहानी व जीवितहानी** - नद्यांना दरवर्षी कोठे ना कोठे पूरजन्य परिस्थिती निर्माण होऊन वित्तहानी व जीवितहानी मोठ्या प्रमाणात होते. उभ्या पिकांबरोबरच इतरही मालमत्तेचे मोठ्या प्रमाणात नुकसान होते व कधी कधी मोठ्या प्रमाणात मनुष्यहानीबरोबरच विविध प्रकारच्या जनावरांबरोबरच पक्ष्यांनासुद्धा प्राण गमवावे लागतात. वित्तहानीमध्ये रस्ते, रेल्वे, पूल, शेतजमीन किंवा उभी पिके वाहून जाणे इ. प्रकार घडतात.

**२) खर्चात मोठ्या प्रमाणात वाढ** - ज्या वेळी पूर येऊन जातो, त्या वेळी विविध प्रकारे झालेले नुकसान किंवा हानी भरून काढण्यासाठी शासनाला व इतर संस्थांना मोठ्या प्रमाणात आर्थिक साहाय्य करावे लागते. स्थानिक क्षेत्रावर अन्नधान्य पुरवठा करावा लागतो. त्याचप्रमाणे विविध प्रकारचे औषधोपचार करणारे मनुष्यबळ, वस्त्राबरोबरच जीवनावश्यक घटकांचा पुरवठा करावा लागतो. या सर्व घटकांच्या नियोजनावर प्रचंड वेळ व पैसा खर्च करावा लागतो. मदतगार मनुष्यबळांचे नियोजन करावे लागते.

**३) जास्त पर्जन्यक्षेत्रामध्ये क्वचित प्रसंगी भूमिपात घडणे** - जास्त पर्जन्य क्षेत्रामध्ये क्वचित प्रसंगी प्रमाणापेक्षा जास्त पर्जन्य पडतो, त्याचा परिणाम नदीपात्रामध्ये

पूरस्थिती निर्माण होते. परिणामी, नदीच्या क्षेत्रामधील एखादा भूभाग कोसळतो व नदीपात्रामध्ये नैसर्गिक बांध निर्माण होतो. पुराच्या पाण्याचा पुरवठा सतत होत राहिल्याने हा बांध काही कालखंडानंतर फुटतो व नदीला महापूर येतो. त्यांचे परिणाम खूप विध्वंसक स्वरूपाचे असतात.

**४) नदीपात्रात होणारे बदल -** नद्यांना आलेल्या पुराचे प्रमाण जास्त असल्याने नदी आपल्या प्रवाहमार्गात अचानकपणे बदल घडून आणते. हा बदल इतका तीव्र स्वरूपाचा असतो की, त्यामुळे नदी नवीन प्रदेशातून मार्गस्थ होत असल्याने एक प्रकारची आपत्ती निर्माण होते. त्यामुळे जीवितहानी होतेच त्याचबरोबर विविध प्रकारची वित्तहानीसुद्धा होते. उदा. कोसी नदी.

**५) पुरामुळे साथीच्या रोगांचा प्रसार -** अनेक क्षेत्रांमध्ये पूर ओसरल्यानंतर नदीक्षेत्राच्या परिसरात मोठ्या प्रमाणात दलदल निर्माण होते. त्यांचा विपरीत परिणाम स्थानिक हवामानावर होऊन विविध प्रकारच्या साथीच्या रोगांचा प्रसार होऊन मृत्युमुखी पडण्याचे प्रमाण वाढत जाते. दलदलीच्या प्रदेशातून जलप्रदूषण मोठ्या प्रमाणात होते; त्यामुळे विषमज्वर, कावीळ, मलेरिया, गॅस्ट्रो अशा प्रकारच्या रोगांचा प्रसार होतो.

**६) वाहतूक व दळणवळणाची समस्या -** पुरामुळे विविध क्षेत्रांवर त्यांचा विपरीत परिणाम होतो. रस्तेमार्ग, लोहमार्ग व पूल यांचे नुकसान झाल्याने स्थानिक क्षेत्रांचा इतर क्षेत्रांशी असणारा संबंध तुटतो. त्या वेळी जीवनावश्यक वस्तूंचा तुटवडा निर्माण होतो. जीवनावश्यक वस्तूंचा तुटवडा निर्माण झाल्याने अनेक लोक बळी पडण्याची शक्यता जास्त असते.

**७) मोठ्या प्रमाणात जमिनीची धूप -** पूर आल्याने नदीक्षेत्रातील पाणी ज्या वेळी वाहते त्या वेळी सभोवतालच्या क्षेत्रांमधील सुपीक असणारा थर वाहून जातो. सुपीक थर वाहून गेल्याने जमीन नापीक बनते. त्यामुळे मोठ्या प्रमाणात जमिनीची धूप घडून येते.

## पुरामुळे निर्माण झालेले विधायक परिणाम

ज्या वेळी पूर येतो त्या वेळी विध्वंसक परिणामांबरोबर विधायक परिणाम झालेले दिसून येतात. ते पुढीलप्रमाणे आहेत -

**१) पूरजन्य परिस्थितीमुळे प्रदूषित पदार्थांची विल्हेवाट -** अनेक दिवसांपासून प्रदूषित पदार्थांचा संचय झाल्याने या पदार्थांची विल्हेवाट होऊ शकत नाही; ती पूरपरिस्थितीमुळे नदीकाठच्या क्षेत्रांवरील विविध प्रदूषित पदार्थांची योग्य प्रकारे विल्हेवाट लावली जाते. कारण हे पदार्थ पुराच्या पाण्याबरोबर दूर अंतरावर वाहत जाऊन शेवटी

समुद्रात दूरवर नेऊन टाकले जातात. या नैसर्गिक क्रियेमुळे पर्यावरणाचे रक्षण होते.

**२) जास्त पर्जन्यक्षेत्रामध्ये जलसाठ्याच्या भूगर्भपातळीत मोठ्या प्रमाणात वाढ** - पूरक्षेत्राच्या परिसरात मोठ्या प्रमाणात काठालगतच्या क्षेत्रामधील विहिरी, कूपनलिका यांच्या पातळीत वाढ नैसर्गिकरीत्या घडून येते. पूरसदृश परिस्थितीमुळे सभोवतालच्या क्षेत्रामध्ये मोठ्या प्रमाणात पाणी मुरते व त्यामुळे पाण्याची पातळी कमालीची वाढत जाते. त्याचा दूरगामी परिणाम होऊन पाण्याच्या पातळीत वाढ झालेली दिसून येते.

**३) पूरजन्य परिस्थितीमुळे मैदानी प्रदेशांची निर्मिती** - पुरामुळे नदीकाठालगत दोन्ही भागात नद्यांनी बरोबर आणलेल्या गाळाचे संचयन होते. कित्येक वर्षे असे संचयन होऊन सुपीक मैदानी प्रदेश निर्माण होतो, अशा परिस्थितीला 'पूर मैदान' असे म्हणतात. अनेक ठिकाणी पूर मैदाने बहुतेक नद्यांच्या खोऱ्यात निर्माण झालेली दिसून येतात. पूर मैदानात सुपीक जमिनीचे प्रमाण मोठे आहे. अशा स्वरूपातील जमीन शेतीसाठी फारच उपयुक्त आहे. त्याचप्रमाणे अशा जमिनीत उत्पादनही चांगल्या प्रकारे येते. पूर मैदानांमध्ये अनेक प्राचीन संस्कृती उदयास आल्या आहेत. उदा. नाईल, सिंधू या भागात संस्कृती उदयास आल्या.

**४) पूरपरिस्थितीमुळे सपाट भूप्रदेशाची निर्मिती** - ज्या क्षेत्रामध्ये पूर सातत्याने येतात त्या भूपृष्ठाचे सपाटीकरण नैसर्गिकरीत्या घडून येते. नदीच्या दोन्ही काठांलगतचा किंवा जेथे पूर येतो तो भूप्रदेश जर उंच-सखल असल्यास तेथे गाळाचे सातत्याने संचयन होऊन काही कालावधीनंतर तेथील खोलगट भाग गाळाने नैसर्गिकरीत्या भरून येतो व तो भूप्रदेश ठराविक कालखंडानंतर सपाट बनतो.

## पुराचे व्यवस्थापन

**१) पूर तट बांधणे** - विक्रमी पुराच्या वेळी नदीचे पाणी नदीच्या पात्रात सामावत नाही. ते दोन्ही बाजूला पसरत पूरस्थिती निर्माण होते तेव्हा नदीला दोन्ही बाजूंना जर योग्य ठिकाणी पूरतट बांधले तर अशी स्थिती निर्माण होणार नाही. उदा. चीनमधील हो-यांग-हो नदी, तसेच युरोपमधील ऱ्हाईन नदी, भारतात गंगा नदीवर कानपूर,पाटणा, अलाहाबाद येथे पूरतट तयार केलेला आहे.

**२) पूर कालवे काढणे** - नदीवर लहान-मोठे पाट काढल्यास पुराची तीव्रता कमी होते. पाणी विभागून गेल्याने पूरस्थिती निर्माण होत नाही.

**३) वृक्षलागवड** - मोठ्या प्रमाणात वृक्षतोड झाल्यामुळे मृदाधूप होऊन नद्यांची पात्रे उथळ बनल्यामुळे नद्यांना पूरस्थिती निर्माण होते. त्यामुळे नदीपरिसरात तसेच सर्वत्र

वृक्षलागवड केल्यास आपोआप पूरनियंत्रण होईल.

**४) धरणे बांधणे** - नद्यांवर विविध ठिकाणी धरणे बांधल्यास पाण्याचा साठा कमी होऊन नदीप्रवाह अपेक्षित पातळीवरून वाहतो. त्यामुळे पूरनियंत्रण होते. शिवाय धरणातील पाणी कालव्याद्वारे शेतीला, पिण्यासाठी, कारखानदारीसाठी वापरता येते.

**५) नदीमार्गात वळणे कमी करणे** - नदीच्या वळणाची लांबी वाढल्यास उतार कमी होऊन पाण्याचा वेग मंदावतो व नदीपात्रात गाळाचे संचयन होऊन नदीच्या पाण्यामुळे पूरस्थिती निर्माण करते. त्यामुळे नदीवरील वळणे कमी करणे गरजेचे असते.

**६) जमिनीत पाणी मुरविणे** - पूरनियंत्रणाचा महत्त्वाचा भाग म्हणजे जमिनीत पाणी मुरविणे; जर बांधबंदिस्ती केली, तसेच उन्हाळ्यात नदीत सर्वत्र उत्खनन करून दगड भरले तर जमिनीत पाणी अधिक मुरते व पूरस्थिती निर्माण होत नाही.

**७) कालव्यांचे जाळे बनविणे** - ज्याप्रमाणे नद्याजोड प्रकल्प राबविला जात आहे, त्याप्रमाणे कालव्यांचे जाळे जोडप्रकल्प राबविला तर अवर्षणग्रस्त भागात पाणी मिळणे सहज शक्य होईल व जेथे पूरस्थिती निर्माण होते तेथे ती निर्माण होणार नाही.

प्रकरण ५

# भूरूपीय व भूगर्भिय आपत्ती आणि त्यांचे व्यवस्थापन
# (Geological and Geomorphic Disasters & their Management)

---

**प्रस्तावना**

पृथ्वीच्या अंतर्गत भागात (भूगर्भात) होणाऱ्या हालचालींमुळे ज्या आपत्ती निर्माण होतात, त्यांना 'भूगर्भातील आपत्ती' असे म्हणतात. यामध्ये भूकंप, ज्वालामुखी, भूमिपात, त्सुनामी यांसारख्या आपत्तींचा समावेश होतो.

## I) भूकंप (Earthquake)

भूकंप ही एक नैसर्गिक आपत्ती आहे. भूकंप ही विध्वंसक स्वरूपाची पर्यावरणीय आपत्ती समजली जाते. दररोज पृथ्वीवर कोठेतरी भूकंप होत असतात. पृथ्वीवर दरवर्षी २० हजारांपेक्षा अधिक भूकंप होतात. यातील काही भूकंप सौम्य, तर काही तीव्र स्वरूपाचे असतात. सर्व प्रकारच्या भूकंपांची नोंद भूकंपमापन यंत्रावर (Seismograph) होत असते. मात्र, काही सौम्य भूकंपाची जाणीव मानवाला होत नाही.

पृथ्वीवर भूकंपाचे वितरण असमान असून विशिष्ट प्रदेशात सतत व तीव्र स्वरूपाचे भूकंप होतात. अभ्यासावरून असे निदर्शनास आले आहे की, सामान्यत: पृथ्वीवरील नवनिर्मित पर्वताच्या रांगा आहेत, तसेच जेथे ज्वालामुखीचे उद्रेक होतात तेथे भूकंप वारंवार होतात. जपान, फिलिपाईन्स, चीन, कॅलिफोर्निया, मोरोक्को, इराक, इराण आणि मध्य अमेरिकेत भूकंपाचे प्रमाण अधिक आहे.

### भूकंपाची व्याख्या (Definition of Earthquake)

**१) वार्सेस्टर** यांच्या मते, 'भूपृष्ठावरील किंवा भूपृष्ठाखालील खडकांचे गुरुत्वाकर्षणीय संतुलन आकस्मिकपणे अल्पकाळासाठी बिघडल्यामुळे भूपृष्ठ कंपायमान होते, त्यालाच भूकंप म्हणतात.'

२) **मूर** यांच्या मते, 'भूपृष्ठात नैसर्गिक कारणांनी निर्माण झालेल्या हालचालींमुळे भूपृष्ठाला हादरे बसतात त्याला भूकंप असे म्हणतात.'

३) **पी. लेक** यांच्या मते, 'भूकवचाला हादरे बसणे म्हणजे भूकंप होय.'

## भूकंपाची कारणे (Causes of Earthquakes)

मानवनिर्मित व निसर्गनिर्मित अशा दोन प्रकारे भूकंप घडून येतात. मानवनिर्मित भूकंप मात्र सौम्य असल्याने विशेष हानी होत नाही; पण निसर्गनिर्मित भूकंप तीव्र स्वरूपाचे व हानिकारक असतात. काही भूकंप समुद्रतळाशी, दुर्गम डोंगराळ भागात होत असल्याने त्याचा प्रभाव जाणवत नाही. भूकंप आलेखावर मात्र त्याची नोंद होते. भूकंपनिर्मितीची कारणे खालीलप्रमाणे आहेत -

**१) भ्रंशमूलक हालचाली** : पृथ्वीचे भूकवच हे अस्थिर आहे. अंतर्गत भागातील प्रचंड उष्णता व दाब यांच्यामुळे भूकवचातील खडकांवर दाब व ताण पडून खडकांना वळ्या पडतात. काही खडकांचा भ्रंश होतो. त्यामुळे तेथे खडकांच्या थरांच्या सापेक्ष हालचाली होऊन पृथ्वीच्या संतुलनात अडथळे निर्माण होतात. अशा भूकंपांना 'भ्रंशमूलक भूकंप' असे म्हणतात. त्याचा प्रभाव खूप मोठ्या क्षेत्रात जाणवतो.

उदा. - २८ ऑक्टोबर १८९१ चा जपानमधील भूकंप, ६ एप्रिल १९०६चा सॅनफ्रान्सिस्कोचा भूकंप, १५ ऑगस्ट १९५०चा आसाममधील भूकंप.

**२) ज्वालामुखीचा उद्रेक व स्फोट** : जेव्हा एखाद्या प्रदेशात ज्वालामुखीचा उद्रेक होतो, तेव्हा ज्वालामुखीतून जोरात बाहेर पडणारा तप्त लाव्हारस, वायू व इतर पदार्थांच्या जोरदार धक्क्यामुळे भूकवचाला हादरे बसून भूकंप होतो. त्यास 'ज्वालामुखीय भूकंप' असे म्हणतात. त्या भूकंपाची तीव्रता ज्वालामुखीच्या उद्रेकावर अवलंबून असते. सन १८८३ साली क्राकाटोआ बेटावर झालेला भूकंप या प्रकारचा होता.

**३) भूपातालिक खडकांच्या संरचनेतील बदल** : पृथ्वीच्या भूपृष्ठापासून अंतर्गत भागात खूप खोलीवर खडकातील खनिजांमध्ये रासायनिक स्फोट होऊन किंवा खडकातील खनिजद्रव्यांचे पुनर्स्फटिकीकरण होऊन किंवा अणूच्या रचनेत बदल होऊन भूपृष्ठाला धक्के बसून भूकंप होतात; असे भूकंप भूपृष्ठात २५० ते ६५० कि.मी. खोलीवर घडून येतात. अशा भूकंपांना पातालिक भूकंप असे म्हणतात.

**४) भूपृष्ठाचे असंतुलन** : पृथ्वीवरील काही भूकंप हे भूपृष्ठाचे संतुलन बिघडल्याने घडून येतात. पृथ्वीवरील सर्व पर्वत, पठारे, मैदाने, महासागर हे संतुलित अवस्थेत असतात. नद्या, हिमनद्या, वारे, सागरी लाटा अशा बाह्य शक्तींच्या कारकांमुळे भूपृष्ठाची काही भागाची झीज होते, तर काही भागात संचयन होते. त्यामुळे भूपृष्ठाचे संतुलन बिघडते व पुन्हा भूपृष्ठ संतुलित अवस्थेत येण्याचा प्रयत्न करते. त्यामुळे भूपृष्ठाला सौम्य हादरे बसून

भूकंप होतात; अशा भूकंपांना संतुलनात्मक भूकंप असे म्हणतात. दि. ४ मार्च १९४९ चा हिंदुकुश पर्वतातील भूकंप याच कारणांनी झाल्याचे मानले जाते.

**५) भूपृष्ठाखालील पाण्याची वाफ** : भूपृष्ठावरील काही पाणी भूपृष्ठात हळूहळू मुरते व ते खूप खोल गेल्यावर त्याचा भूगर्भातील उष्णतेबरोबर संपर्क आल्याने त्या पाण्याची वाफ तयार होऊन ती पोकळीत साठते. ही वाफ हलकी असल्याने ती भूपृष्ठाकडे येण्याचा प्रयत्न करते. त्यामुळे जसे आचेवर ठेवलेल्या भांड्यावरील झाकण थडथडते, तसे भूपृष्ठ कंपायमान होते. असे भूकंप जलाशयाच्या व अतिपर्जन्याच्या क्षेत्रात होतात.

**६) भूपृष्ठाच्या अंतर्गत खडकांच्या थरांची लवचिकता** : डॉ. एच. एफ. रीड या भूगर्भशास्त्रज्ञाने भूकंपनिर्मितीचा नवीन सिद्धान्त मांडला. या सिद्धान्तानुसार भूपृष्ठावर साठलेला गाळ, पाण्याच्या साठ्यामुळे अथवा इतर पदार्थांच्या अत्याधिक साठ्यामुळे काही खडकांवर प्रचंड दाब, भार पडून ते खडक दुभंगतात. या विखंडित अथवा दुभंगलेल्या खडकांची ऊर्ध्वगामी व अधोगामी हालचाल होते. खडकांच्या लवचिकतेच्या गुणधर्मामुळे हे खडक पुन्हा मूळ स्थितीत येण्याचा प्रयत्न करतात. त्या वेळी होणाऱ्या हालचालींमुळे भूपृष्ठाला जोरदार धक्के बसून भूकंप होतात. असे भूकंप भूपृष्ठापासून ८० ते ८०० कि.मी. खोलीवर घडून येतात. तसेच त्यांना 'स्थिती स्थापकत्वजन्य भूकंप' असे म्हणतात.

**७) भूपृष्ठाखालील अभिसरण प्रवाह** : भूपृष्ठातील काही खडकांमध्ये जी खनिजे असतात त्यातील काही खनिजांतून किरणोत्सर्जन बाहेर पडतो. त्यामुळे तेथे उष्णता निर्माण होते. ही उष्णता प्रवाहाच्या रूपाने पुढेपुढे जाऊ लागते त्यास अभिसरण प्रवाह असे म्हणतात. अशा प्रवाहामुळे दाब व ताण पडून हालचाली होतात व भूपृष्ठाला जोरदार धक्के बसून भूकंप होतात.

**८) भूखंड हालचाली** : भूखंड विवर्तनिकी हा सिद्धान्त अगदी अलीकडील काळातील महत्त्वपूर्ण सिद्धान्त आहे. या सिद्धान्तानुसार भूकवचाची विभागणी सहा मोठ्या व अनेक लहान लहान भूभागांत झालेली आहे. भूकवच एकसंध नसल्याने त्यात हालचाली सुरू असतात. त्यामुळे भूकंप होतात.

**९) परमाणू अस्त्रांच्या भूमिगत चाचण्या/स्फोट** : विविध विकसित देशांनी अण्वस्त्र तयार केलेले असून त्याच्या भूमिगत चाचण्या घेतल्या जातात. त्या वेळी प्रचंड स्फोट होऊन भूपृष्ठाला जबरदस्त धक्का बसतो. असा भूकंप मानवनिर्मित भूकंप समजला जातो.

**१०) उल्कापात** : अवकाशातील उल्का जेव्हा स्वत:चे गुरुत्वाकर्षण कमी झाल्याने व पृथ्वीच्या गुरुत्वाकर्षणाने पृथ्वीवर येऊन आदळते तेव्हा भूपृष्ठाला प्रचंड हादरा बसून भूकंप होतो.

**११)** पर्वतीय कडा/समुद्र कडा/वाळूची टेकडी कोसळून भूपृष्ठाला हादरा बसतो व भूकंप होतो.

**१२)** रेल्वेगाड्या, मालगाड्या सतत वाहतूक करताना भूपृष्ठाला हादरे बसतात.

**१३) इतर कारणे** : मोठमोठी धरणे, खोल खाणकाम, सागरी लाटा इ.

**तक्ता ५.१**

**भारतातील भूकंप**

| वर्षे | स्थान | मृत्यू (लोकसंख्या) | रिश्टर स्केल |
|---|---|---|---|
| १७३७ | कोलकत्ता | १००००० | ७.६ |
| १८१९ | गुजरात | ११५४३ | ८.२ |
| १८८१ | अंदमान निकोबार | १५०००० | ७.९ |
| १८९७ | शिलांग | १५०० | ८.१ |
| १९०५ | हिमाचल प्रदेश | २०००० | ७.८ |
| १९३४ | बिहार | ८१०० | ८.७ |
| १९४१ | अंदमान निकोबार | ७००० | ८.१ |
| १९५० | अरूणाचल प्रदेश | १५२६ | ८.५ |
| १९९१ | उत्तर काशी | २००० | ७ |
| १९९३ | लातुर | ९७४८ | ६.२ |
| २००१ | गुजरात | २०००० | ७.७ |
| २००५ | काश्मीर | १३०००० | ७.६ |
| २००९ | अंदमान निकोबार | २६ | ७.७ |
| २०११ | उत्तर पूर्व भारत | ११८ | ६.९ |

### भूकंपाचे पर्यावरणीय परिणाम (Effects of Earthquake)

भूकंप ही आपत्ती जरी काही सेकंदांपासून काही मिनिटांपर्यंत घडत असली तरी भूपृष्ठावर त्याचे परिणाम गंभीर स्वरूपाचे असतात. भूकंपामुळे विध्वंसक व विधायक असे दोन्ही प्रकारचे परिणाम होतात; परंतु विधायक परिणामांपेक्षा विध्वंसक परिणाम फारच गंभीर असतात. भूकंपाची तीव्रता जेवढी जास्त तेवढी भूपृष्ठाची उलथापालथ जास्त होते. तेव्हा त्यास 'विध्वंसक भूकंप' असे म्हणतात.

## अ) भूकंपाचे विध्वंसक परिणाम

**१) प्रचंड प्राणहानी व वित्तहानी** : भूकंपामुळे मोठ्या प्रमाणात प्राणहानी व वित्तहानी घडून येते. त्यामध्ये मानवहानी ही फारच भयानक असते. घरे, इमारती भूकंपामुळे गाडल्या जाऊन मानवहानी होते. उदा. - १६ डिसेंबर १९२० रोजी चीनच्या भूकंपात २ लाखांपेक्षा जास्त लोक मृत्युमुखी पडले. ३० सप्टेंबर १९९३च्या लातूर-उस्मानाबादच्या भूकंपात १० हजारांपेक्षा अधिक लोक मृत्युमुखी पडले, तर २६ जानेवारी २००१च्या भूज-कच्छमधील भूकंपात ४० हजारांपेक्षा जास्त लोक मृत्युमुखी पडले. या सर्व भूकंपात मोठ्या प्रमाणात वित्तहानी झालेली आहे.

**आकृती ५.१ : भूकंपाचे विध्वंसक परिणाम**

**२) भूपृष्ठाला भेगा पडणे** : एखाद्या ठिकाणी भूकंप झाला व त्याची तीव्रता अधिक असेल तर भूकवचावर ताण पडून भूपृष्ठाला भेगा पडतात. तेथे भूभाग खचण्याची शक्यता असते. त्यामुळे वसाहती गाडल्या जाण्याची शक्यता असते. दि. ११ डिसेंबर १९६७ रोजी कोयनानगरच्या भूकंपात १८ मीटर खोलीची १० ते १५ सें.मी. रुंदीची व ५० कि.मी. लांबीची भेग पडल्याचे आढळून आले. याशिवाय ३० सप्टेंबर १९९३ च्या लातूर-उस्मानाबादच्या व २६ जानेवारी २००1 च्या भूज-कच्छच्या भूकंपात भेगा पडल्याचे निदर्शनास आले.

**३) भूकवचाचे आकुंचन** : भूकंपामुळे काही वेळा भूकवचाच्या भागाचे आकुंचन घडून आल्याने रेल्वेचे रूळ, पाण्याचे नळ, वीज यांचे नुकसान होऊन ते खंडित होतात किंवा मोठे अपघात होतात. रस्त्यावरचे पूल, इमारती खाली कोसळतात. त्यामुळेही

प्रचंड हानी होते. उदा. - ३० सप्टेंबर १९९३ च्या लातूर-उस्मानाबादच्या भूकंपात जवळपास १९००० घरे पूर्णपणे उद्ध्वस्त झाली, तर ५१ गावे प्रभावित झाली होती.

**४) भूमिपात** : भूकंपामुळे पर्वतीय प्रदेशात जमिनीचे मोठमोठे भाग खाली कोसळतात. त्यालाच 'भूमिपात' असे म्हणतात. तेथील पर्वत पायथ्याशी असलेल्या वसाहती, पिके गाडली जातात. याशिवाय रस्त्यावर मोठमोठे ढीग साठून वाहतुकीची कोंडी होते. इ.स. १९५० च्या आसामच्या भूकंपात भूमिपात होऊन १५००० चौ.कि.मी. पेक्षा अधिक क्षेत्र व्यापले होते. चहाच्या मळ्यांचे मोठे नुकसान झाले.

**५) अग्निप्रक्षोभक :** भूकंपामुळे शहरी भागात पेट्रोलपंपाची हानी झाल्यास प्रचंड आगी लागण्याची शक्यता असते. त्यात प्रचंड मोठी हानी होऊ शकते. उदा.- १८१२ मधील व्हेनेझुएलाच्या भूकंपामध्ये काराकस हे राजधानीचे शहर जळून खाक झाले. त्यात खूप मोठी वित्तहानी झाली.

**६) त्सुनामी लाटांची निर्मिती** : भूकंप जर सागरतळावर झाल्यास सागराच्या पाण्याच्या पृष्ठभागावर महाकाय लाटा निर्माण होतात. या लाटांना जपानी भाषेत 'त्सुनामी' असे म्हणतात. या लाटा समुद्रकिनाऱ्यावर दूर अंतरावर जातात. त्यामुळे समुद्रकिनाऱ्यावरील पिके, वनस्पती, बंदरे, जहाजे यांची मोठ्या प्रमाणात हानी होते. काही वेळा या लाटा १० ते ४० मीटरपर्यंत उंचीच्याही तयार होतात. २००४ च्या इंडोनेशियाच्या भूकंपात खूप मोठ्या प्रमाणात वित्तहानी व ४० हजारांपेक्षा अधिक लोक मृत्युमुखी पडले होते.

**७) भूजलपातळीत घट** : भूकंपामुळे भूपृष्ठाच्या अंतर्गत भागातील खडकांच्या थरांच्या रचनेत बदल होऊन भूमिगत पाण्याचे प्रवाहमार्ग बदलतात अथवा भूजलपातळीत घट होते. त्यामुळे अनेक विहिरी, झरे आटतात. ३० सप्टेंबर १९९३, १९ डिसेंबर १९६७ व २६ जानेवारी २००१च्या भूकंपात अनेक विहिरींचे पाणी आटले, झरे वाहण्याचे बंद झाले.

**८) नद्यांचे प्रवाहमार्ग बदलणे, वाहण्याचे बंद होणे अथवा नद्यांना पूर येणे:** भूकंप जर नद्यांच्या खोऱ्यात झाला तर नदीप्रवाह मार्गातील भाग उंचावला जाऊन किंवा उंच भूभाग कोसळला जाऊन पाणी वाहण्याचे बंद होतो. तसेच मूळ नदीचा प्रवाह अडल्यास तो नवीन मार्ग शोधून वाहू लागतो, तर काही वेळा अडलेले पाणी वेगाने वाहू लागते. त्यामुळे नदीला पूर आल्यासारखी स्थिती निर्माण होते.

**९) भूकंपीय बदल** : भूकंपामुळे काही भूभाग खचतो, तर काही भूभाग उंचावून भूरूपात बदल होतो; जर दलदलयुक्त भूभाग उंचावला तर तेथे सुपीक शेती तयार होते; पण काही वेळा उंच भूभाग खचून खोलगट भाग तयार होतो. याशिवाय काही वेळा सरोवरे नष्ट होतात.

## ब) भूकंपाचे विधायक परिणाम

**१) भूपृष्ठाच्या अंतर्गत भागाची माहिती :** जेव्हा एखाद्या परिसरात भूकंप होतो तेव्हा तीन प्रकारच्या भूकंपलहरी (प्राथमिक, द्वितीयक व पृष्ठलहरी) तयार होतात. त्यानुसार अंतर्गत भागाची माहिती समजते. बाह्यगाभा हा पृथ्वीच्या अंतरंगाचा भाग द्रवरूप असावा, असा अंदाज भूकंपलहरींच्या शोधावरून लागलेला आहे. तसेच भूकंपामुळे ज्या विविध भेगा पडतात. त्यामुळे तर प्रत्यक्ष पृथ्वीच्या अंतरंगाची माहिती मिळते.

उदा. - १९६७ च्या कोयनानगरच्या भूकंपात १८ मीटर खोलीची १० ते १५ सें.मी. रुंदीची व ५० कि.मी. लांबीची एक प्रचंड भेग पडली होती.

**२) भूजलपातळी उंचावते :** भूकंपाने पृथ्वीच्या अंतर्गत भागातील खडकांच्या थरांच्या रचनेत बदल होऊन भूजलपातळी आपोआप उंचावते. त्यामुळे पूर्वी ज्या विहिरींना पाणी नव्हते त्या विहिरींना पाणी येते. काही झरे वाहू लागतात. उदा. - ३० सप्टेंबर १९९३ च्या लातूर-उस्मानाबादच्या भूकंपात विहिरींना पाणी नव्हते. त्या विहिरींना आपोआप पाणी आल्याचे आढळून आले.

**३) नैसर्गिक बंदरांची निर्मिती :** जेव्हा समुद्रकिनाऱ्यालगत भूकंप होतो तेव्हा समुद्रकिनाऱ्यावरील विस्तृत भाग खचून तो भाग समुद्राच्या पाण्यात बुडतो. तोच भाग 'नैसर्गिक बंदर' म्हणून उदयास येतो.

**४) खाड्या व आखातांची निर्मिती :** नैसर्गिक बंदराची जशी निर्मिती होते तशीच खाड्यांची व आखातांची निर्मिती होते. समुद्रकिनाऱ्यावरील भूकंपामुळे समुद्रकिनाऱ्याचा काही भाग खचून, तर काही भाग वरती येऊन तेथे खाड्या व आखातांची निर्मिती होते.

**५) नवीन मृदा तयार होते :** भूकंपाखालील भूपृष्ठाखाली व भूपृष्ठावरील खडकांचे लहान लहान तुकडे होतात. या तुकड्यांवर बाह्यशक्तीच्या कारकांची क्रिया होऊन तेथे त्यांचे पुन्हा लहान लहान तुकडे होत जाऊन नवीन मृदा तयार होते. याशिवाय ज्वालामुखीतून बाहेर पडणाऱ्या पदार्थांमुळेही नवीन मृदा तयार होते. तेथे चांगल्या प्रकारची शेती करता येते.

**६) भूपृष्ठ उंचावणे अथवा खचणे :** एखाद्या प्रदेशात होणाऱ्या भूकंपामुळे भूपृष्ठाचा काही भाग उंचावला जातो, तर काही वेळा भूपृष्ठाचा काही भाग खचला जातो. समजा उंच डोंगराळ भाग खचल्यास तेथे शेती करता येऊ शकते किंवा दलदलीचा भाग उंचावल्यास तेथेदेखील सुपीक मृदा तयार होऊन शेतीस खूप फायदा होऊ शकतो.

## भूकंपाचे मापन

सन १९३५ मध्ये चार्लस् रिश्टर यांनी भूकंपाचे मापन करण्याची पद्धती शोधून काढली त्यात १० विभागाची भूकंप मोजणी पद्धत होती. पण १९५६ मध्ये जगभर मान्य केलेल्या या पद्धतीचे १२ भाग केलेले आहेत. १) १ ते ४ तीव्रतेचे भूकंपाची जाणीव करून देतात. २) ५ ते ७ तीव्रतेचे भूकंप तोल सांभाळे कठीण करतात. ३) ८ ते ११ तीव्रतेचे भूकंप धरणे फुटतात, रेल्वे रुळ, तारा वाकतात. ४) १२ तीव्रतेच्या भूकंपाने सर्वनाश ओढवतो.

## भूकंपाचे व्यवस्थापन

भूकंप ही नैसर्गिक आपत्ती असून ही आपत्ती काही सेकंदांत घडत असल्याने घरे, इमारती कोसळून मोठी आपत्ती घडते. संयुक्त संस्थाने व रशियाच्या शास्त्रज्ञांनी मोठ्या प्रमाणात केलेल्या संशोधनावरून भूकंपाविषयी भाकीत करता येते; पण निश्चित वेळ, स्थळ सांगता येत नाही; पण तरीही खालील निरीक्षणांद्वारे अनुमान काढणे शक्य आहे.

१) पृथ्वीच्या अंतरंगातील खोलीवरील खडकांच्या विद्युतवाहकतेत बदल होतो.

२) भूकंपलहरींमध्ये खूप बदल होतात.

३) भूकंप होण्यापूर्वी भूगर्भातील पाण्यातील रेडॉन या किरणोत्सारी वायूचे प्रमाण अचानक वाढते. त्यामुळे विहीर व कूपनलिकांच्या पाण्याच्या संशोधनावरून समजू शकते.

४) भूकंपाच्या वेळी भूपृष्ठातील खडकाचे चुंबकत्व काही प्रमाणात बदलते, असे शास्त्रज्ञांना आढळून आले आहे.

५) भूकंप होण्यापूर्वी अवकाशात संशोधकांना वैशिष्ट्यपूर्ण फरक जाणवतो. त्यावरून अंदाज करता येतो.

६) भूकंपापूर्वी काही पक्षी, प्राणी चित्रविचित्र आवाज करतात. त्यावरून अंदाज करता येतो.

## II) भूमिपात (Landslide)

भूमिपात हीदेखील एक नैसर्गिक आपत्ती असून अनेक वेळा मोठ्या प्रमाणात प्राणहानी व वित्तहानी घडून येते. ज्या ठिकाणी मोठ्या प्रमाणात लोकवस्ती आहे अशा प्रदेशात हानी जास्त होते. ही आपत्ती डोंगराळ प्रदेश, पर्वत व समुद्रकड्यांच्या प्रदेशात घडून येते. दिवसेंदिवस मानवाचा वाढलेला निसर्गातील हस्तक्षेप हा घटकही महत्त्वाचा आहे. उदा. - जंगलतोडीमुळे मृदाधूप वाढून भूमिपात होतात.

**व्याख्या (Definitions)**

**१) जॅकी स्मिथ** - पर्वतीय, डोंगराळ अथवा समुद्रकिनारी प्रदेशात खडकाचा व भूपृष्ठाचा काही भाग गुरुत्वाकर्षणामुळे उतारावरून वेगाने खाली कोसळतो त्यास भूमिपात असे म्हणतात.

**२) मूर** - पर्वत, डोंगर अथवा समुद्रकड्यावरून भूपृष्ठाचा मोठा भाग किंवा खडक यांची होणारी अधोगामी घसरण म्हणजे भूमिपात होय.

**३)** सर्वसाधारणपणे खडक, मुरूम, माती यांच्या राशी गुरुत्वामुळे तीव्र उतारावरून लक्षात येईल एवढ्या प्रमाणात खाली पडण्याची, घसरण्याची किंवा वाहत जाण्याची क्रिया म्हणजे भूमिपात होय.

**भूमिपाताची कारणे (Causes of Landslides)**

१) भूपृष्ठाचा तीव्र उतार
२) भूकंप
३) जंगलतोड
४) खाणकाम
५) भूमिजल
६) खडकांची रचना व कल
७) खडकांचा ठिसूळपणा
८) वाहतूक
९) मोठमोठी धरणे
१०) सागरी लाटा
११) उताराच्या पायथ्याशी झीज
१२) मुसळधार पाऊस
१३) गुरुत्वाकर्षण

**१) भूपृष्ठांचा तीव्र उतार** : ज्या प्रदेशात भूपृष्ठाचा तीव्र उतार असतो, तेथे भूमिपाताचे प्रमाणदेखील जास्त असते. जेव्हा भूपृष्ठाचा उतार ४५° पेक्षा अधिक असतो, तेव्हा भूमिपात अधिक होतात. कारण त्यावर खडक, दगडगोटे वेगाने खाली कोसळतात. हिमालयात अनेक ठिकाणी दरड कोसळून भूमिपात घडून येतात.

**२) भूकंप** : भूकंपामुळे भूपृष्ठाला अनेक ठिकाणी भेगा पडतात. त्यामुळे उंचावरून सुट्टा झालेला भूपृष्ठाचा भाग खाली कोसळतो. त्यात वसाहती, पिके गाडली जातात. उदा. - पेरू येथे झालेल्या १९७० च्या भूकंपामुळे सुमारे १० कोटी घनमीटर खडक ताशी १७० कि.मी. वेगाने खाली घसरला. त्या वेळी थुंग नावाच्या खेड्यावर १० मीटरचा चिखल व खडकाचा थर साठला होता.

**३) जंगलतोड** : वनस्पती माती व खडक धरून ठेवतात; पण जेव्हा वनस्पतींची तोड होते तेव्हा माती, खडक सुट्टे होतात व मृदाधूप वाढून भूमिपात घडून येतात.

**४) खाणकाम** : खाणकामामुळे भूपृष्ठाचा भाग तीव्र उताराचा बनून तो अस्थिर बनतो. जेव्हा दाब वाढून अथवा स्फोट होऊन किंवा अंतर्गत हालचाल होऊन भूपृष्ठाचा

मोठा भाग खाली कोसळतो तेव्हा लोहखनिज, दगडी कोळसा, सोने, तांबे अशा विविध खाणींत असा प्रकार घडून अनेक कामगार मृत्युमुखी पडतात, तर काही जण खाणीमध्येच अडकतात.

**५) भूमिजल** : जमिनीत मुरणारे पावसाचे पाणी भूमिपातास कारणीभूत ठरते. डोंगराळ, पर्वतीय अथवा खाणीच्या प्रदेशात पावसाचे पाणी जमिनीत मुरून भूमिपात होतात; कारण पाण्यामुळे मृदू खडक सुट्टे होतात. भेगा, फटी रुंदावून भूमिपात होतात.

**६) खडकांची रचना व कल** : समुद्रकिनाऱ्यावर किंवा खोल दरीच्या प्रदेशात कठीण खडकावर मृदू खडक अशी स्तररचना असेल तर तेथे भूमिपाताचे प्रमाण जास्त असते. तसेच खडकातील जोड हे उताराला समांतर उभे असतील तर भेगांमध्ये पाणी जाऊन भेगा रुंदावतात. त्यामुळे भूमिपात घडून येतात.

**७) खडकांचा ठिसूळपणा** : ज्या पर्वताचा किंवा डोंगराचा जास्तीत जास्त भाग ठिसूळ खडकांचा बनलेला असतो तेथे खडकांच्या ठिसूळपणामुळे ते सहज अलग होतात. त्यामुळे भूमिपात होतात. उदा. - हिमालयात ठिसूळ खडकांचे प्रमाण जास्त असल्याने भूमिपाताचे प्रमाणही जास्त आढळते.

**८) वाहतूक** : मोठमोठी अवजड वाहने जेव्हा पर्वतीय डोंगराळ प्रदेशातून रस्त्यावरून धावतात भूपृष्ठाला सौम्य धक्के बसून भूभाग हादरून खाली कोसळतो व भूमिपात घडून येतो.

**९) मोठमोठी धरणे** : जेव्हा धरणांमध्ये पाणी साठविले जाते, तेव्हा पाण्यात बुडालेले काही खडक भिजून फुगतात व तो भाग वर उचलला जातो. त्यामुळे इतर भाग सुटा होऊन पाण्यात कोसळतो व भूमिपात होतो. त्यामुळे धरणाच्या पाण्याची पातळीदेखील वाढते.

**१०) सागरी लाटा** : सागरी लाटा समुद्रकिनाऱ्यावर येऊन जोरजोरात थडकत असतात. लाटांच्या माऱ्याच्या भागात मोठी पोकळी तयार होते. त्यामुळे वरील भूभाग खाली कोसळून भूमिपात होतो.

**११) उताराच्या पायथ्याशी झीज** : नदी डोंगराळ भागातून वाहत असताना खोल दऱ्या तयार होतात. दरीच्या तळाची झीज होऊन वरील भागाचा आधार नष्ट झाल्यामुळे कोलमडून खाली पडतो व भूमिपात होतो.

**१२) मुसळधार पाऊस** : मुसळधार पावसामपुळे डोंगराचे कडे, सुटे झालेले भाग निसटून खाली पडतात. तसेच जमिनीत पाणी मुरून काही खडक जलसंपृक्त होतात व भूमिपात होतात.

**१३) गुरुत्वाकर्षण :** भूमिपाताचे मुख्य कारण 'गुरुत्वाकर्षण' हे आहे. कड्याच्या तीव्र उताराचा पायथ्याचा भाग झिजून वरचा आधार तुटलेला भूभाग गुरुत्वाकर्षणामुळे खाली सरकतो व भूमिपात होतो. उदा. - मुंबई-पुणे रेल्वे व रस्ते महामार्गावर असे भूमिपात सतत घडून येतात.

**तक्ता क्र. ५.२**

**भारतातील भूमिपात (Landslide)**

| वर्षे | स्थान | परिणाम |
|---|---|---|
| जुलै १९६८ | गढवाल | ३ कि.मी. रस्ता नष्ट |
| सप्टें. १९६८ | हिमाचल प्रदेश | रस्ता १ कि.मी. व १ पूल वाहून गेला. |
| डिसें. १९८२ | हिमाचल प्रदेश | १.५ कि.मी. रस्ता व ३ पूल वाहून गेले. |
| जाने. १९८२ | जम्मू काश्मीर | रस्ते व दळणवळण बंद |
| मार्च १९८९ | हिमाचल प्रदेश | ५०० मीटर रस्ता नष्ट |
| ऑक्टो. १९९० | निलगिरी | ३५ लोक मृत्युमुखी, २ कि.मी. रस्ता नष्ट |
| जून १९९३ | अरुणाचल प्रदेश | २५ लोक मृत्युमुखी, २ कि.मी. रस्ता नष्ट |
| जुलै १९९३ | ऐजावल, मिझोराम | ४ लोक मृत्युमुखी |
| ऑगस्ट १९९३ | प. बंगाल | ४० लोक मृत्युमुखी |
| ऑगस्ट १९९३ | नागालॅण्ड | ५०० लोक मृत्युमुखी |
| नोव्हें. १९९३ | निलगिरी, तमिळनाडू | ४० लोक मृत्युमुखी |
| जाने. १९९४ | काश्मीर | राष्ट्रीय महामार्गाचे नुकसान |
| जून १९९५ | जम्मू | ६ लोक मृत्युमुखी, राष्ट्रीय महामार्गाचे नुकसान |
| मे १९९५ | मिझोराम | २५ लोक मृत्युमुखी, ३ कि.मी. रस्ता नष्ट |
| जून १९९५ | हिमाचल प्रदेश | २२ लोक मृत्युमुखी, १ कि.मी. रस्ता नष्ट |
| सप्टें. १९९८ | ओविमठ | ६९ लोक मृत्युमुखी |
| सप्टें. २००९ | साकीनाका, मुंबई | १२ लोक मृत्युमुखी |

**भूमिपाताचे परिणाम (Effects of Landslides)**

१) जीवित व वित्तहानी

२) रस्ते व लोहमार्गांना अडथळा

३) त्सुनामी लाटांची निर्मिती

४) शेतजमीन नष्ट होते

५) धरणे किंवा बोगदे उभारणीत अडथळे

६) जलाशयाची निर्मिती

७) जंगलांचे नुकसान

८) नद्यांना पूरस्थिती

९) इतर परिणाम

**१) जीवित व वित्तहानी** : भूमिपात मानवी वसाहती अथवा दाट लोकसंख्येच्या प्रदेशात घडून आल्यास तेथे मोठ्या प्रमाणात जीवित व वित्तहानी घडून येते. उदा. - चीनमध्ये १९२० च्या भूकंपाच्या वेळी कान्सू प्रदेशात भूमिपातामुळे सुमारे १.५ लाख लोक मृत्युमुखी पडले आणि प्रचंड प्रमाणात वित्तहानी झाली. कैलासमानस-सरोवराकरिता जाणाऱ्या यात्रेकरूंवर अनेक वेळा दरडी कोसळून लोक मृत्युमुखी आहेत. उदा. - साकीनाका (मुंबई) येथे २ सप्टेंबर २००९ रोजी झालेल्या भूमिपातामुळे १२ लोक मृत्युमुखी पडले.

**२) रस्ते व लोहमार्गांना अडथळा** : मोठमोठे खडकांचे तुकडे, दगडगोटे, माती, भूमिपाताच्या वेळी रस्ते व लोहमार्गावर पडून वाहतुकीस अडथळा येतो. काही वेळा रस्त्याचे व लोहमार्गाचे मोठे नुकसान होते. रस्त्यावरील पूलदेखील ढासळतात. वाहतूकव्यवस्थाच बंद झाल्यास अनेक अडचणींना सामोरे जावे लागते. खूप नुकसान झाल्यास दुरुस्त करणे कठीण होते. अशा वेळी नवीन मार्ग शोधला जातो. उदा. काश्मीरमधील अनेक रस्ते भूमिपातामुळे बंद करावे लागले आहेत.

**३) त्सुनामी लाटांची निर्मिती** : समुद्रकिनारपट्टीचा एखादा उंच कडा भूमिपातामुळे समुद्राच्या पाण्यात कोसळल्यास तेथे पाण्याचा मोठा आवाज होऊन पाणी खूप दूर फेकले जाते व मोठमोठ्या त्सुनामी लाटांचीदेखील निर्मिती होते.

**४) शेतजमीन नष्ट होते** : उंच डोंगराळ व पर्वतीय प्रदेशात उताराच्या पायथ्याशी लहान लहान शेतजमिनीचे तुकडे असतात. अशा ठिकाणी भूमिपात झाला तर मोठमोठे खडकांचे तुकडे, रेती, माती, दगडगोटे त्या शेतजमिनीवर पडून ती शेतजमीन गाडली जाते. त्यामुळे शेतकऱ्यांचे मोठे नुकसान होते, तर काही शेतजमिनी कायमच्या नष्ट होतात.

उदा. १९६७ च्या कोयनानगरच्या भूकंपाच्या वेळी भूमिपातामुळे डोंगराळ प्रदेशातील कितीतरी शेतजमिनी गाडल्या गेल्या.

**५) धरणे व बोगदे उभारणीत अडथळे** : धरणे किंवा बोगदे तयार करताना जर भूमिपात झाला तर त्याचे बांधकाम करण्यास अडथळे येतात. तसेच भूमिपातामुळे धरणे व बोगद्यांचेही मोठ्या प्रमाणात नुकसान होते. काही वेळा धरणे किंवा बोगद्याची जागादेखील बदलली जाते. त्यामुळे केलेला सर्व खर्च वाया जाण्याची शक्यता असते.

**आकृती ५.२ सागरी लाटांमुळे होणारा भूमिपात**

**६) जलाशयाची निर्मिती** : एखाद्या नदीच्या पात्रात भूमिपात झाल्यास तेथे सरोवर निर्माण होण्याची शक्यता असते. उदा. - अलकनंदा नदीच्या पात्रात १८९२ मध्ये झालेल्या भूमिपातामुळे गुडमारताल हे सरोवर तयार झाले. तसेच काही ठिकाणी मोठमोठे खड्डे पडून जलाशय तयार होतात.

**७) जंगलांचे नुकसान** : पर्वतीय किंवा डोंगराळ प्रदेशात उताराच्या पायथ्यालगत अथवा उतारावरील जंगले भूमिपातात गाडली जाऊन मोठे नुकसान होते. याशिवाय काही बंधारे किंवा धरणांमध्ये भूमिपात झाल्यास बंधारे व धरणे फुटून जंगलांचे नुकसान होते.

**८) नद्यांना पूरस्थिती** : नदीपात्रात भूमिपातामुळे नैसर्गिक बांध तयार होऊन तेथे पाणी साठून त्यास तलावाचे स्वरूप येते; पण त्यात पाणी न सामावल्याने दाब पडून जेव्हा असा तलाव फुटतो तेव्हा नद्यांना महापूर येतो; त्यामुळे मोठ्या प्रमाणात जीवित व वित्तहानी होते.

**९) इतर परिणाम** : भूमिपातामुळे त्या परिसरातील अनेक लोकांच्या जीवनावर विपरीत परिणाम होतात. प्राणी, पक्षी व मानवासदेखील काही वेळा स्थलांतर करावे लागते. डोंगराळ प्रदेशात राहणाऱ्या लोकांना दरड कोसळण्याची सारखी भीती असल्याने ते लोकदेखील स्थलांतर करतात.

**तक्ता क्र. ५.३**

**भारतातील खालील तीन राज्यांतील भूमिपाताची आकडेवारी दर्शविणारा तक्ता**

| अ. क्र. | परिणाम | अरुणाचल प्रदेश | आसाम | बिहार | एकूण |
|---|---|---|---|---|---|
| १) | पूर्ण जिल्हावार | ७ | २२ | २३ | ५२ |
| २) | खेडी | ५२ | ३८९८ | ६११७ | १००६७ |
| ३) | लोकसंख्येवरील परिणाम | ६२०० | ३०४३००० | ९०४६००० | १२११५००० |
| ४) | पिकांचे नुकसान (हेक्टर) | -- | १८९००० | ६९८००० | ८८७००० |
| ५) | घरांचे नुकसान (संख्या) | ३३० | १०७७८ | ५९५६९ | १००६७७ |
| ६) | मृत्युमुखी लोकसंख्या | २३ | ९४ | १६१ | २७८ |
| ७) | जनावरांचे मृत्यू (संख्या) | १६ | ६९४ | ६४ | ७७४ |

## भूमिपाताचे व्यवस्थापन

भूमिपात हे उंच डोंगराळ, पर्वतीय, तीव्र उताराच्या समुद्रकिनारीच होतात असे नाही, तर लहान लहान टेकडी उंच भूभागावरही भूमिपात घडून येत असल्याने त्याचे

व्यवस्थापन करणे तसे महत्त्वपूर्ण आहे; कारण काही ठिकाणी रस्त्यावर डोंगरभागात भूमिपात होऊन वाहने गाडली जातात.

**१) बांध-बंदिस्ती :** ज्या प्रदेशात सतत भूमिपात होतात तेथे सर्वत्र बांधबंदिस्ती केल्यास भूमिपाताचे प्रमाण कमी होऊ शकते. बांध-बंदिस्तीमुळे वाहणारे पाणी थांबून मृदाधूप कमी होते. त्यामुळे दरडी कोसळण्याचे प्रमाणदेखील घटत जाते. त्यामुळे भूमिपातावर उपाय म्हणून बांध-बंदिस्ती प्रभावी अस्त्र आहे.

**२) लोखंडी जाळी :** अनेक ठिकाणी डोंगराळ प्रदेशातून रस्ते व लोहमार्ग कोरलेले असतात. तेथे पावसाळ्याच्या सुरुवातीला तापलेल्या खडकांना ज्या भेगा पडलेल्या असतात त्या भेगा पावसाच्या पाण्याने रुंदावून तसेच मृत्तिका खडक प्रसरण पावून दरडी कोसळतात व भूमिपात होतात. त्यामुळे त्या भागावर जर संपूर्ण लोखंडी जाळी बसविली तर दरडी कोसळत नाहीत.

उदा. पुणे-मुंबई जुन्या महामार्गावर व अशाच भागात लोखंडी जाळी टाकून दरडी कोसळण्याचे प्रमाण व अपघात कमी झाले आहेत.

**३) सिमेंट कॉंक्रिटीकरण :** त्याचप्रमाणे अशाच भागात जर सिमेंट क्रॉंक्रिटीकरण केले तर दरडी कोसळत नाहीत किंवा भूमिपातही होत नाही. त्यामुळे अपघात होत नाहीत. वसाहती जर उंच डोंगराळ भागात असतील व त्यांना भूमिपाताचा धोका असेल तर तेथे दरडी कोसळण्याचा भाग सिमेंट क्रॉंक्रिटीकरण करून घेता येऊ शकतो.

**४) डागडुजी करणे :** दरवर्षी पावसाळ्यापूर्वी जर सर्वेक्षण केले व जो भाग डोंगरकड्याचा निखळला आहे किंवा त्याचा पायथा नष्ट झाल्यामुळे तो कोसळणार असेल तर तो भाग अगोदरच पाडला तर होणारी आपत्ती टाळता येऊ शकते. माळशेज घाटात अशी डागडुजी केल्यास होणारी आपत्ती टाळता येईल.

**५) बोगदे :** डोंगरावरून पलीकडे जाण्यासाठी वळसा घालून अथवा गोल गोल फिरत जाण्यापेक्षा सध्या बोगदे (Tunnel) केलेले असतात; पण या बोगद्यात पावसाचे पाणी ठिपकून काही खडक आपोआप निखळतात व भूमिपात होतात. त्यामुळे बोगदे बनविताना पावसाचे झिरपणारे पाणी व त्याची विल्हेवाट व्यवस्थित लावावी. तसेच बोगदे व्यवस्थित करणे गरजेचे असते.

## III) त्सुनामी (Tsunami)

'त्सुनामी' हा मूळ शब्द जपानी भाषेतून आलेला आहे. 'त्सु' म्हणजे 'बंदर' आणि 'नामी' म्हणजे 'लाटा' असा अर्थ होतो. शक्तिशाली भूकंपामुळे समुद्रात तयार होणाऱ्या लाटांना 'त्सुनामी लाटा' असे म्हणतात. या लाटांची उत्पत्ती प्रामुख्याने पॅसिफिक

महासागरात होत असल्याने जपान, चीन, इंडोनेशिया, फिलिपाईन्स, न्यूगिनी अशा अनेक देशांना त्सुनामीची आपत्ती सहन करावी लागते. त्यामुळे तेथे किनारवर्ती प्रदेशात मोठी हानी पोहोचते.

महाकाय राक्षसी लाटांना त्सुनामी असे म्हणतात. या लाटांची उंची ३० ते ६५ मीटरपर्यंत आणि लांबी काही कि.मी.पर्यंत असते. या लाटांची तीव्रता सागरी प्रदेशात वेगवेगळ्या ठिकाणी वेगवेगळी असते. त्सुनामीची तीव्रता म्हणजे लाटांच्या उंचीचे लांबीशी असणारे गुणोत्तर (Ratio of Height to Length) होय. त्सुनामींचा ताशी वेग ६५० कि.मी. ते ९५० कि.मी. पर्यंत असतो. भूकंपाच्या धक्क्यानंतर जेव्हा सागरी प्रदेशात लाटा उसळतात, जोपर्यंत त्या खोल सागरी भागात असतात तोपर्यंत त्या दिसत नाहीत. त्यांनी फारसे उग्र स्वरूप धारण केलेले नसते. त्यांची गती दर ताशी ८५० कि.मी. किंवा त्यापेक्षा जास्त असली तरी लाटांची उंची सागराच्या खोल पाण्यात सामावली जाते. त्यामुळे त्या दिसत नाहीत. जेव्हा या लाटा किनाऱ्याकडे असलेल्या उथळ भागात येतात; तेव्हा त्या उथळ भागाचा प्रतिबंध होऊन लाटांची उंची वाढत जाते. जरी किनाऱ्याकडे सागरी भूमिस्वरूपांमुळे प्रतिरोध होऊन लाटांची गती कमी होत असली तरी किनाऱ्यावर थडकल्याचा त्यांचा वेग दर ताशी १५० कि.मी. किंवा त्यापेक्षा अधिक असतो व उंची ३० ते ६५ मीटरपर्यंत असते. त्यामुळे किनाऱ्यापासून २ ते ५ कि.मी.पर्यंत असलेल्या वसाहती, प्राणी, शेती, पिके, वनस्पती यांना प्रचंड तडाखा बसतो.

## त्सुनामीची कारणे (Causes of Tsunami)

१) **शक्तिशाली भूकंप** - जेव्हा सागर किंवा महासागर भागात प्रचंड शक्तिशाली भूकंप होतो त्या वेळी समुद्रतळावर प्रचंड हादरा बसल्याने तेथे पाण्यावर महाकाय लाटा निर्माण होतात. खोल समुद्रात या लाटांची उंची व तीव्रता जाणवत नसली तरी जसजशा लाटा किनाऱ्याकडे येतात तसतशा उथळ समुद्रतळामुळे त्यांचे उग्र स्वरूप जाणवू लागते. या लाटांची उंची ३० ते ६५ मीटरपर्यंत व लांबी ८५० ते १००० कि.मी. पर्यंत असते, तर लाटांची गती १५० कि.मी. पर्यंत वेगाने येऊन समुद्रकिनाऱ्यावर येऊन जोरात आदळतात. उदा. - २६ डिसेंबर २००४ रोजी इंडोनेशियातील समुद्रभूकंपामुळे त्सुनामी निर्माण झाली होती.

२) **ज्वालामुखीचा उद्रेक** - बहुतांश ज्वालामुखी हे समुद्र महासागराच्या सीमावर्ती भागात किंवा खोल सागरात होत असतात. जेव्हा ज्वालामुखी होतो त्या वेळी तेथील भूपृष्ठाला प्रचंड हादरा बसतो किंवा ज्वालामुखीतून बाहेर पडणाऱ्या पदार्थांचा जोरदार धक्का बसून समुद्रावर प्रलयकारी लाटांची निर्मिती होते. ज्याप्रमाणे

भूकंपामुळे त्सुनामींची निर्मिती होते त्याचप्रमाणे ज्वालामुखींमुळे देखील त्सुनामीची निर्मिती होते.

**३) दरडी कोसळून** - समुद्रकिनारवर्ती भागातील मोठमोठे कडे/दरडी कोसळून समुद्राच्या पाण्यावर प्रचंड हादरा बसतो व त्यामुळे मोठमोठ्या लाटा निर्माण होतात.

**४) इतर भूगर्भीय हालचाली** - भूपृष्ठात विशेषत: समुद्र भागात विविध प्रकारच्या भूगर्भात हालचाली घडून येतात; त्या वेळीदेखील भूपृष्ठाला हादरा बसून मोठमोठ्या लाटा निर्माण होतात.

**५) इतर कारणे** - परमाणू अस्त्रांच्या चाचण्या किंवा स्फोट, जहाजे, वारे, वादळे, पाण्यातील प्रवाह, समुद्र प्राण्यांच्या हालचाली यासारख्या कारणांमुळेदेखील मोठमोठ्या लाटांची निर्मिती होते.

## त्सुनामीचे परिणाम (Effects of Tsunami)

जेथे त्सुनामी किनारपट्टीस येऊन थडकतात तेथे मोठ्या प्रमाणात विध्वंस होतो. त्सुनामी लाटा किनाऱ्यावर आदळताना जेवढ्या गतिमान व शक्तिशाली असतात तेवढ्याच त्या परत फिरणाऱ्या किंवा ओसरणाऱ्या असतात; पाणी हे गतिमान व शक्तिमान असते. कारण हा सर्व चमत्कार गुरुत्वाकर्षणामुळे घडून येत असतो. अशा लाटांमध्ये सापडलेले पदार्थ या लाटा बाहेर फेकतात किंवा ते पदार्थ बाहेर फेकले गेले नाहीत, तर ते पदार्थ पुन्हा लाटांबरोबर समुद्राकडे खेचले जातात. त्सुनामींमुळे थोडेफार जरी विधायक परिणाम होत असले तरी ते फारच अत्यल्प व एकदम किरकोळ स्वरूपाचे असतात. त्यांना फारसे महत्त्वही नसते. त्यामुळे त्सुनामींचे विध्वंसक परिणाम अत्यंत महत्त्वाचे असून ते पुढीलप्रमाणे आहेत -

**१) मोठ्या प्रमाणात होणारी जीवितहानी** - त्सुनामी काय असते, हे सर्व जगाला माहिती झाले ते २६ डिसेंबर २००४ रोजी. त्यामध्ये १२ देशांत १,५०,००० लोक मृत्युमुखी पडले, तर लाखो लोक त्यामुळे विस्थापित झाले. अनेक ठिकाणी प्राणी व मानवहानी होते. मानवहानी ही घटना फारच भयानक असते. काही त्सुनामी व त्यामध्ये मृत्युमुखी पडलेल्या लोकांची संख्या पुढील तक्त्यात दिलेली आहे -

**तक्ता ५.४**

| अ.क्र. | दिनांक | ठिकाण | मृत्युमुखींची संख्या |
|---|---|---|---|
| १ | नोव्हेंबर १७५५ युरोप | पोर्तुगाल व बराचसा युरोप | १०,०००० |
| २ | २६ ऑगस्ट १८८३ | इंडोनेशिया | ३६,००० |
| ३ | १५ जून १८९६ | जपान | २६,००० |
| ४ | २२ मे १९६० | द. अमेरिका | २००० |
| ५ | २८ मार्च १९६४ | उत्तर अमेरिकेचा प. किनारा | १०६ |
| ६ | १६ ऑगस्ट १९७६ | फिलिपाईन्स | ५००० |
| ७ | ७ जुलै १९९८ | न्यू जिनिव्हा | २२०० |
| ८ | २६ नोव्हेंबर २००४ | द. आशिया (बारा देशांत) | १,५०,००० |

**२) वित्तहानी** - सर्वच प्रकारची होणारी ही हानी असते. त्याचे पैशात सांगणे तसे कठीण असते. उदा. शाळा लाटांमध्ये वाहून गेल्या. तेथे होणारे शाळेचे नुकसान (इमारत) सांगणे ठीक आहे; पण विद्यार्थ्यांना बसलेला मानसिक धक्का, बुडालेला अभ्यासक्रम यांचा ताळेबंद मांडणे अवघड असते.

**३) शेतीचे नुकसान** - त्सुनामी जेव्हा येते तेव्हा समुद्रकिनाऱ्यापासून ५ ते १० कि.मी. पर्यंत जर लाटा जात असतील तर त्या टप्प्यात असणारी पिके पूर्णत: नष्ट होतात. जमिनीदेखील खरवडून निघतात. त्यामुळे पुन्हा तेथे शेती करता येत नाही. हे होणारे नुकसानदेखील भयानक असते.

**४) वसाहती वाहून जातात** - समुद्र किनारपट्टीला असलेल्या वसाहती, गावे, शहरे यांना जेव्हा अशा त्सुनामींचा तडाखा बसतो अशा वेळी अनेक वसाहती, घरे, इमारती वाहून जातात व खूप मोठ्या प्रमाणात नुकसान होते.

**५) पर्यावरणीय व परिस्थितिकीय नुकसान** - त्सुनामींमुळे जेव्हा वनस्पतींचे नुकसान होते, त्याच वेळी लाटांबरोबर येणारे पदार्थ वाळू, रेती, माती, दगडगोटे यांचे संचयन होऊन तेथील बंदरे, खाड्या नष्ट होतात. काही भागात दलदल निर्माण होते. याशिवाय किनारपट्टीचे स्वरूपदेखील बदलते.

**६) सामाजिक व सांस्कृतिक नुकसान** - त्सुनामींमुळे घरे, इमारती, वसाहती, शेती यांचे प्रचंड नुकसान झाल्यामुळे लोकांना तेथून स्थलांतर करावे लागते. त्यामुळे त्यांचे सामाजिक व सांस्कृतिक नुकसान होते.

**७) समुद्री प्राण्यांचे नुकसान** - समुद्रातील प्राण्यांनादेखील या लाटांचा प्रचंड आघात होतो. काही जलचर मृत्युमुखी पडतात.

**८) बीच (पुळण) ओस पडतात** - बऱ्याच वेळा बीचवरील वाळू त्सुनामी लाटांबरोबर वाहत जाऊन अनेक बीच (पुळण), समुद्र किनारे ओस पडतात.

**९) रोगांच्या साथीत वाढ** - त्सुनामीनंतर दलदल, गाळाचे संचयन, त्यात अडकलेले प्राणी, वनस्पती, कचरा यामुळे तेथे अनेक रोगांच्या साथी निर्माण होतात. त्यात अनेकांना आपले प्राण गमवावे लागतात.

**(१०)** वाहने, नौका, जहाजे, पर्यटक, मच्छीमार यांना जबरदस्त तडाखा बसतो.

**(११)** वाहतूकव्यवस्था विस्कळीत होते. त्यामुळे मदतकार्यात अडथळे येतात.

आकृती ५.३ त्सुनामीचे परिणाम

## त्सुनामीचे व्यवस्थापन (Management of Tsunami)

दि. २६ डिसेंबर २००४ च्या हिंदी महासागरातील इंडोनेशिया बेटाजवळील झालेल्या भूकंपामुळे निर्माण झालेल्या त्सुनामीचा प्रकोप काय असतो, हे सर्व जगाला दाखवून दिले गेले. त्यामुळे अनेकजण जागृत झाले व त्सुनामीबाबतची माहिती मिळविण्यासाठी

व संबंधित राष्ट्रांना ती माहिती पुरविण्यासाठी यंत्रणा उभारली आहे. हाच भूकंप झाल्यानंतर त्या लाटा भारताच्या किनाऱ्यावर पोहोचण्यास दोन तास लागले. या काळात संपर्क करून जीवितहानी भारत वाचवू शकत होता, पण भारताला ते शक्य झाले नाही.

अमेरिका, कॅनडा, मेक्सिको व इतर २६ राष्ट्रांनी १९६५ मध्ये त्सुनामीचा वेध घेण्यासाठी एक स्वतंत्र यंत्रणा उभारली आहे. त्यास 'त्सुनामी वॉर्निंग सिस्टिम' (TWS) असे म्हणतात. या यंत्रणेद्वारा हवाई बेटांवरील होनोलुलू (Honolulu, Hawai) येथून ज्या ज्या देशांना धोका आहे त्या देशांना चेतावनी दिली जाते. त्यामुळे जरी वित्तहानी टाळता आली नाही तरी जीवितहानी मात्र टाळता येते. भारत सरकारने अशी यंत्रणा उभारण्याचा निर्णय घेतला आहे.

समुद्रात मोठा भूकंप झाल्यास तत्काळ किनारपट्टीच्या लोकांना मोबाईल, फोन, दूरदर्शन, रेडिओ, इंटरनेट, फॅक्स, बिनतारी संदेश याद्वारे चेतावनी दिल्यास निश्चितच आपण जीवितहानी टाळू शकतो.

**त्सुनामीची लक्षणे खालीलप्रमाणे सांगता येतील :**

१) समुद्राच्या पाण्यावर जर हवेचे बुडबुडे येत असतील तर त्सुनामी लाटा येऊ शकतात.

२) नेहमीपेक्षा समुद्र लाटा उष्ण असल्यास.

३) समुद्राच्या पाण्याचा वास नासलेल्या अंड्याप्रमाणे येतो किंवा पेट्रोल, डिझेलसारखा वास येतो.

४) जर समुद्रपाण्याचा त्वचेला दंश केल्याप्रमाणे इजा होत असेल.

५) जेट विमानाप्रमाणे आवाज येत असेल किंवा शिट्टीसारखा आवाज येत असेल.

६) समुद्राचे पाणी व किनाऱ्यातील अंतर कमी होत असेल.

७) काळसर रंगाचा प्रकाश जर जवळच समोर दिसत असेल.

प्रकरण ६

# मानवजन्य आपत्ती आणि त्यांचे व्यवस्थापन
## (Anthropogenic Disasters and their Management)

---

### प्रस्तावना

मानवाने केवळ अतिस्वार्थीपणामुळे जे पर्यावरणात बदल करण्यास सुरुवात केली, त्यामुळे त्याचे दुष्परिणाम (side effects) दिसण्यास सुरुवात झाली. अलीकडील काळात हे परिणाम इतके घातक बनले आहेत की, त्यामुळे एक दिवस मानवाचेसुद्धा अस्तित्व या पृथ्वीतलावरून नष्ट होते की काय, अशी भीती तज्ज्ञांना वाटत आहे.

स्वयंचलित वाहने, विविध प्रकारचे कारखाने, इंधन ज्वलन, कचरा, ध्वनी, सांडपाणी, अणुचाचण्या व अणुस्फोट, युद्ध अशा अनेक मानवी कारणांनी विविध प्रकारच्या पर्यावरणाच्या समस्यांनी उग्र स्वरूप धारण केलेले आहे. त्यातून वाळवंटीकरण, मृदाधूप, जंगलातील वणवे, लोकसंख्या विस्फोट, ओझोन वायूचे पथन, जागतिक तापमानवाढ, प्रदूषण, जागतिक अन्नसमस्या अशा विविध प्रकारच्या समस्या निर्माण झाल्या आहेत.

काळाची गरज म्हणून पर्यावरणाचा समतोल कायम राखण्यासाठी त्याचे व्यवस्थापन काळजीपूर्वक करणे आवश्यक आहे. अन्यथा, एक दिवस मानवाच्या अस्तित्वालादेखील धोका आहे. हे एखाद्या भविष्यकाराने सांगण्याची गरज नाही; म्हणून मानवनिर्मित आपत्तीचे व्यवस्थापन करणे गरजेचे आहे.

### I) वाळवंटीकरण (Desertification)

वाळवंटीकरण ही एक मानवनिर्मित पर्यावरणीय आपत्ती समजली जाते. ही आपत्ती केवळ नैसर्गिकरीत्या होणाऱ्या भौगोलिक प्रक्रियेमुळे व मानवाच्या अतिहव्यासामुळे किंवा निसर्गातील अतिरेकी हस्तक्षेपामुळे ओढवलेली आहे. यामध्ये मानवाचा निसर्गातील अतिरेकी व अयोग्य हस्तक्षेप यास कारणीभूत असल्याने वाळवंटीकरण ही मानवनिर्मित आपत्ती समजली जाते.

वाळवंटीकरण ही संज्ञा अतिशय व्यापक आहे. डॉ. वॉल्टर फर्नांडिस यांच्या मते, जंगलतोडीमुळे जमीन वनस्पतीहीन होऊन निरुत्पादक बनते, यास वाळवंटीकरण असे म्हणतात. सर्वसामान्यपणे कोणत्याही प्रदेशातील उपजाऊ जमिनीचे रूपांतर नापीक जमिनीत होणे म्हणजे वाळवंटीकरण होय. इ.स. १९४९ मध्ये सर्वप्रथम औब्रेव्हिले यांनी 'वाळवंटीकरण' ही संज्ञा शास्त्रशुद्ध पद्धतीने मांडली; पण १९७७ च्या संयुक्त राष्ट्रसंघाच्या परिषदेत वाळवंटीकरण हा शब्द खऱ्या अर्थाने रूढ झाला.

**वाळवंटीकरणाच्या व्याख्या (Definitions)**

१) १९७७ च्या संयुक्त राष्ट्रसंघाने केलेली व्याख्या 'वाळवंटीकरण म्हणजे जमिनीच्या जैविक क्षमतेचे अध:पतन होऊन वाळवंटसदृश परिस्थिती निर्माण होणे.'

२) **वॅरेन व मेझल्स** (१९७७) : 'वाळवंटीकरण म्हणजे पूर्वी हिरव्यागार असलेल्या जमिनीचे वाळवंटासारख्या जमिनीत रूपांतर होणे.'

३) 'पर्यावरणाची अवनती करणारी प्रक्रिया म्हणजे वाळवंटीकरण होय.'

४) **ऑलसन** (१९८५) : 'मानवी क्रियेमुळे व हवामान यांच्या संयुक्त परिणामांमुळे जमिनीची जैविक उत्पादनक्षमता कमी होणे म्हणजे वाळवंटीकरण होय.'

**वाळवंटीकरणाची कारणे (Causes of Desertification)**

वाळवंटीकरणाची कारणे ही मानवनिर्मित व निसर्गनिर्मित अशी संयुक्त असून, ती खालीलप्रमाणे सांगता येतील-

१) निर्वनीकरण
२) अतिचराई
३) अतिजलसिंचन
४) वेगवान वारे
५) कोरडवाहू शेती
६) भूजलपातळीत घट
७) मृदाधूप
८) आम्लपर्जन्य
९) धरणे, सरोवरांमधील अतिगाळसंचयन
१०) औद्योगिकीकरण
११) अतिनागरीकरण
१२) सागरी लाटा
१३) खाणकाम
१४) पृथ्वीच्या सरासरी तापमानात वाढ

१) **निर्वनीकरण (Deforestation) :** पूर्वी मोठ्या प्रमाणात इंधनासाठी वनस्पतींची तोड होत होती; पण सध्या इंधनाबरोबरच इमारती, रस्ते, नागरीकरण, औद्योगिकीकरण व शेतजमिनीच्या विस्तारासाठी जंगलतोड केली जाते. जंगलतोडीमुळे जमिनी उघड्या पडल्याने मृदाधूप होऊन ती जमीन नापीक बनत जाते व तिचे रूपांतर वाळवंटात होते. भूजलपातळीत घट होत जाते. कारण पावसाचे पाणी अडविण्यासाठी त्या जमिनीवर वनस्पती, गवत नसते. जमिनीची शुष्कता वाढत जाऊन वाळवंटीकरणात रूपांतर होते.

आकृती ६.१ वृक्षतोड

२) **अतिचराई (Over Grazing) :** शेळ्या, मेंढ्या, गाई, बैल, म्हैस या प्राण्यांच्या पायाला खुरे असतात. अशी जनावरे जेव्हा गवताळ कुरणांवर चरण्यास सोडली जातात, तेव्हा गवताचे आच्छादन नष्ट होऊन जमीन उखलली जाते व तेथे मृदाधूप वाढीस लागून वाळवंटीकरण प्रक्रिया सुरू होते. कुरणांमुळे जमिनीचे जोरदार वारा, पाऊस, प्रखर सूर्यप्रकाशापासून संरक्षण होत असते.

३) **अतिजलसिंचन (Over Irrigation) :** शेतजमिनीस प्रमाणापेक्षा जास्त पाणी दिल्यास भूजल पातळी वाढत जाते. ते पाणी जमिनीच्या पृष्ठभागाजवळ येते. त्यामुळे पाण्यातील क्षार जमिनीच्या पृष्ठभागावर साठत जाऊन जमीन क्षारयुक्त बनते. अशी जमीन नापीक समजली जाते. कारण त्या जमिनीत कोणत्याही प्रकारचे पीक व्यवस्थित येत नाही. त्यामुळे ती जमीन नापीक, पडीक बनते व त्यातूनच वाळवंटीकरणास सुरुवात होते.

४) **वेगवान वारे (High Speed Winds) :** खूप दिवस एकाच दिशेकडून वाहणारा वारा वाळवंटातील रेती, वाळू, माती सीमेलगतच्या प्रदेशात साठवली जाऊन शेतजमिनीचे

रूपांतर वाळवंटी प्रदेशात होते. उदा.- चीनच्या वाळवंटाजवळील प्रदेश तसेच संयुक्त संस्थानातील धुकीच्या वादळांमुळे वाळू व रेती यांचे संचयन सीमेलगतच्या प्रदेशात टेन्सास, कोलोरॅडो, कान्सास इ. प्रदेशांत होऊन वाळवंटीकरण झाले आहे. आफ्रिका खंडातही सहारा वाळवंटाजवळ अशीच परिस्थिती निर्माण झालेली आहे.

**५) कोरडवाहू शेती (Dry Farming) :** कमी व तुरळक पावसाच्या प्रदेशात कोरडवाहू शेती केली जाते. अशा जमिनीत उत्पादन कमी असल्यामुळे फारशी मशागत करत नाहीत. त्यामुळे मृदाधूपेचे प्रमाण जास्त असते. त्यामुळे तेथील जमीन नापीक होते व ती जमीन पडीक बनते व वाळवंटीकरणाच्या प्रक्रियेस सुरुवात होते. उत्पादन कमी असल्याने बांध-बंदिस्ती करण्यास शेतकरी धजावत नाहीत. त्यामुळे मृदाधूप होऊन वाळवंटीकरण वाढत जाते.

**६) भूजलपातळीत घट (Depletion of Ground Water) :** ज्या प्रदेशात पावसाचे प्रमाण कमी व अनियमित असते तेथे जमिनीतील पाण्याचा उपसा जास्त असतो. त्यामुळे भूजलपातळीत घट होते. त्यामुळे विहिरी, कूपनलिका, झरे आटतात. शेतजमीन पडीक होते. पडीक जमिनीतून धूप मोठ्या प्रमाणात होऊन ती जमीन नापीक बनते. जमीन अधिकच शुष्क बनते. तेथे वाळवंटीकरण घडून येते.

**७) मृदाधूप (Soil Erosion) :** ओसाड व निमओसाड प्रदेशात पावसाचे प्रमाण कमी असते. जो पाऊस पडतो तो मुसळधार, मोठ्या थेंबांचा असतो. त्यामुळे मातीचे कण सुटे होतात व मृदाधूप होते. भुसभुशीत जमिनीची तर धूप अधिकच होते. त्यामुळे जमीन नापीक बनून पडीक पडते व वाळवंटीकरणाची प्रक्रिया सुरू होते. काही वेळा ढगफुटी होऊन मृदाधूप अधिक होते. त्यामुळे वाळवंटीकरण अधिक वाढते.

**८) आम्लपर्जन्य (Acid Rain) :** मोठ्या प्रमाणात झालेले औद्योगिकीकरण, इंधनाचे अपूर्ण ज्वलन, कार्बन-डाय-ऑक्साईड, सल्फर-डाय-ऑक्साईड, नायट्रोजन ऑक्साईड यांसारखे विषारी वायू वातावरणात मिसळतात. त्यांची पावसाच्या पाण्याबरोबर क्रिया होऊन कार्बनिक आम्ल, सल्फ्युरिक आम्ल व नायट्रिक आम्ल तयार होते व ही सर्व आम्ले पावसाच्या पाण्याबरोबर खाली जमिनीवर येतात. अशा पर्जन्यास 'आम्लपर्जन्य' असे म्हणतात.

आम्लपर्जन्यामुळे वनस्पतींची पाने झडतात, वाढ खुंटते, त्यामुळे जंगले नष्ट होतात. गवत व झाडे-झुडपेही नष्ट होतात. त्यामुळे जमीन नापीक बनून वाळवंटीकरण घडून येते. युरोप व रशियाच्या औद्योगिक विकसित भागात आम्लपर्जन्यामुळे जंगलनाश होऊन वाळवंटीकरण घडून आलेले आहे.

**९) धरणे, सरोवरांमधील अतिगाळसंचयन (Siltation of Dams Reservoir) :** ऊन, वारा, पाऊस यामुळे मोठ्या प्रमाणात जमिनीची धूप होऊन गाळ

धरणे, सरोवरे व जलाशयांमध्ये साठून जलाशये उथळ बनत जातात. प्रदेश शुष्क बनतो; अशा जमिनीत क्षारांचे प्रमाण अधिक असल्याने अशी जमीन शेतीस अयोग्य ठरते. त्यामुळे अशी जमीन पडीक पडून वाळवंटीकरण घडून येते. असा प्रकार विविध प्रकारच्या जलाशयात घडून आल्याने त्यांचे पाणी साठवणक्षेत्र घटले आहे. तसेच ५० हजारांपेक्षा अधिक सरोवरे गाळाने भरून नष्ट होण्याच्या मार्गावर आहेत, तर काही ठिकाणी जल वनस्पतींची बेसुमार वाढ झाल्याने इतर जलजीवांना धोका निर्माण झालेला आहे.

**१०) औद्योगिकीकरण (Industrialisation) :** वेगाने वाढणाऱ्या औद्योगिकीकरणामुळे आज जगात वाळवंटीकरण वाढत आहे; कारण वाढत्या उद्योगधंद्यांसाठी आवश्यक असणारी जमीन संपादन करण्यासाठी जंगले तोडली; त्यामुळे आर्द्र प्रदेशाचे रूपांतर हळूहळू शुष्क प्रदेशात होत आहे. तसेच अनेक उद्योगांना कच्चा माल वनांपासून मिळतो. त्यामुळे मोठ्या प्रमाणात जंगले तोडली आहेत. जंगले तोडली जात असल्याने वाळवंटीकरण वाढत आहे.

**११) अतिनागरीकरण (Over Urbanisation) :** दिवसेंदिवस जगात नागरीकरणाचे प्रमाण वेगाने वाढत असल्याने नागरीकरणासाठी लागणारी भूमी सतत संपादन करून जंगले, शेती, डोंगर नष्ट करून नागरीकरण वाढत आहे. त्यामुळे दिवसेंदिवस वाळवंटीकरण वाढत आहे. शहरात राहत्या जागेचा प्रश्न गंभीर बनला आहे.

**१२) सागरी लाटा (Ocean Waves) :** सागरी लाटा सतत समुद्रकिनाऱ्यावर येऊन आदळत असतात. तसेच सागराचे पाणी भरतीच्या वेळी खूप दूरपर्यंत जमिनीवर पसरते. त्यामुळे वाळू, रेती यांचे कण शेतीयुक्त जमिनीवर पसरून तेथे क्षारांचे प्रमाण वाढत जाऊन ती जमीन नापीक बनते व तेथे वाळवंटीकरण सुरू होते.

**१३) खाणकाम (Mining) :** विविध ठिकाणी करण्यात येणारी खाणकामे जमिनीची धूप घडवून आणतात. खाणीतील टाकाऊ पदार्थ सभोवतालच्या प्रदेशात टाकल्याने ती शेतीयुक्त जमीन निरुपयोगी बनते व तो भाग शुष्क बनून वाळवंटीकरण सुरू होते. तसेच खाणीतील खनिजे संपल्यानंतर खाण तशीच सोडून दिली जाते. खोल खोदलेले खड्डे बुजविले जात नाहीत. त्यामुळेही त्या जमिनीवर वाळवंटीकरण सुरू होते.

**१४) पृथ्वीच्या सरासरी तापमानात वाढ (Global Warming) :** वाढत्या स्वयंचलित वाहनांमुळे व औद्योगिकीकरणामुळे हवेत कार्बन-डाय-ऑक्साईड, कार्बन मोनॉक्साईड, CFC यांसारख्या घातक वायूंचे प्रमाण हवेत वाढू लागते. त्यामुळे पृथ्वीच्या सरासरी तापमानात वाढ होते. या वाढणाऱ्या तापमानामुळे जमिनीची शुष्कता वाढत जाऊन जमीन ओसाड पडत आहे. त्यामुळे वाळवंटीकरणाची प्रक्रिया घडून येत असल्याचे आढळते.

**वाळवंटीकरणाचे परिणाम (Effects of Desertification)**

वाळवंटीकरण ही प्रक्रिया जरी हळुवारपणे वाढत असली तरी दिवसेंदिवस वाढणाऱ्या लोकसंख्येला उपलब्ध असलेल्या भूमीचे (शेतीयुक्त) प्रमाण घडत असताना वाळवंटीकरणामुळे आणखीनच त्यातील दरी किंवा अंतर वाढणार आहे. त्यामुळे अशा समस्येकडे गांभीर्याने पाहणे आवश्यक असून, त्याचे कोणकोणते परिणाम आहेत ते जनतेसमोर मांडणे आवश्यक आहे.

१) मृदाधूप वाढते.
२) प्रादेशिक संतुलन बिघडते.
३) अन्नधान्याचा तुटवडा.
४) शेतीयुक्त जमिनीच्या प्रमाणात घट.
५) बेकारी, स्थलांतरात वाढ.
६) परिसंस्थेत बदल.
७) सागरजल पातळीत बदल.
८) सजीवांच्या अस्तित्वाला धोका.
९) स्वास्थ्यास हानिकारक.
१०) जलचक्रात बिघाड.
११) जलाशये नष्ट होतात.

**१) मृदाधूप वाढते** : वाळवंटीकरणाच्या वाढत्या प्रभावाने ऊन, वारा, पाऊस यामुळे मोठ्या प्रमाणात मृदाधूप होते. सध्या दरवर्षी दर हेक्टरी १६ टन माती वाहून जाते. वाळवंटी किंवा ओसाड प्रदेशात इतर भागांपेक्षा अधिक मृदाधूप होते. जसजसे वाळवंटीकरण वाढत जाईल तसतशी मृदाधूप वाढत जाईल.

**२) प्रादेशिक संतुलन बिघडते** : वाळवंटीकरणामुळे तेथील गवत, खुरट्या वनस्पती नष्ट होतात. तसेच काही ठिकाणी जलपर्णीसारख्या वनस्पतींची वाढ अनियंत्रित होऊन प्रादेशिक संतुलन बिघडते. वाळवंटी प्रदेशात वनस्पतींचे प्रमाण कमी झाल्याने तेथे प्राण्यांचे प्रमाणही घटत जाते. त्यामुळे प्रादेशिक संतुलन बिघडते.

**३) अन्नधान्याचा तुटवडा** : दिवसेंदिवस वाळवंटीकरणात वाढ होत गेल्यास किंवा शेतीयुक्त जमिनीचे वाळवंटीकरण होत राहिल्यास अन्नधान्याची समस्या जगात भेडसावू शकेल. त्यामुळे वाळवंटीकरणावर निर्बंध घालणे गरजेचे आहे.

**४) शेतीयुक्त जमिनीच्या प्रमाणात घट** : वाढत्या वाळवंटीकरणामुळे शेतीयुक्त जमीन हळूहळू कमी होत जाईल. कारण खाणकाम, नागरीकरण, औद्योगिकीकरण यामुळे शेतीयुक्त जमिनीच्या प्रमाणात घट होत जाईल.

**५) बेकारी, स्थलांतरात वाढ** : वाढणाऱ्या वाळवंटीकरणामुळे शेतजमीन, पाणी यांचे प्रमाण घटत गेल्याने व जमिनीची शुष्कता वाढल्याने अनेक शेतकामगार बेकार बनत आहेत व ते एका ठिकाणाहून दुसऱ्या ठिकाणी स्थलांतर करत आहेत.

**६) परिसंस्थेत बदल** : वाळवंटीकरणामुळे परिसंस्थेत बदल होत आहेत. जेथे पूर्वी हिरव्या वनस्पती, पिके होती तो प्रदेश उजाड बनून वाळवंटीकरण प्रक्रिया सुरू झाल्याने तेथे काटेरी वनस्पती वाढून परिसंस्थेत बदल होत आहेत.

**७) सागरजल पातळीत बदल** : वाढत्या वाळवंटीकरणामुळे पृथ्वीचे सरासरी तापमान वाढत असून, पृथ्वीवरील बर्फ वितळून समुद्राची पातळी वाढत आहे; जर असेच वाळवंटीकरण वाढत गेले तर संपूर्ण पृथ्वीवरील बर्फ वितळून समुद्राची पातळी पाच ते सहा फुटांनी वाढून टोकियो, सॅनफ्रान्सिस्को, मुंबई, वॉशिंग्टन यांसारखी अनेक शहरे व भूभाग जलमय होतील.

**८) सजीवांच्या अस्तित्वाला धोका** : वाळवंटीकरणामुळे सजीवांच्या अस्तित्वाला धोका उत्पन्न झाला आहे. जेथे पूर्वी गवताळ शेतजमीन होती अशा ठिकाणी वाळवंट बनल्यामुळे तेथील असंख्य वनस्पती व प्राण्यांच्या जाती समूळ नष्ट होतात. काही प्राणी स्थलांतर करतात. एकंदरीत सर्व सजीवांच्या अस्तित्वालाच धोका निर्माण होतो.

**९) स्वास्थ्यास हानिकारक** : अन्न व पाण्याच्या टंचाईमुळे मानवी शरीरामध्ये निर्जलीकरण, कुपोषण, अर्धपोषण असे परिणाम होऊन मानवी स्वास्थ्य बिघडून जाते. म्हणून वाळवंटीकरण हे मानवी स्वास्थ्यास हानिकारक आहे.

**१०) जलचक्रात बिघाड** : वाळवंटीकरणामुळे जलचक्रात बिघाड होतो. वाळवंटी प्रदेशात पाण्याची उपलब्धता कमी होते व जलचक्राचे संतुलन बिघडते. त्यामुळे सजीवसृष्टीवर त्याचा विपरीत परिणाम होतो.

**११) जलाशये नष्ट होतात** : वाळवंटी प्रदेशात नैसर्गिक झरे, विहिरी, नद्या, ओढे, जलाशये आटतात. तसेच जलाशयांमध्ये जे गाळाचे संचयन होते. त्यामुळे जलाशयाचे पात्र उथळ बनत जाऊन जलाशये नष्ट होतात.

## वाळवंटीकरणाचे व्यवस्थापन (Management of Desertification)

वाळवंटीकरण ही गंभीर पर्यावरणीय मानवनिर्मित समस्या आहे. त्यावर नियंत्रण ठेवण्यासाठी किंवा त्याचे व्यवस्थापन जागतिक पातळीवर होणे गरजेचे आहे. सामान्यत: वाळवंटीकरणाचे व्यवस्थापन करण्यासाठी खालील उपाययोजना गरजेची आहे.

१) वृक्षारोपण
२) चराईबंदी व कुऱ्हाडबंदी
३) मृदासंवर्धन
४) पीकपद्धतीत बदल

५) शेतीपद्धतीत बदल | ६) खाण उद्योगांवर नियंत्रण
७) पाण्याचा काटेकोर वापर | ८) जलसंवर्धन
९) जमीन व पिके झाकणे | १०) हवेतून बिया फेकणे

**१) वृक्षारोपण** : वाळवंटीकरण झालेल्या जमिनीवर जर मोठ्या प्रमाणावर विविध प्रकारचे वृक्षारोपण केले तर तेथील शुष्कता कमी होईल. वनस्पतीच्या आच्छादनामुळे तेथे गवताचे प्रमाण वाढेल व अनेक सजीव उत्पन्न होतील. त्यामुळे तो प्रदेश पुन्हा आर्द्र प्रदेश म्हणून ओळखला जाईल. तसेच भूजलपातळीतही वाढ होईल.

**२) चराईबंदी व कुऱ्हाडबंदी** : शेळ्या, मेंढ्या, गाई, म्हशी यांसारख्या जनावरांमुळे कुरणांचा खूप मोठा नाश होतो. जनावरांच्या पायाला खुरे असल्याने गवत, लहान वनस्पती नष्ट होतात. तसेच जमीन उखलली जाते व तेथे मृदाधूप होते. त्यामुळे चराईबंदी व कुऱ्हाडबंदी केल्यास वाळवंटीकरणाची प्रक्रिया रोखता येते.

**३) मृदासंवर्धन** : ओसाड व निमओसाड प्रदेशात मृदाधूप जास्त प्रमाणात होत असते. त्यामुळे वाळवंटीकरण वाढत जाते; पण तेथे वनस्पतींची लागवड करून, बांधबंदिस्ती करून, जंगलतोडीवर बंधन आणून, चराईबंदी करून, मृदासंवर्धन करता येते. तसेच सलग समपातळी चर (CCT) खोदून मृदासंवर्धन करता येते.

**४) पीकपद्धतीत बदल** : शेतीमध्ये पिकांचा फेरपालट करणे अधिक फायदेशीर असते. जर एकच पीक त्याच शेतीत पुन: पुन्हा घेतल्यास ती शेती नापीक बनते. म्हणून फेरपालट करताना द्विदल धान्याची शेती केल्यास शेतीची उत्पादकता टिकून राहते. तसेच मृदाधूपही कमी होते; कारण जमिनीवर पसरणारी व भरपूर मुळे असणारी पिके घेतल्यास जमीन नापीक बनत नाही व वाळवंटीकरण घडून येत नाही.

**५) शेतीपद्धतीत बदल** : जसे पीकपद्धतीमुळे शेती अधिक फायदेशीर ठरते तसे शेती करण्याच्या पद्धतीत जरी बदल केला तरी त्याचा फायदा अधिक होतो. यांत्रिकीकरणामुळे आता हे साध्य झाले आहे. दरवर्षी नांगरट करणे गरजेचे असते. जमीन भुसभुशीत होऊन ओलावा टिकून राहतो. तसेच मृदाधूप कमी करता येते. त्यामुळे वाळवंटीकरण प्रक्रिया नियंत्रित राखता येते.

**६) खाण उद्योगांवर नियंत्रण** : खाण उद्योगांवर नियंत्रण ठेवल्यास वाळवंटीकरण नियंत्रित होईल. खाणीतील खनिजे संपल्यानंतर खाण जमीन तशीच पडून असते; पण जर त्यात भरड पदार्थ टाकून भरून घेतल्यास तेथे शेती करून वाळवंटीकरणावर मात करता येते. खाणीतून बाहेर टाकला जाणारा कचरा व्यवस्थित एका बाजूला लावला तरी उर्वरित जमिनीत शेती करता येते.

**७) पाण्याचा काटेकोर वापर** : सिंचनासाठी वापरले जाणारे पाणी हे त्या त्या पिकाच्या गरजेनुसार द्यावे किंवा ठिबक व तुषार सिंचन करून पाण्याचा दुरुपयोग टाळावा. अल्प कालावधीतील पिके घ्यावीत. त्यामुळे जमीन क्षारयुक्त बनत नाही व उत्पादकता टिकून राहते.

**८) जलसंवर्धन** : जलसंवर्धनामुळे वाळवंटीकरणावर मात करता येते. हे डॉ. राजेंद्रसिंह यांनी राजस्थानच्या वाळवंटी प्रदेशात करून दाखविले आहे. बांधबंदिस्ती, पीकपद्धत, तलाव, छोटी छोटी धरणे, CCT सारखे उपक्रम राबविल्यास जलसंवर्धन करता येते.

**९) जमीन व पिके झाकणे** : शुष्क प्रदेशात प्रखर सूर्यप्रकाशाची तीव्रता कमी करण्यासाठी काही मोठी झाडे लावणे, तसेच पालापाचोळा किंवा सावली करून पिके व जमीन झाकल्यास पाणी कमी लागते. त्यामुळे वाळवंटीकरणावर मात करता येते.

**१०) हवेतून बिया फेकणे** : पावसाळ्यात बिया फेकून वालुकामय जमिनीत त्या रुजू शकतात व तेथे विविध पिके, गवत वाढून वाळवंटीकरण प्रक्रिया रोखता येऊ शकते.

## II) मृदाधूप (Soil Degradation)

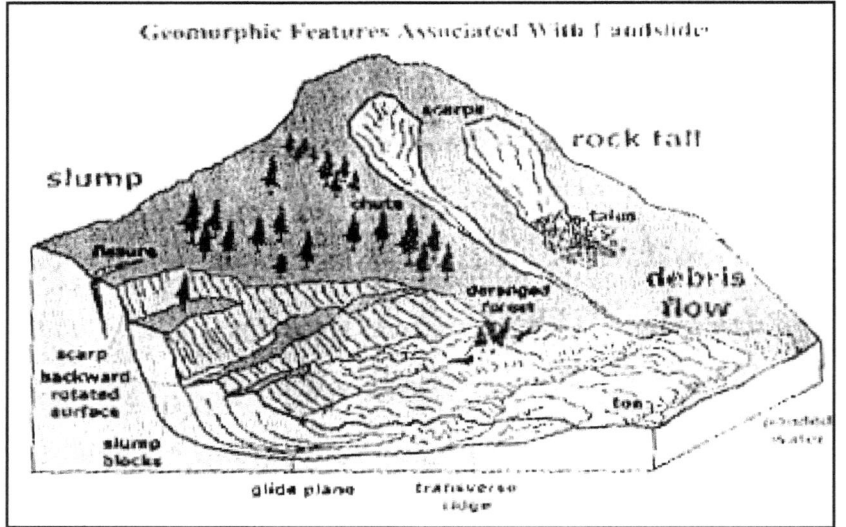

मृदा ही सजीवांच्या दृष्टीने एक अत्यंत महत्त्वाची संपत्ती आहे. ही एक पर्यावरणीय आपत्ती असून अलीकडील काळात ती फारच गंभीर बनलेली आहे. मृदाधूप ही एक नैसर्गिक प्रक्रिया असून धूप झालेल्या ठिकाणी संतुलन राखण्याची क्षमता निसर्गात असते; पण अलीकडे मृदाधूपचे प्रमाण विविध कारणांनी वाढल्याने निसर्गाची संतुलनक्षमता

कमी पडत आहे. त्यामुळे संतुलन बिघडले आहे. सामान्यत: १ सें.मी. मातीचा थर निर्माण होण्यासाठी १०० ते ३०० वर्षांचा कालावधी लागतो. मृदाधूपची कारणे नैसर्गिक व मानवनिर्मित असून ती खालीलप्रमाणे आहेत -

| | |
|---|---|
| १) भूपृष्ठाचा उतार | २) निर्वनीकरण |
| ३) मुसळधार पाऊस | ४) वेगवान वारे |
| ५) जमिनीचे स्वरूप | ६) अतिचराई |
| ७) स्थलांतरित शेती | ८) शेती करण्याची पद्धत |
| ९) नद्यांचे पूर/वाहते पाणी | १०) इतर कारणे |

**१) भूपृष्ठाचा उतार** : भूप्रदेशाच्या उताराचा मृदाधूपवर परिणाम होतो. जसजसा उतार वाढत जातो तसतसे मृदाधूपचे प्रमाणदेखील वाढत जाते. त्यामुळेच जगात सर्वांत मृदाधूपचे प्रमाण असमान आहे. उंच डोंगराळ प्रदेशात सपाट प्रदेशापेक्षा तीव्र उतारामुळे मृदाधूप जास्त होते. मृदाधूप घडवून आणणारे वाहते पाणी हे प्रमुख कारण आहे. हिमालयीन प्रदेशात दर हेक्टरी १६ टन माती दरवर्षी वाहून जाते.

**२) निर्वनीकरण** : निर्वनीकरण हे इंधन, कच्चा माल, उत्पादने, वनसंकलन, वास्तुनिर्मिती, शेती यांसारख्या अनेक कारणांमुळे होत असते. वनस्पतींच्या आच्छादनामुळे जमिनीचे ऊन, वारा, पाऊस, वाहते पाणी इत्यादींपासून संरक्षण होते. वाहत्या पाण्याचा वेग कमी होऊन मृदाधूप मंदावत जाते; पण निर्वनीकरणामुळे जमीन उघडी पडून मृदाधूप वाढलेली आहे. उघड्या जमिनीवर पावसाच्या मुसळधार थेंबांचा मारा होऊन जमिनीचे कण सुट्टे होतात व मृदाधूप वाढते.

**३) मुसळधार पाऊस** : उष्णकटिबंधीय प्रदेशात मुसळधार पाऊस पडत असल्याने मृदाधूप अधिक होते. पावसाच्या मुसळधार थेंबांचा उघड्या जमिनीवर मारा होऊन जमिनीचे कण सुटे होतात व पाण्याबरोबर वाहत जातात. म्हणून जमिनीची धूप वाढते, तसेच जेथे मुसळधार पाऊस पडतो तेथे पाणी जमिनीत लवकर मुरत नाही. त्यामुळेही मृदाधूप वाढत जाते. भूप्रदेशाचा उतार कमी असल्यास पाणी संथपणे वाहू लागते. त्यामुळे भूजलपातळी वाढते; पण उतार जास्त, मुसळधार पाणी असेल तर मृदाधूप वाढत जाते.

**४) वेगवान वारे** : वेगवान वाऱ्याचा देखील मृदाधूपवर परिणाम होतो. वाऱ्याचा वेग जास्त असल्यास मृदाधूपही वाढते. वाहणाऱ्या वेगवान वाऱ्याबरोबर सूक्ष्म मातीचे कण एका ठिकाणाहून दुसऱ्या ठिकाणी वाहत जातात. उन्हाळ्यात वाऱ्याचा वेग वाढतो व शुष्कता अधिक असल्याने मृदाधूपचे प्रमाणदेखील वाढते. अशी परिस्थिती सतत वाळवंटी प्रदेशात असल्याने तेथे जमिनीच्या धूपचे प्रमाण खूपच जास्त असते.

**५) जमिनीचे स्वरूप** : जमिनीच्या स्वरूपाचाही मृदाधूपवर परिणाम होतो. काळ्या चिकणमातीच्या जमिनीवर मृदाधूप कमी, तर वाळवंटी जमिनीवर मृदाधूप जास्त आढळते. सेंद्रिय पदार्थांचे प्रमाण जमिनीत जास्त असेल तर तेथे मृदाधूप कमी असते व भूजलपातळी वर असते. जमीन जर अधिक शुष्क असेल तर मृदाधूप जास्त असते. जमिनीवर वनस्पतींचे आच्छादन नसेल तर मृदाधूप जास्त असते.

**६) अतिचराई** : गवताच्या मुळांमुळे जमिनीचे कण धरून ठेवले जातात. त्यामुळे मृदाधूप होत नाही; पण जेव्हा शेळ्या, मेंढ्या, गाय, बैल, म्हैस अशा पायाला खुरे असणाऱ्या जनावरांमुळे कुरणात अतिचराई होते, तेव्हा गवताचे आच्छादन नष्ट होऊन जमीन उघडी पडते. गवताची मुळे हळूहळू नष्ट होऊ लागतात तेव्हा तेथे ऊन, वारा, पाऊस यामुळे मृदाधूप वाढते. त्यामुळेच अनेक ठिकाणची कुरणे नष्ट होत आहेत.

**७) स्थलांतरित शेती** : आजही काही ठिकाणी विशेषत: डोंगराळ प्रदेशात आदिवासी लोक स्थलांतरित शेती करतात. एखाद्या ठिकाणचा जंगलाचा विशिष्ट भाग वनस्पती तोडून, जाळून प्राथमिक स्वरूपाची शेती करतात. तीन-चार पिके घेतल्यावर ती जमीन नापीक बनते; त्यामुळे तो भाग सोडून पुन्हा दुसरीकडे अशाच पद्धतीने शेती करतात. त्यामुळे मृदाधूप वाढते. भारतात हिमालयाच्या पायथ्याशी, पूर्व राजस्थानात अशी शेती करतात.

**८) शेती करण्याची पद्धत** : सध्याही जगात अनेक ठिकाणी पारंपरिक शेती केली जात असल्यामुळे मृदाधूप मोठ्या प्रमाणात होते. अनेक शेतकरी शेतीची नांगरणी अनेकदा उताराच्या दिशेने करत असल्यामुळे पाण्याबरोबर माती वाहून जाते. शेतीच्या मशागतीची अयोग्य पद्धत व शास्त्रीय ज्ञानाचा अभाव यामुळे मृदाधूप वाढते. एकाच शेतीत पुन: पुन्हा तेच तेच पीक घेतल्यास जमिनीची धूप जास्त होते. याउलट पीकबदल केल्यास मृदाधूप कमी होते.

**९) नद्यांचे पूर/वाहते पाणी** : दरवर्षी नद्यांना मोठमोठे पूर येतात. त्यामुळे पुराच्या पाण्याबरोबर खूप माती गाळाच्या रूपात वाहून जाते. तीव्र उताराच्या नदी उगमाच्या प्रदेशात हे प्रमाण जास्त असते. सिंधू, मिसिसिपी, नाईल, गंगा, ब्रह्मपुत्रा यांसारख्या नद्या मोठ्या प्रमाणात मृदाधूप करतात. सिंधू नदीतून दरवर्षी दर हेक्टरी १६ टन माती हिंदी महासागरात वाहून जाते. उतार जास्त असेल तर वाहत्या पाण्याचा वेग जास्त असतो. त्यामुळे इतर ठिकाणांपेक्षा जास्त मृदाधूप तेथे होते.

**१०) इतर कारणे** : मृदाधूप होण्याची अनेक कारणे आहेत. शेतांचा आकार, रस्ते, पूल, शेतकऱ्यांची स्थिती तसेच सामाजिक व आर्थिक कारणे मृदाधूपेस कारणीभूत ठरतात. याशिवाय हिमनद्या, भरती, ओहोटी, सागरी लाटा यांसारख्या काही भौगोलिक घटकांचाही परिणाम मृदाधूपवर होत असतो.

**मृदाधूपचे परिणाम**

| | |
|---|---|
| १) शेतजमिनीच्या प्रमाणात घट | २) जमिनीच्या सुपीकतेत घट |
| ३) पुरांच्या प्रमाणात वाढ | ४) शेतीच्या उत्पादनात घट |
| ५) भूजलपातळीत घट | ६) स्थलांतर |
| ७) धरणांच्या साठवणक्षमतेत घट | ८) पर्यावरणाचा असमतोल |
| ९) पूरमैदानांची निर्मिती | १०) त्रिभुज प्रदेशांची निर्मिती |

**१) शेतजमिनीच्या प्रमाणात घट** : सतत शेतजमिनीची धूप होत राहिल्यास शेतीयोग्य मृदा वाहून गेल्यास तेथे शेती करता येत नाही. त्यामुळे शेतजमिनीच्या प्रमाणात घट होते. भारतात जवळपास ४० हजार हेक्टर जमीन मृदाधूपमुळे शेतीस अयोग्य ठरलेली आहे.

**२) जमिनीच्या सुपीकतेत घट** : मृदाधूपमुळे जमिनीचा वरचा थर नष्ट झाल्यास त्या जमिनीची सुपीकता घटत जाते. हाच वरचा थर तयार होण्यासाठी हजारो वर्षे लागतात. जमिनीची धूप व सुपीकता हा अत्यंत जवळचा संबंध आहे.

**३) पुराच्या प्रमाणात वाढ** : वाहत्या पाण्यामुळे मृदाधूप होते व गाळ नदीपात्रात साठत जाऊन नदीचे पात्र उथळ बनते आणि जेव्हा मोठा पाऊस पडतो तेव्हा नदीच्या पात्रात पाणी सामावत नाही. त्यामुळे पूरपरिस्थिती निर्माण होते. गंगा, ब्रह्मपुत्रा, कोसी, महानदी, घागरा या नद्यांच्या पुराच्या प्रमाणात वाढ झालेली आहे.

**४) शेतीच्या उत्पादनात घट** : जेव्हा शेतीयोग्य जमिनीची धूप होते त्या वेळी जमिनीचा कस कमी होतो व शेतीची उत्पादनशक्ती घटते. साहजिकच शेती उत्पादनात घट होते. समुद्रकिनारपट्टीच्या तसेच धूपग्रस्त प्रदेशात शेतीच्या उत्पादनात घट झालेली आहे.

**५) भूजलपातळीत घट** : मृदाधूप झालेल्या जमिनीच्या वरचा थर नष्ट झाल्याने झाडे-झुडपे, गवत यांचे प्रमाण कमी झाल्याने पावसाच्या पाण्याचा अडथळा राहिला नसल्याने जमिनीत फारसे पाणी मुरत नाही. त्यामुळे भूजलपातळी घटत आहे.

**६) स्थलांतर** : जेव्हा एखाद्या प्रदेशात मृदाधूप होऊन ती जमीन शेतीसाठी निरुपयोगी ठरते व तेथील शेती व शेतीवरील आधारित व्यवसाय बंद पडतात. त्यामुळे शेतीवरील आधारित लोकांना उदरनिर्वाहासाठी दुसरीकडे स्थलांतर करावे लागते.

**७) धरणांच्या साठवणक्षमतेत घट** : धरणांमध्ये नद्यांनी वाहून आणलेला गाळ साठत जातो. वर्षानुवर्षे असाच गाळ साठत जाऊन धरण पाण्याऐवजी गाळांनी भरत येते. तसेच धरणातील गाळ काढणे कठीण असते. त्यामुळे धरणात पाणी साठविण्यास जागाच राहत नाही. उदा. भाक्रा, कोयना, तुंगभद्रा यांसारख्या असंख्य धरणांमध्ये मृदाधूपने गाळ साठून धरणांची साठवणक्षमता घटत आहे.

**८) पर्यावरणाचा असमतोल** : मृदाधूपमुळे जमिनीचा वरचा थर नष्ट होत जाऊन जमीन नापीक बनते. शेती व शेती आधारित व्यवसाय बंद पडतात. नदी मुखालगत त्रिभुज प्रदेशांची निर्मिती होते. जमिनीच्या खूप मोठ्या भागाची झीज झाल्याने पर्यावरणाचा असमतोल होतो.

**९) पूरमैदानांची निर्मिती** : जवळपास सर्वच नद्यांचा उगम उंच पर्वतीय, डोंगराळ प्रदेशात होतो. तेथे तीव्र उतारामुळे पृष्ठभागाची झीज होऊन झीज पदार्थ नदीच्या पाण्याबरोबर वाहत जातात. जेव्हा महापूर येतो त्या वेळी नदीचे पाणी नदीच्या पात्रात सामावत नाही, ते आजूबाजूला पसरते व स्थिर होऊन नदीच्या काठाशेजारी गाळ साठून पूरमैदानांची निर्मिती होते. गंगा, गोदावरी, कृष्णा, कावेरी नद्यांच्या प्रदेशात पूरापासून मैदाने निर्माण होतात. त्यांनाच छोटी छोटी मैदाने म्हणतात. जेव्हा विक्रमी महापूर येतो तेव्हा त्यांचीही झीज होऊन शेतकऱ्यांचे मोठे नुकसान होते.

**१०) त्रिभुज प्रदेशांची निर्मिती** : नदी जेथे समुद्राला मिळते ते नदीचे मुख समजले जाते. अत्यंत सूक्ष्म कण नदीच्या पाण्याबरोबर वाहत शेवटपर्यंत येतात; पण येथे कमी उतार, कमी वेग यामुळे हा सूक्ष्म गाळ साठून नदी नवनवीन मार्ग शोधत शोधतच त्रिभुज प्रदेशाची निर्मिती करते.

उदा. - गंगा नदीच्या मुखाशी सुंदरबनचा जगप्रसिद्ध त्रिभुज प्रदेश तयार झालेला आहे. तसेच कृष्णा, कावेरी, गोदावरी या नद्यांच्या मुखाशी त्रिभुज प्रदेश तयार झालेले आहेत.

**आकृती ६.२ मृदाधूप (जमिनीस पडलेल्या भेगा)**

**मृदाधूपेचे व्यवस्थापन**

शेत-जमिनीची उत्पादकता वरील थरावर अवलंबून असते. जगात सर्वांत कमी-अधिक प्रमाणात मृदाधूपची समस्या आहे. साधनसंपत्तीमध्ये मृदासंवर्धनाला अत्यंत महत्त्व आहे. मृदाधूप ही प्रक्रिया जरी काही ठिकाणी अतिशय मंद असली तरी त्याचे परिणाम जाणून घेणे गरजेचे असतात; अन्यथा भविष्यात मृदाधूप ही समस्या भीषण होऊ शकते. मृदाधूपचे व्यवस्थापन खालीलप्रमाणे :

**१) शेती करण्याची पद्धती** : वर्षानुवर्षे एकाच प्रकारचे पीक त्याच त्या जमिनीत घेतल्यास त्या जमिनीची उत्पादकता घटत जाते. पीकपालट केल्यास जमिनीची उत्पादकता वाढते. उदा. तूर, मूग, हरभरा, भुईमूग तसेच नांगरट, कुळवण अशी जमिनीची मशागत केल्यास धूप कमी होते.

**२) माती धरून ठेवणाऱ्या पिकांची लागवड** : शेतीत अशी पिके घ्यावीत की, ज्यांच्या मुळावर गाठी असतात. उदा. द्विदल धान्य तूर, मूग, मटकी, भुईमूग, वाटाणा तसेच ज्वारी, बाजरी व जनावरांचा चारा घेतल्यास मृदासंवर्धन होते. ही पिके माती धरून ठेवतात; कारण त्यांना अधिक व पसरट मुळे असतात.

**३) चराईबंदी** : गाई, म्हशी, शेळ्या, मेंढ्या यांसारख्या प्राण्यांच्या पायाला खुरे असल्याने गवत, गवताची मुळे, मातीचे कण सुटे होतात व तेथे मृदाधूपचे प्रमाण वाढते. म्हणून चराईबंदी करणे गरजेचे असते.

**४) रेतीमिश्रित खडी पसरणे** : कमी पावसाच्या प्रदेशात शेतात रेतीमिश्रित खडी पसरतात. त्यामुळे रेतीमिश्रित स्तरामुळे पावसाचे पाणी वरच्या थरात शोषले जाते. त्यामुळे मृदाधूप नियंत्रित होते. कमी पावसाच्या प्रदेशात असा प्रयोग यशस्वी ठरतो.

**५) बांधबंदिस्ती** : उताराला अनुसरून शेतात बांधबंदिस्ती करतात. काही ठिकाणी कंटूर बंडिंग करतात. त्यामुळे भूजलपातळी वाढते. काही ठिकाणी कोल्हापूर पद्धतीचे बंधारे बांधतात; तसेच उंच बांध घालतात. त्यालाच ताल टाकणे असे म्हणतात.

**६) झाडांची लागवड** : अनेकदा शेतात जे बांध घातले जातात त्यावर निरगुडी, लिंबोरा, गवत लावले जाते. काही ठिकाणी घायपात, कोरफड लावतात व मृदाधूप आटोक्यात आणतात.

**७) आच्छादन** : मृदाधूपचे संकट टाळण्यासाठी जमिनीवर झाडे-झुडपे, वृक्ष, गवत यांचे आच्छादन असावे लागते. त्यामुळे भूजलपातळी उंचावते आणि शेतीत सेंद्रिय पदार्थांचे संचयन होऊन उत्पादकता वाढते.

**८) वाटा, रस्ते यावर नियंत्रण** : शेतजमिनीत अनेक वाटा, रस्ते असल्याने बांध नष्ट होतात. बैलगाडी, जनावरे, माणसे यांच्यामुळे पिकांचे नुकसान होते. जमीन पडीक

होते. मृदाधूप वाढते. त्यामुळे वाटा, रस्ते यावर नियंत्रण असावे.

**९) जंगलतोडीवर नियंत्रण** : जंगलतोडीमुळे मृदाधूप प्रचंड प्रमाणात वाढते. उघड्या जमिनीची धूप अधिक होते. त्यामुळे जंगलतोडीवर नियंत्रण आणावे.

### जंगलातील वणवे (Forest Fire)

जंगलातील निसर्गनिर्मित व मानवनिर्मित अशा कारणांमुळे लागलेली आग म्हणजे वणवा होय. या आगी सामान्यत: उन्हाळ्यातच लागतात. एकंदरीत जवळपास ९०% वणवे हे माणसांच्या अज्ञानामुळे किंवा अजाणतेपणामुळे किंवा मुद्दाम लावलेले असतात. अशा आगीमध्ये जंगलांची हानीही मोठ्या प्रमाणात होते. आग जेवढी जास्त तेवढी हानीदेखील जास्त होते.

उन्हाळ्यामध्ये झाडांची सुकलेली पाने, गवत, फांद्या व इतर पदार्थ जंगलात जमिनीवर साठतात. तेव्हा कोरड्या व कमी आर्द्रतेमुळे आग लागते. लागलेली आग वाऱ्यामुळे दूरपर्यंत पसरते. अशा आगी उग्र, भीषण रूप धारण करतात. त्यात वनस्पतींबरोबर बियाणे, लहान-मोठी झाडे, पशू, पक्षी, लहान लहान प्राणी, कीटक, जीवजंतू पूर्णत: नष्ट होतात. जंगले जळून खाक होतात व तेथे वाळवंटीकरण निर्माण होते. म्हणून वणव्याची कारणे, परिणाम व उपाययोजना पाहणे आवश्यक आहे.

### जंगलातील वणव्यांची कारणे (Causes of Forest Fire)

जंगलातील वणवे हे मुख्यत: दोन कारणांमुळे लागतात. त्यामध्ये निसर्गनिर्मित व मानवनिर्मित अशा दोन कारणांमुळे आगी लागतात. त्याची कारणे खालीलप्रमाणे आहेत -

#### अ) नैसर्गिक कारणे

१) विजांचा कडकडाट.
२) भूकंप.
३) उच्च तापमान वाढ.
४) कमी आर्द्रता शुष्कता)
५) झाडांच्या फांद्यावर फांद्या घासून आगी लागतात.
६) ज्वालामुखी.

#### ब) मानवनिर्मित कारणे

१) सिगारेट, विडी.
२) विद्युतप्रवाह.
३) जाणूनबुजून आगी लावणे.
४) रेल्वे, रस्ते वाहतूक.

५) गैरसमजातून आगी लावणे.

६) स्थलांतरित शेती.

७) पर्यटक.

## अ) नैसर्गिक कारणे (Natural Causes of Forest Fire)

**१) विजांचा कडकडाट** - जेव्हा ढगांचा गडगडाट होऊन विजांचा चमचमाट व कडकडाट होऊन विजा पडतात तेव्हा जंगलांमध्ये काही झाडे पेट घेतात. अशा वेळी जंगलांना वणवा लागतो. त्यात मोठ्या प्रमाणात जीवित व वित्तहानी घडून येते.

**२) भूकंप** - काही वेळा जर भूकंप जंगलक्षेत्रात घडून आला तर तेथे भूपृष्ठाच्या अंतर्गत हालचालींमुळे जंगलांना आग लागते. उदा. १९०६ मध्ये सॅन फ्रान्सिस्को येथे झालेल्या भूकंपामुळे जंगलाला आग लागून मोठी हानी झाली होती.

**३) उच्च तापमान वाढ** - दरवर्षी मार्च-एप्रिलमध्ये तापमान वाढायला लागते. उन्हाळ्यामध्ये तापमान वाढल्याने जंगली भागात साठलेल्या पालापाचोळ्यावर प्रक्रिया होऊन आगी लागतात. त्यात मोठ्या प्रमाणात हानी घडून येते.

**४) कमी आर्द्रता (शुष्कता)** - हवेतील आर्द्रतेचे प्रमाण उन्हाळ्यात घटत जाते. त्यामुळे सर्वत्र शुष्कता वाढून वाळलेले गवत, पालापाचोळा तापून पेट घेतो व हळूहळू वाऱ्याच्या साहाय्याने मोठ्या प्रमाणात वणवे लागतात.

**५) झाडांच्या फांद्यावर फांद्या घासून आगी लागतात** - सामान्यतः उन्हाळ्यामध्ये जेव्हा मोठ्या प्रमाणात वारे वाहू लागतात त्या वेळी झाडांच्या फांद्यावर फांद्या घासून आगी लागतात व हीच आग वाढत जाऊन मोठे नुकसान होते.

**६) ज्वालामुखी** - ज्वालामुखी क्रिया जेव्हा जंगली भागात घडून येते, त्या वेळी ज्वालामुखीतून बाहेर पडणारा लाव्हारस, आग, दगडगोटे यामुळे जंगलांना आग लागते. त्यामुळे जेथे जेथे ज्वालामुखी होतो. तेथे जंगलांना आगी लागतात.

## ब) मानवनिर्मित कारणे (Man Made Causes of Forest Fire)

निसर्गनिर्मित कारणांपेक्षा मानवनिर्मित कारणांमुळेच जास्तीत जास्त वणवे लागतात. यास सर्वस्वी मानव व मानवाचे कृत्य जबाबदार आहे.

**१) सिगारेट, विडी** - लोकांचे धूम्रपानाचे व्यसन हे फक्त प्रत्यक्ष आरोग्यास घातक ठरत असताना जेव्हा हे लोक सिगारेट, विडी अर्धवट विझवून काही वेळा रस्त्याने चालताना तशीच फेकून देतात. तेव्हा पडलेली सिगारेट, विडी तेथील सुकलेले गवत पेटविते व हळूहळू जंगलातील मोठमोठी हिरवी झाडेदेखील जळून खाक होतात. जंगलाच्या कडेने असलेल्या रस्त्यावरूनच जंगलांना वणवे लागताना सर्रास आढळतात.

**२) विद्युतप्रवाह** - मोठमोठ्या विजेच्या तारा जंगली वाऱ्यामुळे निरुपयोगी झालेल्या असतात. या तारा वाऱ्यामुळे किंवा अन्य कारणांमुळे एकमेकांवर आदळून तेथे ठिणग्या पडतात व जंगलांना वणवे लागतात.

**३) जाणूनबुजून आगी लावणे** - समाजातील काही समाजकंटक स्वतःच्या फायद्यासाठी मुद्दाम जाणूनबुजून जंगलांना आगी लावतात. काहींना असे वाटते की, वाळलेले गवत जाळले तर पुढील वर्षी चांगले येते, त्यामुळे ते मुद्दाम जंगलांना आगी लावतात.

**४) रेल्वे, रस्ते वाहतूक** - रेल्वे व रस्ते वाहतुकीमुळे आगी लागतात. रेल्वे रुळावरून स्पार्किंग होऊन आगी लागतात. तसेच गॅस, स्फोटक पदार्थ वाहून नेणाऱ्या गाडीतून गॅसगळती होते; त्यातून वणवे लागतात.

**५) गैरसमजातून आगी लागणे** - अनेक लोकांमध्ये वेगवेगळे गैरसमज वणव्याबाबत व जंगलसंपदेबाबत असतात. त्यातून काही लोक गैरसमजातून जंगलांना आगी लावतात.

**६) स्थलांतरित शेती** - स्थलांतरित शेती हा शेतीचा एक प्राचीन प्रकार आहे. आजही काही आदिम जमाती डोंगराळ प्रदेशात अशा प्रकारची शेती करतात. यामध्ये एखाद्या जंगलाचा भाग निवडून तो पूर्ण जाळून तेथे साध्या काठीच्या साहाय्याने शेती करतात. दोन-तीन पिके घेताच उत्पादनक्षमता कमी होते, तेव्हा तो भाग सोडून पुन्हा दुसऱ्या ठिकाणी असाच प्रकार करतात. त्यामुळे जंगलाचे मोठ्या प्रमाणात नुकसान होते.

**७) पर्यटक** - पर्यटकांना जंगली भाग आकर्षित करतात. हे पर्यटक जंगली भागात गेल्यानंतर तेथे अस्वच्छता तर करतात, त्याचबरोबर ते काही स्फोटक पदार्थ सहज टाकून जातात. त्यामुळे जंगलांना वणवे लागतात. त्यात मोठ्या प्रमाणात अपरिमित अशी हानी होते.

## वणव्यांचे परिणाम (Effects of Forest Fire)

जंगलांना वणवा लागून खूप मोठ्या प्रमाणात पर्यावरणाचा नाश होतो. कधीही न भरून येणारी हानी वणव्यांमुळे होते. अनेक प्राण्यांच्या व वनस्पतींच्या समूळ जाती नष्ट होतात. जसे विध्वंसक परिणाम होतात तसे काही विधायक परिणामदेखील घडून येतात; पण ते अत्यल्प असे असतात. विध्वंसक परिणामच जास्त प्रमाणात घडून येतात. ते खालीलप्रमाणे -

१) लहान लहान जीवजंतूंचा नाश.

२) दुर्मीळ वनस्पती नष्ट होतात.

३) वन्यप्राण्यांचा नाश होतो.

४) लाकूड उत्पादनावर परिणाम होतो.

५) अनेक प्राण्यांच्या व वनस्पतींच्या समूळ जाती नष्ट होतात.

६) पर्यावरणाचा नाश होतो.

७) हवा प्रदूषण वाढते.

८) प्रचंड उष्णता निर्माण होते.

९) भूभाग, खडक, जमीन यावर उष्णतेचा परिणाम होतो.

१०) अनेक प्राण्यांना स्थलांतर करावे लागते. त्यामुळे नवीन पर्यावरणात संख्या रोडावते किंवा वाढीवर परिणाम होतो.

११) परिसंस्था बदलतात.

१२) मोठमोठी चराऊ कुरणे नष्ट होतात.

१३) वनावरील आधारित औद्योगिक उत्पादनांवर परिणाम होतो.

१४) पाने, फुले, फळे, डिंक, लाख यांसारख्या घटकांचे प्रमाण कमी होते.

१५) धुराचा परिणाम शेजारील शेतजमिनीतील पिकांवर होतो.

१६) अन्नसाखळीद्वारे कार्बनचे कण व इतर घटक मानवापर्यंत पोहोचतात.

१७) आदिवासी लोकांच्या जीवनावर विपरीत परिणाम होतात.

१८) प्राणी, पक्षी यांच्या प्रजोत्पादनावर परिणाम होतो.

१९) पर्यटन व्यवसायावर परिणाम होतो.

२०) न भरून येणारी हानी होते.

इस्टोनिया येथील १९९९ ते २००३ या पाच वर्षांच्या काळात लागलेले वणवे व जळून नष्ट झालेले क्षेत्र (हेक्टर) खालील तक्त्यात दर्शविलेले आहे. इस्टोनिया या केंद्रशासित प्रदेशात ४८% जंगले आहेत.

| सन | वणव्यांची संख्या | नष्ट झालेले क्षेत्र (हेक्टर) |
|---|---|---|
| १९९९ | १३० | ११०३.४ |
| २००० | १५८ | ६८३.६ |
| २००१ | ९१ | ६१.७ |
| २००२ | ३५६ | २०८१.७ |
| २००३ | १११ | २०६.६ |
| एकूण | ८४६ | ४१३७.० |

## वणव्यावरील उपाययोजना (Management of Forest Fire)

जंगलातील वणव्यांमुळे पुन्हा न भरून येणारी हानी होत असल्याने त्यावरील उपाययोजना अत्यंत महत्त्वाच्या आहेत. त्यासाठी प्रथम वणवाच लागणार नाही याची काळजी घेणे किंवा नैसर्गिक कारणाने वणवा लागलाच तर त्याचे त्वरित कमीत कमी वेळेत उच्चाटन करणे गरजेचे असते. त्यासाठी खालील उपाययोजना किंवा नियोजन महत्त्वाचे आहे.

१) जंगलातून जाणारे रस्ते, पाऊलवाटा, रेल्वे, वीज, पाईपलाइन पूर्णपणे बंद करणे.

२) उन्हाळ्यात जंगलाचा बाहेरील भागातील साधारणत: २० फूट अंतरातील सर्व बाजूंनी गवत जाळून टाकावे. त्यामुळे सिगारेट, विडी यामुळे आग लागणार नाही.

३) जंगलात काम करणाऱ्या लोकांना आग कशी विझवावी, याचे प्रशिक्षण द्यावे.

४) आगीमुळे जंगलाचे पर्यायाने देशाचे किती नुकसान होते, याची सर्वांना जाणीव करून द्यावी.

५) लोकांचे प्रबोधन करावे. काही लोक स्वत:च्या किरकोळ फायद्यासाठी वणवे लावतात, त्यांना रोखावे.

६) जंगलात जेथे जेथे रिकामी जागा आहे, तेथे सदाहरित झाडे लावावीत.

७) जंगलांना संरक्षित ठेवण्यासाठी काटेरी तारेचे कुंपण करण्याऐवजी सर्व बाजूंनी २० फूट रुंद व २० फूट खोल उंच असे खंदक खोदावे. त्यामुळे जंगलाचे संरक्षण चांगले होईल.

८) जंगले ही राष्ट्राची संपत्ती आहे. त्यामुळे पर्यावरण चांगले राहते. याची जाणीव सर्वांना असावी.

९) कोणत्याही जंगलात परवानगीशिवाय पर्यटकांना प्रवेश देऊ नये.

१०) पर्यटकांना वणव्याची संपूर्ण माहिती द्यावी. त्यांच्याकडून असे काही घडणार नाही, याची लेखी हमी घ्यावी.

११) स्थलांतरित शेतीवर बंदी आणावी.

१२) साग, चंदन किंवा लाकूड तस्करी रोखाव्यात.

१३) वनावर आधारित उद्योगांना कच्चा माल पुरविताना काळजी घ्यावी.

१४) जंगल परिसरात राहणाऱ्या लोकांवर लक्ष ठेवावे. त्यासाठी जीआयएस, जीपीएस प्रणालीचा वापर करावा.

१५) वनस्पतींवर पडणाऱ्या रोगांवर नियंत्रण आणावे.

१६) लोकांचा निष्काळजीपणा कमी करावा.

१७) वणव्याबाबत तसेच जंगलांबाबत कठोर कायदे करावेत व ते काटेकोरपणे अमलात आणावेत.

१८) कायद्याचे उल्लंघन करणाऱ्यांवर कठोर कारवाई करावी.

१९) शासनाने जंगलांच्या संरक्षणाकडे अधिक लक्ष द्यावे. ज्याप्रमाणे देशाच्या सीमेवर लक्ष दिले जाते तसे लक्ष संरक्षित जंगलांवर द्यावे.

२०) जंगलामध्ये असलेल्या खाण उद्योगावर बारीक लक्ष द्यावे.

## ड) साधन संपत्तीचा अतिरेकी वापर (Over Exploitation of Resources) :

साधन संपत्तीचा अभ्यास भूगोलशास्त्राप्रमाणेच, अर्थशास्त्र, पर्यावरण शास्त्रातही केला जातो. मानवाच्या विविध क्रियांचे अध्ययन साधन संपत्तीच्या संदर्भात भूगोलामध्ये केले जाते. साधनसंपत्ती म्हणजे Re-Source म्हणजेच Resourses होय. मानवाने आपल्या गरजांच्या पूर्ततेसाठी आवश्यक त्या वस्तूंच्या निर्मितीसाठी पुन्हा तयार करण्याची साधने असा होतो. थोडक्यात पुन्हा पुन्हा वापरता येण्याजोगी साधने असाही अर्थ तयार होतो.

जॅकी स्मिथच्या मते, ''मानवाला कोणत्या ना कोणत्या तरी प्रकारे उपयोगी पडणारे पर्यावरणीय घटक म्हणजे साधन संपत्ती होय.'' तसेच झिम्मरमन च्या मते, ''मानवाच्या गरजा भागविण्याची क्षमता असणारे पर्यावरणाचे घटक म्हणजे साधन संपत्ती होय. साधन संपत्तीची क्षमता व मानवी गरजा यांच्या द्वारे त्यांना उपयुक्तता प्राप्त होते.''

मानवाचे संपूर्ण जीवन हे निसर्गावर अवलंबून असून तो आपले जीवन अधिक सुखाचे व संरक्षित करण्यासाठी सतत प्रयत्न करत असतो. यासाठी तो विविध प्रकारच्या वस्तू वापरतो. त्या वस्तू त्यास निसर्गातूनच उपलब्ध होत असतात. निसर्गातून उपलब्ध होणाऱ्या व मानवाच्या उपयोगी पडणाऱ्या या वस्तूंना नैसर्गिक साधनसंपत्ती असे म्हणतात. मानवाच्या पर्यावरणविषयक वाढत्या ज्ञानाबरोबरच साधनसंपत्तीच्या व्याख्याही बदलत आहेत. मानव निसर्गापासून मिळणारे पाणी, मृदा, खनिजे, प्राणी, अन्न अशा घटकांचा मानव साधनसंपत्ती म्हणून वापर करतो. दिवसेंदिवस साधनसंपत्तीची संकल्पना अधिकाधिक व्यापक बनत आहे.

मानवी जीवनावर साधन संपत्तीच्या उपलब्धतेचा परिणाम होत असतो. मानवाच्या उत्पत्तीपासून मानव आपल्या मूलभूत गरजा पूर्ण करण्यासाठी धडपडत आहे. पूर्वीच्या काळी पाण्यासाठी व अन्नासाठी त्यास झगडावे लागे. पण सध्याच्या काळात तो साधन संपत्तीचा उपभोग बेसुमार करताना आढळतो. मानवाच्या जवळपास सर्वच आर्थिक क्रिया या विविध साधन संपत्तीवर अवलंबून असल्याने त्यावर मानवाच्या वर्तनाचा परिणाम होत असल्याने अनेक नवनवीन समस्या उत्पन्न होत आहेत.

## साधनसंपत्तीचे वर्गीकरण

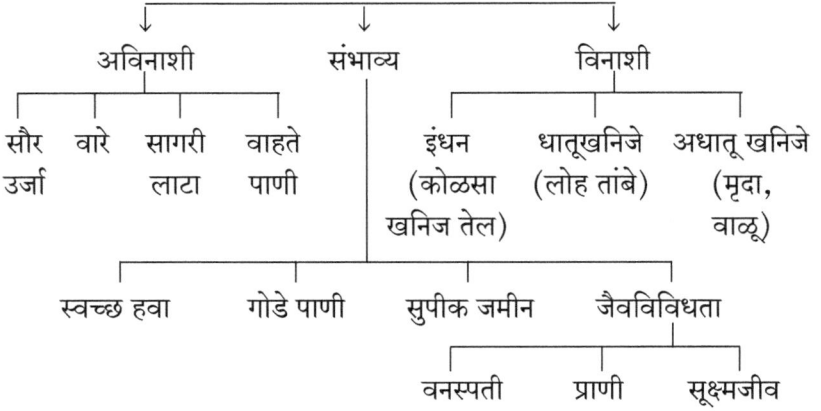

```
                         साधनसंपत्तीचे वर्गीकरण
          ┌──────────────────┼──────────────────┐
          ↓                   ↓                  ↓
       अविनाशी             संभाव्य            विनाशी
   ┌────┬────┬────┬────┐              ┌────────┬──────────┬──────────┐
  सौर  वारे सागरी वाहते           इंधन      धातूखनिजे   अधातू खनिजे
  उर्जा      लाटा  पाणी          (कोळसा     (लोह तांबे)  (मृदा,
                                 खनिज तेल)               वाळू)
```

स्वच्छ हवा          गोडे पाणी          सुपीक जमीन          जैवविविधता
                                                  वनस्पती     प्राणी     सूक्ष्मजीव

## साधनसंपत्तीचा विनियोग :

मानवाला स्वतःच्या सर्व प्रकारच्या गरजांची पूर्तता करण्यासाठी साधनसंपत्तीचा विनियोग करावा लागतो. काही साधनसंपत्तीच्या बाबतीत त्यास सहज आकलन शक्ती प्राप्त होते. उदा. भूक लागताच अन्न, तहान लागताच पाणी दिसण्यासाठी प्रकाश, संदेशवाहनासाठी आवाज इ. काही साधनसंपदा त्यास संशोधनाने समजली. उदा. अग्निपासून भाजलेले अन्न, शिजलेले अन्न इ. तसेच खनिजांचा उपयोग, शुद्धीकरण, खनिज तेल, नैसर्गिक वायू, रसायन निर्मिती, वनस्पती व प्राण्यांच्या विकसित जाती, वीज निर्मिती अशा घटकांची निर्मिती साधन संपत्तीचा उपयोग करत मानवाने साधन संपत्तीच्या विनियोगामध्ये भर घातल्याने त्याचे महत्त्व वाढले आहे. त्यामुळे साधनसंपत्तीचा पुरेपूर वापर होत असताना मानवाच्या स्वार्थी प्रवृत्तीमुळे साधन संपत्तीचा अतिरेकी वापर होऊ लागला व त्यातूनच अनेक समस्या उत्पन्न झाल्या की ज्यामुळे भूपृष्ठावरील अनेक प्राण्यांच्या व वनस्पतींच्या जाती समूह नष्ट झाल्या तसेच पृथ्वीवरील सर्व सजीवसृष्टी नष्ट होते की काय अशी भिती वाटू लागली.

## साधनसंपत्तीच्या अतिरिक्त वापराची कारणे :

मानवाने स्वतःच्या गरजा भागविण्यासाठी साधन संपत्तीचा उपयोग केला. पण त्याच्या प्रगतीबरोबर आधुनिक युगात हवा, पाणी, मृदा, खनिजे, उर्जा साधने, कृषी अशा साधन संपत्तीचा वापर अतिरिक्त होऊ लागला. वाढती लोकसंख्या, वाढते नागरीकरण, औद्योगिक विकास, आधुनिक तंत्रज्ञान अशा अनेक घटकांमुळे त्याने आपले जीवन सुखवस्तू बनविण्यासाठी अविरत धडपड केल्यामुळे असंख्य समस्या उत्पन्न झाल्या आहेत.

**१) वेगाने वाढणारी लोकसंख्या :** वाढत्या लोकसंख्येनुसार साधनसंपत्तीचा वापरही वाढतो. त्यामुळे लोकसंख्येचा भार निसर्गावर वाढत आहे. इ. स. १८५० मध्ये जगाची लोकसंख्या १०० कोटी होती. इ. स. २००० मध्ये ६०१ कोटी तर २०११ मध्ये ७०० कोटी झाली. यावरून लोकसंख्या वाढीचा कल वेगवान आहे हे स्पष्ट होते. त्याबरोबरच लोकसंख्या वाढीबरोबर त्याच्या मूलभूत गरजाही वाढत आहेत. या गरजांची पूर्तता करण्यासाठी त्यास उत्पादनात वाढ करावी लागली त्यामुळे जमिन, पाणी, खते, औषधे यांचा अतिरिक्त वापर होऊ लागला. थोडक्यात गोड्या पाण्याचा वापर पिण्याबरोबरच कृषी, कारखाने, करमणूक यासाठी वाढत गेला. त्यामुळे वाढत्या लोकसंख्येचा निसर्गावरील भार वाढत गेला व त्यातूनच निसर्ग संपत्तीच्या अतिवापराची समस्या वाढत गेली. सध्या विकसनशील देशात वाढत्या लोकसंख्येमुळे साधन संपत्तीवरील ताण वाढत जाऊन अनेक समस्या वाढत आहेत.

**२) औद्योगिक व तांत्रिक विकास :** विविध उद्योगांना लागणारा कच्चामाल निसर्गातून उपलब्ध होतो. औद्योगिक व तांत्रिक प्रगतीबरोबर कच्च्या मालाची मागणी वाढत गेली. औद्योगिक क्रांतीनंतर विविध प्रकारच्या उद्योगांचा विकास झाला. त्यातूनच राष्ट्रीय राष्ट्रात औद्योगिक व तांत्रिक विकासाची स्पर्धा वाढत गेली. त्यातूनच मोठ्या प्रमाणात होणारी वृक्षतोड, खनिज तेलाचा व नैसर्गिक वायूंचा वाढता वापर होऊ लागला. त्यामुळे मोठ्या प्रमाणात खाणकाम वाढत असून अनेक खनिजे खाणी संपुष्टात येत आहेत. विकसित व विकसनशील देशांत औद्योगिक व तांत्रिक प्रगती असमान प्रमाणात झालेली आहे. त्यामुळे अनेक समस्या निर्माण झालेल्या आहेत.

**३) वाढणारे नागरीकरण :** साधनसंपत्तीच्या अतिरिक्त वापरात वाढणारे नागरीकरण हा घटक महत्त्वपूर्ण मानला जातो. सध्याच्या आधुनिक युगात जगात सर्वच देशांमध्ये ग्रामीण भागाकडून नागरी भागाकडे स्थलांतराचा ओघ वाढतच आहे. त्यात विकसनशील देशांमध्ये हे प्रमाण अधिक आहे. २००० च्या आकडेवारीवरून विकसनशील देशात नागरीकरण ४३.५% तर विकसित देशात हेच प्रमाण ७८.३% इतके आहे. सरासरी नागरी भागात राहणारी लोकसंख्या ५१.३% इतकी आहे. त्यामुळे कृषी, अरण्य, कुरणे याखालील जमिनीचे प्रमाण घटत आहे. मोठमोठी धरणे म्हणजे नागरी भागांना पाणी पुरवठा करणारे टँक बनत आहेत. तसेच भूजल पातळी खालावत आहे. यासाठी मोठ्या प्रमाणात प्राणी संपदा, वनस्पती संपदा यांचे अस्तित्त्व धोक्यात येत आहे. हिंस्त्र जंगली प्राण्यांवरही याचा परिणाम होत असून एकूणच परिसंस्था धोक्याला येत आहेत.

**४) कृषी विकास :** वाढणाऱ्या लोकसंख्येला अन्न पुरवठा करण्यासाठी मानवाने कृषी विकासाबरोबरच कृषी विस्ताराला सुरुवात केली. प्राचीन काळी शेती करण्याच्या

पद्धतीमुळे जंगलांचा ऱ्हास झाला. उदा. स्थलांतरीत शेती आज अमेरिकेतील प्रेअरी, दक्षिण अमेरिकेतील पंपाज, आफ्रिकेतील व्हेड, रशियातील स्टेप्स् हे गवताळ प्रदेश नामशेष होत आहेत. कृषी विस्तारामुळे निर्वणीकरणात वाढ होत आहे. त्यामुळे मृदाधूप, पूर, जागतिक तापमान वाढ, आम्ल पर्जन्य, दुष्काळ अशा अनेक समस्या उग्र बनत आहेत. तसेच निर्वणीकरणामुळे कित्येक प्राण्यांच्या व वनस्पतींच्या जाती समूळ नष्ट होत आहेत. कृषीतील आधुनिकीकरणामुळे रासायनिक खते, किटकनाशके, जंतूनाशके, संकरित बियाणे, जलसिंचन यांच्या वाढत्या वापरामुळे क्षारीकरण, मृदाधूप, नापीकीकरण अशा अनेक समस्या वाढत आहेत. यातून सुपीक जमिनी नष्ट होत आहेत.

**५) राजकीय घटक :** साधनसंपत्तीच्या अतिरेक्त वापरात राजकीय घटक जबाबदार असतो. राजकीय स्थैर्य, राजकीय परिस्थिती, आंतरराष्ट्रीय संबंध यांचा त्यात समावेश होतो. अमेरिकेतील राजकीय स्थैर्यामुळे साधनसंपत्तीचा वापर उच्च आहे. तर आशिया व आफ्रिकेतील देशांमध्ये राजकीय अस्थिरतेमुळे साधन संपत्तीचा विकास फारसा झालेला नाही. युरोपिय देशांतील राजकीय सामंजस्यामुळे विकास चांगला आहे. पण कृष्णा पाणी तंटा, कावेरी पाणी तंटा यामुळे ज्यांना पाणी मिळेल ते त्याचा वापर अतिरिक्त करतात. त्यामुळे अनेक समस्या उद्भवत आहेत.

**६) साधनसंपत्ती विषयक धोरणा :** प्रत्येक देशात साधनसंपत्ती वापरा विषयी विशिष्ट प्रकारचे धोरण आखलेले असते, अनेक देशांनी प्राणी जीवनाच्या रक्षणासाठी शिकारीवर बंदी घातलेली आहे. पण तरीही या बंदीचे उल्लंघन करणारे लोक कमी नाहीत. जंगल तोडीवर बंदी असताना मोठ्या प्रमाणात जंगलांची तोड होताना आढळते.

**७) स्वस्त पर्यायी साधनांची निर्मिती :** जर एखाद्या साधन संपत्तीच्या वापरांसाठी येणाऱ्या खर्चापेक्षा कमी खर्चात व कमी श्रमात अन्य पर्यायी साधन उपलब्ध झाल्यास त्याचा वापर मोठ्या प्रमाणात वाढतो. खनिज तेलाच्या शोधामुळे दगडी कोळशाचा वापर झाला आहे. भविष्यात अणुऊर्जेच्या वापर मोठ्या प्रमाणात वाढल्यास खनिजतेल, नैसर्गिक वायू यांचे महत्त्व कमी होईल पण नवनवीन अनेक समस्या निर्माण होऊ शकतात.

**८) भांडवल :** अनेक राष्ट्रांत मोठ्या प्रमाणात भांडवल उभारून साधन संपत्तीचा विकास साधतात. पण आर्थिक दृष्ट्या अप्रगत राष्ट्रात भांडवलाच्या कमतरतेमुळे त्याच्या साधनसंपत्तीच्या वापरावर मर्यादा येतात. संयुक्त संस्थाने सध्या अनेक देशात साधन संपत्ती विकासाकरिता भांडवल गुंतवणूक करताना आढळते. अपुऱ्या भांडवलामुळे अनेक देशांचा विकास होत नाही. त्यांना ठराविक साधनेच वापरावी लागत असल्याने अनेक समस्या निर्माण होताना आढळून येतात.

**९) चालीरिती, रुढी व परंपरा :** विशिष्ट ठिकाणच्या साधनसंपत्तीच्या वापरावर

तेथील प्रचलित चालीरिती, रुढी व परंपरांचा परिणाम जाणवतो. हिंदू धर्मातील प्रत्येक सण समारंभात विविध साधनांची गरज असते असे मानून त्याची लूट होते. उदा. विजमादशमीच्या दिवशी आपटा झाडाचा पाला सोने म्हणून एकमेकांना देण्यासाठी त्या झाडाची खूपच हानी होते. अशा प्रकारे अनेक प्रकारच्या चालीरितीमुळे साधन संपत्तीचा अतिरेकी वापर होताना दिसून येतो.

## साधन संपत्तीच्या अतिरिक्त वापराचे परिणाम

मानव दररोजच्या जीवनात मृदा, पाणी, खनिजे, शक्तीसाधने, कृषी, प्राणी, वनस्पती अशा साधनांचा मोठ्या प्रमाणात वापर करतो. हा वापर अतिरिक्त वाढणाऱ्या लोकसंख्येमुळे व बदलत्या जीवनशैलीमुळे साधनांचा वापर अतिरिक्त होत आहे. या साधनांच्या अतिरिक्त वापरामुळे अनेक गंभीर समस्या निर्माण झालेल्या आहेत. त्या खालील प्रमाणे आहेत.

**१) जलसंपत्तीवरील परिणाम :** वाढणाऱ्या लोकसंख्येबरोबर पाण्याचीही गरज वाढत आहे. त्यातूनच गोड्या (शुद्ध) पाण्याचा वापर अनिर्बंध प्रमाणात वापर सुरू आहे. गोड्या पाण्याचा वापर पिण्यासाठी शेतीसाठी, वीजनिर्मिती, उद्योगांसाठी, जलवाहतुकीसाठी घरगुती व करमणूक अशा अनेक क्षेत्रात होत आहे. उद्योगांसाठी गोडे पाणी वापरले जाते व उद्योगांमधून बाहेर पडणारे अशुद्ध पाणी जमिनीवर किंवा इतर पाण्यात सोडल्याने तेथील अनेक प्राणी, वनस्पती नष्ट होतात तसेच यातील पाणी काही वेळ गरम असते त्याचा मोठा परिणाम पर्यावरणावर होतो. पाण्याच्या अतिरिक्त वापराने अनेक बागायती भागात दलदल, क्षारीकरण अशा समस्या वाढत आहेत. हा परिणाम जसा भूपृष्ठावरील परिसंस्थांवर होतो तसा हा परिणाम भूमिगत पाण्यावरही होऊन तेथील परिसंस्था नामशेष करत आहेत. अशाच प्रकारे पाण्याच्या घरगुती वापरातून, जलवाहतूक, वीजनिर्मिती, करमणूक अशा सर्वच क्षेत्रातून पाणी अशुद्ध प्रदूषित बनते व त्याचा परिणाम एकूणच पर्यावरणावर होत आहे व त्यातून अनेक रोगराई, विकार यांची वाढ होत असताना आढळते.

**२) वनसंपदेवरील परिणाम :** वनस्पतीचा उपयोग मानवास मोठ्या प्रमाणात होतो. पण मानवाने स्वत:च्या चरितार्थासाठी कृषी विस्तारासाठी, बांधकाम, रस्ते, अतिचराई, धरणे यामुळे मोठ्या प्रमाणात वनसपंदेचा अनिर्बंध वापर केला आहे. त्यामुळे निर्वाणीकरणासारखी समस्या निर्माण झालेली आहे. वनस्पतीच्या अतिवापरातून निर्वणीकरण, मृदाधूप, भूजलपातळीत घट, वाळवंटीकरण, प्रदूषणात वाढ, नद्यांचा वाढता पूर, इंधन तूटवडा, वन्य पशूपक्षांचा ऱ्हास, कच्चा मालाचा तुटवडा, तापमानात वाढ, पर्जन्य प्रमाणात घट अशा अनेक पर्यावरणीय समस्यांमध्ये वाढ झालेली आहे. त्यामुळे पर्यावरणाचा समतोल ढासळत आहे.

**३) खनिज संपदेवरील परिणाम :** विविध प्रकारच्या खनिजांच्या उपलब्धतेसाठी मोठ्या प्रमाणात उत्खनन होत आहे. खनिज संपत्तीच्या अतिरिक्त वापरातून पाण्याचे मृदेचे, हवेचे व पाण्याचे प्रदूषण, विविध रोगांचा प्रसार, निर्वनीकरण, भूमिपात, कृषीचा नायनाट, मानवी स्थलांतर व त्यातून निर्माण होणारे प्रश्न अपघता, परिसंस्थांना धोका असे अनेक दुष्परिणाम निर्माण होत आहेत. याशिवाय खनिजसंपदेच्या अतिरिक्त वाढीने उद्योगिकरणात वाढ होऊन विषारी अपमार्जके, रासायनिक द्रव्ये, जलप्रदूषण, हवा प्रदूषण, कचरा प्रदूषण, भूमीचा अतिरिक्त वाढ, अविघटन पदार्थांचे रेलचेल अशा प्रकारच्या अनेक समस्यांमध्ये वाढ झालेली आहे.

**४) शक्तिसाधनांच्या अतिरिक्त वापराचे परिणाम :** अविनाशी सौरऊर्जा, पवनऊर्जा जलऊर्जा यापेक्षा विनाशी उर्जासाधने (दगडी कोळसा, खनिज तेल, नैसर्गिक वायू, अणुऊर्जा) मोठ्या प्रमाणात वापराने अनेक समस्या निर्माण होऊन त्याचा परिणाम पर्यावरणावर होत आहे. हवेचे पाण्याचे, कचऱ्याचे भूमिचे प्रदूषण होऊन त्यातून जागतिक तापमान वाढ, आम्ल पर्जन्य, परिसंस्थेत बदल अशा गंभीर समस्या निर्माण होत आहेत. खनिज तेलाच्या वापराने व गळतीनेही अनेक समस्या उत्पन्न होत आहेत. जलचरांवर त्याचा विपरित परिणाम होत आहे. याशिवाय युरेनियम, योरियम, रेडियम यांचा वापर अणुऊर्जेसाठी केला जात असल्याने हवेत, पाण्यात किरणोंत्सर्जन होत असून तो हजारो वर्ष नष्ट होत नाही. त्यामुळे सजीव सृष्टीचे संपूर्ण जीवनच धोक्यातच येऊ शकते.

**५) भूमिच्या अतिरिक्त वापराचे परिणाम :** मानव भूमिचा वापर कृषी, उद्योग, वसाहती, रस्ते, रेल्वे यासाठी करत आहे. कृषी विकास साधताना अतिजलसिंचन, वाढते रासायनिक खते, जंतूनाशके, किटकनाशके व तणनाशकांचा वापराने व अतिरिक्त जलसिंचनाचे पानथळीकरण, क्षारीकरण, मृदाधूप अशा उग्र समस्या निर्माण होत आहेत. त्यामुळे जमिनीचा उत्पादन क्षमता घटते. तसेच भूजल प्रदूषणात वाढ होते. तसेच भूमिच्या अतिवापराने भू-प्रदूषण वाढत आहे.त्यातून मानवी आरोग्य, प्राण्यांचे व पक्षांचे आरोग्य व एकूणच पर्यावरणाने आरोग्य बिघडत आहे.

प्रकरण ७

# वैश्विक समस्या व हालचाली

## (Global Issues and Movements)

---

### प्रास्ताविक

ग्लोबल वॉर्मिंग (Global Warming) अर्थात, पृथ्वीचे वाढणारे तापमान हे या शतकात गंभीर धोके निर्माण करणार असून ही तापमानवाढ रोखण्यासाठी प्रयत्न केले नाहीत तर, पुढील पिढीला सध्याच्या जगापेक्षा वेगळ्या असह्य जगात राहावे लागेल. या शतकात पृथ्वीच्या तापमानात सुमारे चार अंश सेल्सियसची वाढ होणार असून, त्यामुळे भारतासारख्या देशात गंभीर आपत्ती निर्माण होण्याचा धोका आहे. अतिशय जास्त उष्णतेची लाट, जागतिक अन्नसाठ्यात घट आणि लाखो लोकांच्या जिवाला धोका निर्माण करणारी समुद्राच्या पाण्याच्या पातळीतील वाढ अशा एकामागून एक आपत्ती येण्याची भीती व्यक्त करण्यात आली आहे. तापमानात होणारी चार अंश सेल्सियस ही वाढ थांबवलीच पाहिजे आणि सध्याच्या तापमानात दोन अंशाच्या वर वाढ होऊ नये, यासाठी प्रयत्न केले पाहिजेत. भावी पिढ्यांचे भविष्य सुरक्षित राखण्यासाठी विशेषत: अत्याधिक गरिबांच्या भविष्याचा विचार करण्याची नैतिक जबाबदारी आपण ओळखली पाहिजे. वर्ष २१०० पर्यंत तापमानात जी वाढ होईल, त्या वाढलेल्या तापमानामुळे समुद्राच्या पातळीत ०.५ ते १ मीटर वाढ होऊ शकते. समुद्राच्या अशा प्रकारे वाढलेल्या पातळीचा सर्वाधिक धोका भारत, बांगला देश, इंडोनेशिया, फिलिपिन्स, व्हिएतनाम, मोझॅम्बिक, मादागास्कर, मेक्सिको, व्हेनेझुएला या देशांच्या किनारी भागात असलेल्या शहरांना आहे.

चार अंश सेल्सियसची तापमानवाढ किनारपट्टीलगतच्या प्रदेशांसाठी विध्वंसक असणार आहे. त्यामुळे अन्न उत्पादनावर परिणाम होऊन कुपोषणाची समस्या निर्माण होईल. ज्या प्रदेशात कमी पाऊस पडतो, तेथील पावसाचे प्रमाण आणखी कमी होऊन ते आणखी कोरडे बनतील, तर जास्त पावसाच्या प्रदेशातील पावसाचे प्रमाण वाढेल. बऱ्याच भागात विशेषत: उष्ण कटिबंधीय प्रदेशात उष्णतेची अभूतपूर्व लाट येईल. त्यामुळे या

भागात निर्माण होणाऱ्या चक्रीवादळांचे प्रमाण आणि तीव्रता वाढेल आणि प्रवाळांसहित जैवविविधतेची कधीही भरून न येणारी हानी होईल.

जागतिक उष्म्याचे अस्तित्व नसतानाही प्रचंड जास्त प्रमाणातील उष्णतेची लाट अनेक शतकांतून एखाद्या वर्षी येत असते. मात्र, या काळात बऱ्याच भागात ही उष्णतेची लाट जवळपास सर्व उन्हाळ्यांत येण्याची शक्यता वर्तवण्यात आली आहे. मात्र, ही तापमानवाढ रोखणे अशक्य नसून अजूनही शाश्वत धोरणांत अवलंब केला तर ही वाढ दोन अंशांपेक्षा कमी ठेवता येईल आणि आंतरराष्ट्रीय समुदायाने हेच उद्दिष्ट ठेवले आहे. त्यासाठी वातावरणाशी अनुरूप विकास आणि सर्वांची समान भरभराट या नव्या मार्गाचा अवलंब करावा लागणार आहे.

## अ) जागतिक तापमानवाढ (Global Warming)

पृथ्वीवर यापूर्वीही अनेक वेळा जागतिक तापमानवाढ झाली होती. याचे पुरावे अंटार्क्टिकाच्या बर्फाच्या अस्तरात मिळतात. त्या वेळेसची तापमानवाढ ही पूर्णत: नैसर्गिक कारणांमुळे झाली होती व त्या ही वेळेस पृथ्वीच्या वातावरणात आमूलाग्र बदल झाले होते. सध्याचे तापमानवाढ ही पूर्णत: मानवनिर्मित असून मुख्यत्वे हरितवायू परिणामांमुळे होत आहे. 'क्योटो प्रोटोकॉल' हा त्या प्रयत्नांचा एक भाग आहे. या प्रोटोकॉलमध्ये अनेक देशांनी मान्य केले आहे की, ते इ. स. २०१५ पर्यंत आपापल्या देशातील हरितवायूंचे उत्सर्जन इ. स. १९९० सालच्या पातळीपेक्षा कमी आणतील. कराराप्रमाणे अनेक देशांनी प्रयत्न सुरू केले आहेत. परंतु जर्मनी सोडता बहुतेक देशांना या कराराचे पालन करणे अवघड जात आहे. हरित वायूंचे उत्सर्जन एवढ्या पटकन कमी केले तर आर्थिक प्रगतीला खीळ बसेल, ही भीती याला कारणीभूत आहे. जागतिक तापमानवाढीस मुख्यत्वे संयुक्त संस्थाने, युरोप, चीन, जपान हे जबाबदार देश आहेत. याचे मुख्य कारण, त्याचा मोठ्या प्रमाणावरील ऊर्जेचा वापर व मोठ्या प्रमाणावरील हरितवायूंचे उत्सर्जन यातील अमेरिका हा सर्वाधिक हरितवायूंचे उत्सर्जन करणारा देश आहे व या देशाने अजूनही या क्योटो प्रोटोकॉल करारावर स्वाक्षरी केलेली नाही. त्यामुळे प्रयत्न करणाऱ्या देशांच्या प्रयत्नांना कितपत यश येईल या बाबतीत शंका आहेत.

### इतिहासातील तापमानवाढीच्या घटना

गेल्या शंभर वर्षांत यापूर्वी कधीही झालेली नाही एवढ्या झपाट्यानं तापमानवाढ झाली आहे. विषुववृत्तीय भागातील जी थोडी पर्वत शिखरे हिमाच्छादित आहेत, त्यातील किलिमांजारो हे पर्वत शिखर प्रसिद्ध आहे. या पर्वत शिखरावरील हिमाच्छादन इ. स. १९०६ च्या तुलनेत २५ टक्केच उरले आहे. आल्पस् आणि हिमालयातील हिमनद्या मागे हटत चालल्या आहेत. हिमरेषा म्हणजे ज्या उंचीपर्यंत कायम हिमाच्छादन असते किंवा

आजच्या भाषेत जिथे २४ × ७ हिमाच्छादन असते, ती रेषा समुद्र सपाटीपासून वर वर सरकत चालली आहे. एव्हरेस्टवर जाताना लागणारी खुंबू हिमनदी इ. स. १९५३ ते इ. स. २००३ या ५० वर्षांत पाच कि. मी. मागे सरकली. इ. स. १९७० च्या मध्यापासून नेपाळमधील सरासरी तापमान १० से. ने वाढले, तर सैबेरियातील कायमस्वरूपी हिमाच्छादित प्रदेशात गेल्या ३० वर्षांत म्हणजे इ. स. १९७५-७६ पासून १.५ से. तापमानवाढ नोंदवण्यात आली असून इथलं हिमाच्छादन दरवर्षी २० सें. मी. चा थर टाकून देतंय. अशी जागतिक तापमानवाढीची अनेक उदाहरणं आहेत.

## सागरपृष्ठावरची तापमानवाढ

सागरपृष्ठावरची तापमानवाढ ही सागरी तुफानांना जबाबदार असतेच, पण बरेचदा सागरांतर्गत तापमानवाढीमुळेही या तुफानांची तीव्रता आणि संहारकशक्ती वाढत असते. रिटा आणि कॅटरिना या संहारक तुफानांनंतर जो अभ्यास झाला, त्यात मेक्सिकोच्या आखातातील खोलवर असलेल्या उबदार पाण्याच्या साठ्याचाही परिणाम या दोन तुफानांची तीव्रता वाढविण्यात झाला, असं लक्षात आले आहे. या शिवाय पावसाबरोबर सागरात शिरलेला कार्बन-डाय-ऑक्साईड वायू या तुफानांमुळे परत वातावरणात जातो. याचं कारण ही तुफानं सागर घुसळून काढतात, त्या वेळी हा कार्बन-डाय-ऑक्साईड पाण्याच्या झालेल्या फेसाबरोबर पृष्ठभागावर येतो आणि परत आकाशगामी बनतो. इ. स. १९८५ च्या फेलिक्स या सागरी तुफानाच्या वेळी त्या भागावरच्या आकाशात कार्बन-डाय-ऑक्साईडची पातळी १०० पटींनी वाढल्याचं दिसून आलं होतं. तेव्हापासूनच्या ठेवलेल्या नोंदी सागरी तुफानांची ही बाजू स्पष्ट करण्यास पुरेशा आहेत.

## हरितगृह परिणाम

हरितगृह हे खास प्रकारच्या वनस्पती वाढवण्यासाठी बनवलेले काचेचे घर असते. हे घर वनस्पतींना बाह्य हवामानाचा परिणाम होऊ नये म्हणून बंदिस्त असते व उबदार असते. हे घर काचेचे असून घरात ऊन येण्यास व्यवस्था असते परंतु घर बंदिस्त असल्याने उन्हाने तापल्यानंतर आतील तापमान कमी होण्यास मज्जाव असतो. आतील तापमान उबदार राहण्याच्या संकल्पनेमुळे ही संज्ञा जागतिक तापमानवाढीत वापरतात. काही वायूंच्या रेणूंची रचना अशा प्रकारची असते की, ते ऊर्जालहरी परावर्तित करू शकतात. कार्बन-डाय-ऑक्साईड, मिथेन, डायनायट्रोजन ऑक्साईड व पाण्याची वाफ हे प्रमुख वायू असे आहेत, जे ऊर्जालहरी परावर्तित करू शकतात. या ऊर्जालहरींना इंग्रजीत इन्फ्रारेड लहरी असे म्हणतात. सूर्यापासून पृथ्वीला मिळणाऱ्या ऊर्जेत या इन्फ्रारेड लहरींचा समावेश असतो. पृथ्वीवर येणाऱ्या बहुतेक इन्फ्रारेड लहरी व इतर लहरी दिवसा भूपृष्ठावर शोषल्या जातात. त्यामुळे पृथ्वीवर दिवसा तापमान वाढते. सूर्य मावळल्यावर ही शोषण

प्रक्रिया थांबते व उत्सर्जन प्रक्रिया सुरू होते व शोषलेल्या लहरी अंतराळात सोडल्या जातात. परंतु काही प्रमाणातील या लहरी वर नमूद केलेल्या वायूंमुळे पुन्हा पृथ्वीच्या वातावरणात परावर्तित होतात व रात्रकाळात पृथ्वीला ऊर्जा मिळते. या परावर्तित इन्फ्रारेड लहरींच्या ऊर्जेमुळे पृथ्वीभोवतालचे वातावरण उबदार राहण्यास मदत होते. जर हे वायू वातावरणात नसते, तर पृथ्वीचे तापमान रात्रीच्या वेळात भारतासारख्या उबदार देशातही - १८ अंश सेल्सियस इतके असते. जर भारतासारख्या ठिकाणी ही परिस्थिती तर रशिया, कॅनडा इत्यादींबाबत अजून कमी तापमान असते. परंतु या वायूंमुळे रात्रीचे तापमान काही प्रमाणापेक्षा कमी होत नाही व पृथ्वीचे सरासरी तापमान - १८ पेक्षा ३३° जास्त म्हणजे १५° सेल्सियस इतके राहते. या परिणामामुळे मुख्यत्वे पृथ्वीवरील जीवसृष्टी विकसित पावली. हे वायू मुख्यत्वे पृथ्वीवरील तापमान उबदार ठेवण्यास मदत करतात.

## हरितगृह परिणाम व जागतिक तापमान वाढ :

तक्त्यात नमूद केल्याप्रमाणे हरितगृह परिणामात दुसरा महत्त्वाचा वायू म्हणजे कर्ब वायू (कार्बन-डाय-ऑक्साईड) हा आहे. सध्याच्या युगात जग विकसित देश व विकसनशील देश या प्रकारांत विभागले आहेत. औद्योगिक क्रांतीनंतर विकसित देशात मोठ्या प्रमाणावर कोळसा व खनिज तेलावर आधारित ऊर्जेचा वापर मोठ्या प्रमाणावर सुरू झाला व ज्वलन प्रक्रियेमुळे कार्बन-डाय-ऑक्साईडचे मोठ्या प्रमाणावर उत्सर्जन सुरू झाले. इ. स. १९७० च्या दशकानंतर विकसनशील देशांनीही विकसित देशांच्या पावलांवर पाऊल टाकून ऊर्जेचा मोठ्या प्रमाणावर वापर सुरू केला.

| अ. क्र. | वायू | तापमानवाढ |
|---------|------|-----------|
| १ | पाण्याची वाफ | २०.६° |
| २ | कार्बन-डाय-ऑक्साईड | ७.२° |
| ३ | ओझोन | २.४° |
| ४ | डायनायट्रोजन ऑक्साईड | १.४° |
| ५ | मिथेन | ०.८° |
| ६ | इतर वायू व एकत्रित हरितवायू मिळून | ०.६° |
| | एकूण | ३३° |

मोठ्या प्रमाणावरील कोळसा व पेट्रोलचा वापर व त्याचवेळेस कमी झालेली जंगले यामुळे वातावरणातील कार्बन-डाय-ऑक्साईडचे प्रमाण अजून जोमाने वाढण्यास मदत झाली. औद्योगिक क्रांती युरोपमध्ये इ. स. १७६० च्या सुमारास झाली. त्यावेळेस

वातावरणातील कार्बन-डाय-ऑक्साईडचे प्रमाण २६० पी.पी.एम. इतके होते. इ. स. १९९८ मध्ये हेच प्रमाण ३६५ इतके होते व इ. स. २०१३ मध्ये ४१४ पी.पी.एम. च्या जवळ पोहोचले आहे. हे प्रमाण वाढण्यास दुसरे तिसरे कोणीही नसून केवळ मानव जबाबदार आहे. करोडो वर्षांच्या प्रकाशसंश्लेषणानंतर तयार झालेला कोळसा व खनिज तेल गेल्या शंभर वर्षांत अव्याहतपणे जमिनीतून बाहेर काढून वापरले जात आहेत. मुख्यत्वे वाहनांच्या पेट्रोल व डिझेलसाठी किंवा कोळसा, वीजनिर्मितीसाठी व इतर अनेक कारणांसाठी आपण मोठ्या प्रमाणावर खनिज पदार्थ वापरत आहोत व त्याचा धूर करून कार्बन-डाय-ऑक्साईड वातावरणात पाठवत आहोत. वरच्या तक्त्यातील कार्बन-डाय-ऑक्साईडचा वाटा २६० पी.पी.एम. च्या प्रमाणात आहे. हे प्रमाण वाढल्यास पृथ्वीचे सरासरी तापमान वाढणार हे स्पष्ट आहे व सध्या हेच होत आहे. कार्बन-डाय-ऑक्साईडची पातळी गेल्या शतकापासून वाढत गेली आहे; त्याच प्रमाणात पृथ्वीचे सरासरी तापमान देखील वाढले आहे; म्हणूनच हरितवायूंनीच पृथ्वीचे सरासरी तापमान वाढवले या विधानाला सत्यता प्राप्त होते.

केवळ कार्बन-डाय-ऑक्साईड नव्हे, तर मानवी प्रयत्नांमुळे मिथेनचेही वातावरणातील प्रमाण वाढत आहे. इ. स. १८६० मधील मिथेनचे प्रमाण हे ०.७ पी.पी.एम. इतके होते व आज २ पी.पी.एम. इतके आहे. मिथेन हा कार्बन-डाय-ऑक्साईडपेक्षा २१ पटींनी जहाल हरितवायू आहे. त्यामुळे वातावरणातील प्रमाण कमी असले तरी त्याची परिणामकारकता बरीच आहे. या सर्व वायूंच्या वाढत्या प्रमाणामुळे वातावरणाचे सरासरी तापमानही वाढले आहे आणि ही प्रक्रिया सुरूच आहे. याच प्रक्रियेस 'जागतिक तापमानवाढ' असे म्हणतात. क्लोरोफ्लुरोकार्बन्स (सी.एफ.सी.) हे वायू मानवनिर्मित असून ते इ. स. १९४० पासून वापरात आले आहेत. हे कृत्रिम वायू फ्रीजमध्ये, एरोसोल कॅनमध्ये आणि इलेक्ट्रॉनिक उद्योगात प्रामुख्यानं शीतकरणासाठी वापरले जातात. सध्याच्या हरितगृह परिणामाच्या निर्मितीत २५ टक्के वाटा या वायूंचा आहे. आता सी.एफ.सी. वापरावर बंदी आहे, पण बंदी नसताना भरपूर नुकसान झालेले आहे. हे वायू पृथ्वीजवळ असताना नुकसान न करता ते वातावरणाच्या वरच्या थरात जातात, तेव्हा त्यांच्या विघटनातले घटक ओझोन या ऑक्सिजनच्या ($O_3$) या रूपाचं ऑक्सिजनच्या सामान्य रूपात ($O_2$) रूपांतर करतात. हा ओझोन वायूचा थर सूर्याकडून येणाऱ्या अल्ट्राव्हायोलेट प्रारणांपासून आपले रक्षण करतो. ही प्रारणे वातावरण तापवतातच आणि त्यांच्यामुळे त्वचेच्या कर्करोगासह इतरही व्याधींना आपल्याला सामोरे जावे लागते.

तिसरा हरितगृह वायू म्हणजे मिथेन. पाणथळ जागी कुजणाऱ्या वनस्पती, कुजणारे इतर कार्बनी पदार्थ यातून मिथेन बाहेर पडून हवेत मिसळतो. टुंड्रा प्रदेशात जी कायमस्वरूपी गोठलेली जमीन (पर्मा फ्रॉस्ट) आहे, त्यात पृथ्वीवरचा १४ टक्के मिथेन गाडलेल्या

वनस्पतींच्या अवशेष स्वरूपात आहे. पृथ्वीचं तापमान वाढतंय तसतशी गोठणभूमी वितळू लागली असून त्या जमिनीमधून मोठ्या प्रमाणावर सुटणारा मिथेन वातावरणात मिसळू लागला आहे. सागरतळी जे कार्बनी पदार्थ साठलेले आहेत, त्यांचा साठा पृथ्वीवरील दगडी कोळशांच्या सर्व साठ्यांपेक्षा काही पटींनी मोठा आहे. बरेचदा सागरी उबदार पाण्याचा प्रवाह सागरात खोलवरून जातो, तेव्हा किंवा सागरतळाची भूभौतिक कारणांनी हालचाल होते, तेव्हा या मिथेनचे (आणि इतर कार्बनी वायूंचे) मोठमोठे बुडबुडे एकदम सागरातून अचानकपणे वर येतात. या बुडबुड्यामुळे (प्लूम्स) काहीवेळा सागरी अपघात घडतात. असे मिथेनचे बुडबुडे ओखोत्स्क सागरात रशियन शास्त्रज्ञांनी आणि कॅरिबियन सागरात अमेरिकन शास्त्रज्ञांनी नोंदवले आहेत. हे बुडबुडे काही वेळा एखाद्या शहराच्या लांबी-रुंदीचे देखील असू शकतात. सागरपृष्ठावर येईपर्यंत ते मोठे होत होत फुटतात. त्यामुळे सागरात अचानक खळबळ माजते.

**जागतिक तापमान वाढ - इतर कारणे**

**१) जगाची वाढती लोकसंख्या :** जगाच्या वाढत्या लोकसंख्येमुळे कार्बन-डाय-ऑक्साइड उत्सर्जनाचे प्रमाण वाढत आहे.

**२) प्राण्यांची वाढती संख्या :** कार्बन-डाय-ऑक्साइडचे प्रमाण वाढण्याकरिता आणखी एक कारण म्हणजे, जगात वाढणारी प्राण्यांची प्रचंड संख्या. अमेरिकेतील कडक कायदे टाळण्याकरिता तिथले वराहपालक मेक्सिकोत वराहपालन केंद्रे काढतात. तिथे एकेका केंद्रावर काही लाख प्राणी असतात. अमेरिकेतील कॅलिफोर्निया या राज्यामध्ये दशलक्षावधी गाई आहेत. न्यूझीलंडमध्ये लोकसंख्येच्या अनेकपट मेंढ्या आहेत. जगातील कोंबड्यांची तर गणतीच करता येणार नाही. हे सर्व प्राणी श्वासावाटे ऑक्सिजन घेतात आणि कार्बन-डाय-ऑक्साइड बाहेर टाकतात. शिवाय मलमार्गावाटे मिथेन हा घातक हरितगृह परिणाम घडवून आणणारा वायू बाहेर टाकतात. हा कार्बन-डाय-ऑक्साइडपेक्षा अनेकपट घातक हरितगृह परिणाम घडवून आणणारा वायू आहे.

**३) सूर्यकिरणांची दाहकता :** सूर्यकिरणांची दाहकता (Solar Radiation) वाढल्यास जागतिक तापमानवाढ होण्याची शक्यता असते, परंतु सध्याच्या परिस्थितीत सूर्यकिरणांचे उत्सर्जन हे नेहमीप्रमाणे आहे. किरणांची दाहकता कमी-जास्त झाल्यास जागतिक तापमान तात्कालिक कमी जास्त होते, दीर्घकालीन दाहकता कमी अथवा जास्त झालेली नाही, त्यामुळे सध्याच्या तापमानवाढीस हरितगृह परिणामच जबाबदार आहे.

**४) ज्वालामुखींचे उत्सर्जन :** ज्वालामुखींच्या उत्सर्जनाने देखील जागतिक तापमान बदलू शकते. त्यांचा परिणाम तापमान कमी होण्यात देखील होऊ शकतो; कारण वातावरणातील धूलिकणांचे प्रमाण वाढते, जे अल्ट्राव्हायोलेट लहरी शोषून घेण्यात

कार्यक्षम असतात. ज्वालामुखींच्या उत्सर्जनाने तापमान एखादे दुसरे वर्षंच कमी-जास्त होऊ शकते. त्यामुळे ज्वालामुखीचा तापमानावर परिणाम तात्कालिक असतो.

**५) एल-निनो परिणाम :** पेरू व चिली देशांच्या किनारपट्टीवर हा परिणाम दिसतो. विषुववृत्तालगत पाण्याखालून वाहणारा प्रवाह कधी कधी पाण्यावर येतो. असे झाल्यास पृथ्वीवर हवामानात मोठे बदल होतात व त्याचा परिणाम जागतिक तापमानवाढीवरही होतो. एल-निनो परिणाम म्हणून चालू मोसमी वाऱ्यांना अवरोध निर्माण होऊन भारतात दुष्काळ पडतो. या परिणामामुळे पृथ्वीवर १ ते ५ वर्षांपर्यंत सरासरीपेक्षा जास्त तापमान नोंदवले जाऊ शकते. मागील एल-निनो परिणाम १९९७-९८ साली नोंदवला गेला होता.

**६) औद्योगिक क्रांती :**औद्योगिक क्रांती घडल्यावर फार प्राचीन काळी गाडल्या गेलेल्या जंगलांचा मानवाने इंधन म्हणून मोठ्या प्रमाणावर वापर सुरू केला. कुठलाही कार्बनी पदार्थ जाळला की, त्यातून कार्बन-डाय-ऑक्साइडची निर्मिती होते. त्याप्रमाणे लाकूड आणि दगडी कोळसा जाळल्यानंतर वातावरणात कार्बन-डाय-ऑक्साइडचे प्रमाण वाढू लागले. दगडी कोळसा जाळला जात असताना कार्बन-डाय-ऑक्साइड वायूबरोबर काही कोळशामध्ये असलेला गंधक आणि त्याची संयुगे यांच्या ज्वलनाने सल्फर-डाय-ऑक्साइडही हवेत मिसळू लागला. विसाव्या शतकात कोळसा याच्या बरोबर खनिजतेल आणि इंधन वायूंच्या ज्वलनामुळे निर्माण होणाऱ्या कार्बन-डाय-ऑक्साइडची भर पडली. नैसर्गिक तेल आणि वायू आपण इतक्या मोठ्या प्रमाणावर वापरू लागलो की, वातावरणात कोळसा जाळून जमा होणाऱ्या कार्बन-डाय-ऑक्साइडमध्ये भरपूर भर पडून हरितगृह परिणाम वाढू लागला.

## जागतिक तापमानवाढीचे परिणाम -

सरासरी तापमानवाढ ही केवळ २ ते ३ अंशांची दिसत असली तरी पृथ्वीवर महाकाय बदल घडवून आणण्यास सक्षम आहेत. पूर्वीच्या तापमानवाढीतही पृथ्वीवर अशाच प्रकारचे महाकाय बदल घडून आले होते. सर्वांत महत्त्वाचा बदल म्हणजे हवामानातील बदल. सध्या हे बदल दिसणे चालू झाले असून हे बदल जागतिक तापमानवाढीमुळे झाले आहेत का ? अशी विचारणा सामान्य नागरिकांकडून होत आहे.

### १) हिमनद्यांचे वितळणे

इ. स. १९६० च्या दशकात जागतिक तापमानवाढीचा शोध लागला, परंतु नेमके परिणाम कोणते याचा शोध त्या काळी लागणे अवघड होते. इ. स. १९९० च्या दशकात ओझोनच्या प्रश्नाने जगाचे लक्ष वेधल्यावर तापमानवाढीचे परिणाम काय असतील, काय झाले आहेत, याचा मागोवा घेणे चालू झाले. जगातील विविध भागांतील होणारे बदल

तपासण्यात आले. सर्वांत दृश्य परिणाम दिसला तो हिमनद्यांवर.

गेल्या शंभर वर्षांत जगातील सर्वच भागांतील हिमनद्यांचा आकार कमी होणे चालू झाले; कारण सोपे आहे, तापमानवाढीने पडणाऱ्या बर्फापेक्षा वितळणाऱ्या बर्फाचे प्रमाण जास्त झाले व हिमनद्या मागे हटू लागल्या. इ. स. १९६० पर्यंत आफ्रिकेतील माउंट किलीमांजारो या पर्वतावर मुबलक बर्फ होता व आज अतिशय नगण्य बर्फ आहे. हिमालय, आल्प्स, रॉकी या महत्त्वाच्या बर्फाच्छादित पर्वतरांगांमध्येही असेच आढळून आले आहे. या हिमनद्या पाणीपुरवठा म्हणून अतिशय महत्त्वाच्या आहेत. ह्या हिमनद्या नष्ट पावल्या तर या नद्यांवर अवलंबून असणाऱ्यांना पाणी टंचाईचा सामना करावा लागेल.

हिमनद्यांच्या वितळण्याबरोबर आर्क्टिक, अंटार्क्टिका व ग्रीनलॅण्डमधील ध्रुवीय प्रदेशात प्रचंड मोठे हिमनगांचेही वितळणे चालू झाले आहे. खरे तर जागतिक तापमानवाढी अगोदरही वितळण्याची प्रक्रिया चालू होती. परंतु जागतिक तापमानवाढीनंतर बर्फ पडण्याचे प्रमाण कमी झाले व वितळण्याचे प्रमाण जास्त झाले आहे. हे वितळलेले पाणी समुद्राच्या पाण्यात मिसळून जाते. परिणामत: समुद्राच्या पाण्याची पातळी वाढते. आर्क्टिक, अंटार्क्टिका व ग्रीनलँडमध्ये असे प्रचंड हिमनग आहेत. येथील हिमनग दोन प्रकारांत विभागता येतील. पाण्यावरील हिमनग व जमिनीवरील हिमनग. आर्क्टिकमधील हिमनग मुख्यत्वे पाण्यावरील आहेत; तर ग्रीनलँड व अंटार्क्टिकामधील हिमनग हे मुख्यत्वे जमिनीवरील आहेत. या हिमनगांमध्ये पृथ्वीवरील जवळपास ३ टक्के पाणी सामावले आहे. पाण्यावरील हिमनगांचा साधारणपणे बहुतांशी भाग पाण्याखाली असतो व फारच थोडा आपणास पाण्यावरती दिसतो. हे हिमनग जर वितळले, तर पाण्याची पातळी वाढत नाही; पण जर जमिनीवरील हिमनग वितळले, तर ते पाणी सरते शेवटी महासागरात येते व पाण्याची पातळी वाढवते. एकट्या ग्रीनलँडमधील बर्फ वितळला तर पृथ्वीवरील समुद्राच्या पाण्याची पातळी २ ते ३ मीटरने वाढेल; व अंटार्क्टिकावरील संपूर्ण बर्फ वितळला तर पृथ्वीची महासागराची पातळी २० मीटरने वाढेल व असे झाल्यास आज दिसत असलेला कोणताही सुमद्रकिनारा अस्तित्वात राहणार नाही. मुंबई, कोलकाता, चेन्नई, न्यूयॉर्क, लॉस अँजेलिस व इतर शेकडो समुद्राकाठची शहरे पाण्याखाली जातील. बांग्लादेश व नेदरलँडसारखे देश ज्यांची बहुतांश देशाची समुद्रासपाटीपासून ०-५ मीटर इतके आहेत. ह्या देशांमधील बहुतेक भाग पाण्याखालीच असेल. परिणामी, येथील जनतेला इतर भागात स्थलांतर करावे लागेल.

## २) हवामानातील बदल

हवामानातील बदल हा जागतिक तापमानवाढीमुळे होणारा सर्वांत चिंताजनक परिणाम आहे. गेल्या काही वर्षांत या बदलांचे स्वरूप स्पष्टपणे दिसत आहे व त्याचे

परिणाम अनेक देशांतील लोकांनी अनुभवले / अनुभवत आहेत. पृथ्वीवरील हवामान हे अनेक घटकांवर अवलंबून असते. समुद्राच्या पाण्याचे तापमान हा एक महत्त्वाचा घटक आहे. या घटकामुळेच खंडाच्या एखाद्या भागात किती पाऊस पडणार, कधी पडणार हे ठरते. तसेच त्या खंडाचे तापमान किती राहणार हे देखील ठरते. महासागरातील गरम व थंड पाण्याचे प्रवाह या तापमान घटकामुळे काम करतात. युरोपला अटलांटिक महासागरमधील गल्फ-स्ट्रीम या प्रवाहामुळे उबदार हवामान लाभले आहे. जागतिक तापमानवाढीमुळे समुद्राच्या पाण्याचेही सरासरी तापमान वाढले आहे. पाण्याचे तापमान वाढल्याने बाष्पीभवनाचे प्रमाण वाढते, यामुळे पावसाचे प्रमाण, चक्रीवादळांची संख्या व त्यांची तीव्रता वाढलेली आहे. २००५ मध्ये अमेरिकेत आलेल्या कतरिना या चक्रीवादळाने हाहाकार माजवला. याच वर्षी जुलै २६ रोजी मुंबईत व महाराष्ट्रात 'न भूतो भविष्यति' अशा प्रकारचा पाऊस पडला होता. युरोप व अमेरिकेत देखील पावसाचे प्रमाण वाढलेले आहे, परंतु बर्फ पडण्याचे प्रमाण लक्षणीयरित्या कमी झालेले आहे व पूर्वीप्रमाणे थंडी अनुभवयास मिळत नाही, हा तेथील लोकांचा अनुभव आहे. पावसाचे प्रमाण सगळीकडेच वाढलेले नाही; तर काही ठिकाणी लक्षणीयरित्या कमी झालेले आहे. जगातील काही भागात पावसाचे प्रमाण कमी होऊन, त्या भागात दुष्काळाचे प्रमाण वाढेल. आफ्रिकेच्या पश्चिम किनाऱ्यावर असे परिणाम दिसत आहेत, तर ईशान्य भारतात देखील पावसाचे प्रमाण कमी होण्याचे भाकीत आहे, तर थरच्या वाळवंटात पावसाचे प्रमाण वाढेल असे भाकीत आहे. थोडक्यात, हवामानात बदल अपेक्षित आहेत. हवामानातील बदल युरोप व अमेरिकेसारख्या देशात स्पष्टपणे दिसून येतील. इटलीमध्ये भूमध्य समुद्रीय वातावरण आहे. असेच वातावरण तापमानवाढीमुळे फ्रान्स व जर्मनीमध्ये पश्चिम युरोपीय हवामान प्रकारच्या देशांत अनुभवणे शक्य आहे; तर टुंड्रा प्रकारच्या अतिथंड प्रदेशात पश्चिम युरोपीय प्रकारचे हवामान अनुभवणे शक्य आहे. वाळवंटाचीही व्याप्ती वाढणे हवामानातील बदलांमुळे अपेक्षित आहे.

महासागराच्या पाण्याच्या तापमानात बदल झाल्याने महासागरातील महाप्रचंड प्रवाहांच्या दिशा बदलण्याची शक्यता आहे; या प्रवाहांची दिशा बदलेल की नाही? बदल्यास कशी बदलेल ? हे आत्ताच भाकीत करणे अवघड आहे, व हे प्रवाह बदलल्यास पृथ्वीवर पूर्वीप्रमाणेच महाकाय बदल होतील. त्यातील एक बदल शास्त्रज्ञ नेहमी विचारात घेतात, तो म्हणजे ग्लफ स्ट्रिम प्रवाह व उत्तर अटलांटिक प्रवाह. या प्रवाहांमध्ये बदल झाल्यास युरोप व अमेरिकेच्या तापमानात यात अचानक बदल घडून येऊन हिमयुग अवतरण्याची शक्यता आहे.

**जागतिक तापमानवाढीवरील उपाय :**

जागतिक तापमानवाढ रोखायची तर वातावरणातील कार्बन-डाय-ऑक्साइड वायू कमी करण्यासाठी उपाय करावे लागतील. यातला एक उपाय म्हणजे झाडे लावणे व वाढवणे. सध्याचे कार्बन-डाय-ऑक्साइडचे वातावरणातील प्रमाण कमी करावयाचे असेल तर त्याची निर्मिती कमी करणे आवश्यक आहे. जंगलांखालची भूमी सध्याच्या तीन ते पाच पट वाढवायला हवी. दुसरे म्हणजे कार्बन-डाय-ऑक्साइड निर्माण होताच, तो पकडून सागरात सोडायची सोय करायला हवी, किंवा याचे दुसऱ्या एखाद्या अविघटनशील संयुगात रूपांतर करावे लागेल. सागरात मोठ्या प्रमाणावर लोहसंयुगे ओतली तर वानस प्लवंकांची (प्लँक्टॉन वनस्पती) वाढ होऊन त्यामुळे कार्बन-डाय-ऑक्साइडचे प्रमाण कमी व्हायला मदत होईल असं काही शास्त्रज्ञ म्हणतात.

सध्याच्या युगात कोणताही देश ऊर्जेचा वापर कमी करून आपली प्रगती खोळंबून घेणार नाही. अभ्यासातील पाहणीनुसार विकसित देशांचा ऊर्जेचा वापर हा विकसनशील देशांपेक्षा कितीतरी पटीने जास्त आहे. परंतु, वापराचे प्रमाण स्थिरावले आहे. या देशांपुढील मोठा प्रश्न आहे तो म्हणजे ऊर्जेचा वापर कमी कसा करायचा. जेणेकरून हरितवायूंचे प्रमाण कमी होईल. भारत, चीन या देशांत दरडोई वापर कमी असला तरी, वापराचे प्रमाण हे दरवर्षी लक्षणीयरित्या वाढते आहे. वापर गुणिले लोकसंख्या यांचा विचार करता काही वर्षांतच हे देश जगातील इतर देशांना हरितवायूंच्या उत्सर्जनात मागे टाकतील. जगातील इतर विकसनशील देशांच्या बाबतीत हेच लागू होते; म्हणून सध्या ऊर्जेचा वापर कमी करून, जागतिक तापमानवाढीवर मात करता येणे अवघड आहे. यावर मात करण्यासाठी तज्ज्ञांचे असे मत आहे की, आता लगेच कार्बन-डाय-ऑक्साइड या मुख्य हरितवायूला वातावरणात सोडण्यापासून रोखणे. त्यामुळे शास्त्रज्ञ ज्वलनाच्या अशा प्रक्रिया शोधत आहेत की, ज्यामुळे वातावरणात कार्बन-डाय-ऑक्साइड सोडला जाणार नाही व ऊर्जेचे उत्पादन खोळंबणार नाही. मध्यम स्वरूपातील उपायांमध्ये वाहनांसाठी व वीजनिर्मिती प्रकल्पांसाठी नवीन प्रकारचे इंधन शोधून काढणे हे आहे. कायमस्वरूपी उपायांमध्ये तंत्रज्ञे विकसित करणे, जेणेकरून मानवाचे खनिज व निसर्गातील अमूल्य ठेव्यावर अवलंबून रहाणे कमी होईल.

**१) कार्बन-डाय-ऑक्साइडचे रोखणे व साठवण :** ऊर्जानिर्मितीसाठी मग ती कारखान्यातील कामांसाठी असो की, घरगुती विजेसाठी असो, की वाहने चालवणाऱ्यांसाठी असो... यासाठी मुख्यत्वे कोळसा व पेट्रोल यांचे ज्वलन केले जाते. (अपवाद म्हणजे वीजनिर्मिती ही जलविद्युत अथवा पवनचक्क्यांमधील असली तर) या ज्वलनातून कार्बन-डाय-ऑक्साइडचे उत्सर्जन होते. सध्या शास्त्रज्ञांकडून सुचवलेल्या

उपायांवर ज्वलन प्रक्रिया व कार्बन-डाय-ऑक्साइड वातावरणात जाण्यापासून रोखणाऱ्या प्रक्रियांचा विकास चालू आहे. या प्रक्रियांमध्ये मुख्यत्वे कोळशाच्या ज्वलनानंतर त्यातील कार्बन-डाय-ऑक्साइड वेगळा करायचा व वेगळा झालेला कार्बन-डाय-ऑक्साइड भूगर्भातील मोकळ्या खाणींमध्ये साठवून ठेवायचा. कार्बन-डाय-ऑक्साइड वेगळे करण्यासाठी विविध तंत्रे आहेत.

**२) नवीन प्रकारची इंधने :** कार्बन-डाय-ऑक्साइडला ज्वलनानंतर रोखणे व त्याची साठवण करणे हे वीजनिर्मिती प्रकल्पांमध्ये शक्य आहे. कारण, तेथे मोठ्या प्रमाणावर (एकूण ४० टक्के) प्रदूषकांची निर्मिती होते. ही निर्मिती केंद्रीय प्रकारची असल्याने त्यावर उपाय शोधणे सोपे आहे. परंतु वाहनांमध्येही ज्वलन होत असते व तेही कार्बन-डाय-ऑक्साइडचे उत्सर्जन करतात. अभ्यासातील पाहणीनुसार ३३-३७ टक्के कार्बन-डाय-ऑक्साइडचे उत्सर्जन हे वाहनांमुळे होत आहे. परंतु वीजप्रकल्पांप्रमाणे त्याचे उत्सर्जन केंद्रीय नसल्याने प्रत्येक वाहनातील $CO_2$ रोखून त्याची साठवण करणे महाकठीण काम आहे. यावर उपाय म्हणजे नवीन प्रकारची इंधने शोधणे, जेणेकरून या इंधनातून कार्बन-डाय-ऑक्साइडचे उत्सर्जन होणारच नाही.

**३) हायड्रोजन : एक प्रभावी इंधन :** हायड्रोजन हे एक प्रभावी इंधन आहे. हायड्रोजनच्या ज्वलनाने फक्त पाण्याची निर्मिती होते. पाण्याच्या विघटनातून, पेट्रोलियम पदार्थांतून तसेच जैविक पदार्थांमधून हायड्रोजनची निर्मिती करता येते. सध्या हायड्रोजनचे नियोजन कसे करायचे याचे उत्तर शास्त्रज्ञ शोधत आहेत; कारण हायड्रोजन हा हलका वायू असल्याने त्याला केवळ दाबाखाली (Pressurised) साठवता येते. अतिशय ज्वालाग्राही असल्याने याचे इंधन म्हणून वापरण्यावर बंधने आहेत.

**४) जैविक इंधने :** शेतीत निर्माण होणाऱ्या उत्पादनातून निर्माण होणाऱ्या इंधनांना जैविक इंधने म्हणतात. ही इंधने मुख्यत्वे सूर्यप्रकाशापासून होणाऱ्या प्रकाशसंश्लेषणातून तयार होतात. या इंधनापासून कार्बन-डाय-ऑक्साइडची निर्मिती अटळ असली तरी, आपणास खनिज तेलांपासून अथवा कोळशापासून कार्बन-डाय-ऑक्साइडची निर्मिती टाळता येते. अशी इंधने $CO_2$ न्यूट्रल मानण्यात येतात. भाताचे तूस, उसाचे चिपाड ही काही जैविक इंधनांची उदाहरणे आहेत.

**५) अपारंपरिक ऊर्जास्रोत :** सध्या अपारंपरिक ऊर्जास्रोताच्या निर्मितीवर बहुतांशी देशांचा भर आहे. अपारंपरिक स्रोत म्हणजे ज्यात खनिज संपत्तीचा वापर केला जात नाही असे स्रोत. जलविद्युत, पवनचक्क्या, सौर ऊर्जेचा विविध प्रकारे वापर, बायोगॅस निर्मिती, शेतीमालाचे वायूकरण (Gasification), भरती-ओहोटीपासून जलविद्युत इ. हे काही अपारंपरिक ऊर्जास्रोत आहेत.

**६) अणुऊर्जा :** अणुशक्तीपासून मिळवलेली ऊर्जा म्हणजे अणुऊर्जा अणुऊर्जेत हरितवायूंचे उत्सर्जन होत नाही. परंतु किरणोत्सर्गांचा त्रास, अणुभट्ट्यांची सुरक्षितता तसेच अणुऊर्जेच्या नावाखाली अण्वस्त्रांचा होणारा विकास, अणुऊर्जेसाठी लागणारे इंधन व हे इंधन बनवताना होणारे हरितवायूंचे उत्सर्जन यामुळे हा विषय नेहमीच वादात राहतो व सध्या अणुऊर्जा हा जागतिक तापमानवाढीवर पर्यायी विचार करताना नकाराचाच सूर आहे.

**७) आर्थिक, कायदेशीर व सामाजिक उपाय**

**i) उत्सर्जनावर कर :** हरितवायूंच्या जादा उत्सर्जनावर कर लावणे हा उत्तम उपाय आहे. हा कर सरळपणे इंधनावर लावला जाऊ शकतो किंवा इंधनाच्या वापरानंतर एखाद्या उद्योगाने किती हरितवायूंचे उत्सर्जन केले याचे गणित मांडून केला जाऊ शकतो. ज्यादा कराने इंधनाच्या वापरावर बंधने येतील असा अंदाज आहे, व उद्योगधंदे नवीन प्रकारच्या हरितवायूरहित इंधनामध्ये जास्त गुंतवणूक करतील असा अंदाज आहे, मात्र जादा कराने अर्थव्यवस्था संथ होण्याची शक्यता आहे.

**ii) निर्बंध लादणे :** हरितवायूंच्या उत्सर्जनांची पर्वा न करणारे देश अथवा त्यांच्या उद्योगधंद्यांवर आर्थिक निर्बंध लादणे. जेणेकरून त्यांना हरितवायूंची पर्वा करणे भाग पडेल, असे काहीसे उपाय करणे शक्य आहे.

**८) कार्बन क्रेडिट (Crabon Credit) :** विकसित देशांमध्ये क्योटो प्रोटोकॉल अंतर्गत हरित वायूंचे उत्सर्जन कमी करण्यासाठी देशांतर्गत मोठे बदलाव करावे लागत आहेत. विकासाची भूक प्रचंड असताना असे बदल काही देशांसाठी दिवाळखोरीचे कारण बून शकते. तसेच सामाजिक प्रश्नही उद्‌भवण्याची शक्यता आहे. यासाठी क्योटो प्रोटोकॉलमध्ये क्लीन डेव्हलपमेंट मेकॅनिझम (C.D.M.) अंतर्गत कार्बन क्रेडिटची सोय केली आहे. या कलमानुसार विकसित देशांनी अविकसित देशात विकास केल्यास त्याचा, फायदा त्यांना मिळतो. उदाहरणार्थ, आफ्रिकेतील एखाद्या देशात जपानने पवनचक्क्यांची निर्मिती केली व त्या देशाच्या विकासास हातभार लावला, तर पवनचक्क्यांनी जेवढे हरितवायूंचे उत्सर्जन वाचवले ते जपान या देशाच्या खात्यात जमा होते. अथवा एखादा आजारी उद्योगसमूह जर कारखाने बंद करत असेल, तर त्या कारखान्याकडून होणारे उत्सर्जनाचे प्रमाणपत्र इतर देश अथवा इतर कंपनी विकत घेऊ शकते. याला कार्बन क्रेडिट असे म्हणतात.

## ब) ओझोन अवक्षय (Ozone Depletion)

**ओझोन :** फिकट निळ्या रंगाचा, तिखट वास असणारा आणि झोंबणारा ओझोन नावाचा वायू ऑक्सिजनच्या तीन अणूंपासून बनलेला असतो. हा वायू अस्थिर असतो.

तो जेवढ्या वेगाने तयार होतो; तसाच वेगाने नष्टही होतो. तो उत्तम ऑक्सिडाइझिंग वायू असून उच्च तापमानाला त्याचे एकदम विघटन होते.

ओझोन हा जीवरक्षक वायू आहे. सूर्याकडून पृथ्वीवर येणाऱ्या लघुतरंग ऊर्जेतील 'अल्ट्राव्हायोलेट' किरणांचे शोषण करून पृथ्वीवरील जीवसृष्टीचे संरक्षण ओझोन वायूकडून होत असते. वातावरणातील ओझोनचे प्रमाण कमी झाले, तर सूर्याचे अतिनील किरण पृथ्वीवर सहज पोहोचू शकतात. त्यामुळे पृथ्वीचे तापमान एकदम वाढते. यालाच 'ग्लोबल वॉर्मिंग' म्हणतात आणि असे तापमान वाढले; तर जीवसृष्टी पृथ्वीवर टिकू शकणार नाही. ग्लोबल वॉर्मिंगमुळे सध्या आम्लपर्जन्य, वितळणाऱ्या हिमनद्या व सागरी पातळीत होणारी वाढ यासारखे परिणाम दिसून येत आहेत.

एम. व्हॅन मारूम यांना १७८५ मध्ये विद्युत यंत्रांच्याजवळ विशिष्ट प्रकारचा वास येतो असे प्रथम आढळले. १८४० मध्ये सी. एफ. शोएनबाइन यांनी तो वास एका नवीन वायूमुळे येतो हे सिद्ध केले व Ozein म्हणजे वास येणे या ग्रीक शब्दावरून त्याला ओझोन हे नाव दिले. १८७२ मध्ये बी. ब्रॉडी यांनी ओझोनचा रेणू ऑक्सिजनचे तीन अणू एकत्र येऊन बनलेला असतो असे सिद्ध केले. १९९५ सालापासून दरवर्षी १६ सप्टेंबरला संयुक्त राष्ट्र संघटनेच्या (UN) पर्यावरण कार्यक्रम विभागातर्फे 'आंतरराष्ट्रीय ओझोन दिन' साजरा केला जातो.

ऑक्सिजन या मूलद्रव्याचे उच्च ऊर्जा असलेले एक बहुरूप (एकाच मूलद्रव्याच्या त्याच अवस्थेतील भिन्न रूपांपैकी एक) रासायनिक सूत्र $O_3$. वायुरूपात ऑक्सिजनच्या प्रत्येक रेणूत दोन अणू असतात, तर वायुरूपातील ओझोनच्या प्रत्येक रेणूत तीन अणू असतात. ओझोन वायूचा रंग निळा असतो, पण द्रव व घन स्थितीत तो अपारदर्शक व शाईसारखा निळाकाळा दिसतो.

पृथ्वीच्या वातावरणात ओझोन निरनिराळ्या प्रमाणात आढळतो. पृथ्वीच्या पृष्ठाजवळ ग्रामीण भागात त्याचे प्रमाण हवेच्या आकारमानाच्या ०.०२ - ०.०३ दशलक्षांश एवढे असते. शहरी भागात त्याहून कमी असते. पण दाट धुक्याच्या वातावरणात ते वाढते. समुद्रकिनारी ओझोनचे प्रमाण बरेच असते. २१ कि.मी. उंचीवरील वातावरणात जंबूपार किरणांच्या (सूर्यप्रकाशाच्या वर्णपटातील जांभळ्या वर्णाच्या पलीकडे असलेल्या अदृश्य किरणांच्या) ऑक्सिजनवरील क्रियेने ओझोन तयार होतो. (२१ ते २६ कि.मी.). या स्थितांबर भागात त्याचे प्रमाण फार मोठे असते; म्हणून त्या भागाला 'ओझोनचा पट्टा' असे म्हणतात. कमी तरंग लांबी असलेल्या किरणांचे ऑक्सिजनकडून शोषण होऊन ओझोन तयार होतो, त्यामुळे त्या किरणांपासून पृथ्वीवरील जीवसृष्टीचा बचाव होतो.

## ओझोनचे गुणधर्म व उपयोग

१) विद्युत उपकरणांत ठिणगी पडल्यास हवेत ओझोन तयार होतो. त्यामुळे बऱ्याच लोकांना ओझोनाचा उग्र वास परिचित आहे. ओझोनमुळे नाजूक त्वचेचा क्षोभ होतो. मानव व इतर प्राण्यांना तो अपायकारक आहे. हवेत ओझोनचे प्रमाण ०.१ दशलक्षांशापेक्षा जास्त असले तर फार वेळ त्या हवेत श्वासोच्छ्वास करणे धोक्याचे आहे.

२) शुद्ध ओझोन किंवा जास्त प्रमाणात ओझोन असलेले ओझोन-ऑक्सिजन मिश्रण यात ठिणगी पडल्यास किंवा त्यास अन्य प्रकारे उत्तेजन मिळाल्यास स्फोट होतो. ही क्रिया ओझोन, वायू किंवा द्रव स्थितीत असेल तरीही होते.

३) तापमान-१७९.९° से. पेक्षा जास्त असेल, तर द्रव ओझोन व द्रव ऑक्सिजन एकमेकांत कोणत्याही प्रमाणात मिसळतात.

४) क्लोरिनपेक्षा ओझोनने पाणी जलद जंतुविरहित होते. दूषित पाण्याला दुर्गंध व मचूळपणा देणाऱ्या पदार्थांचे ऑक्सिडीकरणही त्याने लवकर होते. या गुणधर्माचा उपयोग लक्षात घेऊन पाश्चात्त्य देशांत पाणी शुद्धीकरणासाठी ओझोन वापरतात. हायड्रोजन पेरॉक्साइड, क्लोरीन व सल्फर-डाय-ऑक्साइडपेक्षा जलयुक्त ओझोनने पाण्याच्या उपस्थितीत विरंजन (रंग नाहीसा करण्याची क्रिया) जलद होते.

५) शीतगृहाच्या हवेत १-३ दशलक्षांश भाग ओझोन ठेवल्यास अन्नपदार्थांवर बुरशी धरण्यास व जंतूंच्या अनिष्ट क्रियांस विरोध होतो.

६) हवेतील ओझोनमुळे रबरावर अनिष्ट परिणाम होतो. टायर इ. रबरी वस्तूंना तडे जातात. त्यामुळे रबरी वस्तू बनविताना त्यात ऑक्सिडीकरणास विरोध करणाऱ्या पदार्थांचा समावेश करावा लागतो.

## ओझोन अवक्षय (Ozone Depletion)

ओझोन अवक्षय (Ozone Depletion) म्हणजे पृथ्वीच्या वातावरणात असणाऱ्या ओझोन वायूच्या थरातील त्याचे प्रमाण कमी होणे. ओझोन हे ऑक्सिजन या मूलद्रव्याचे उच्च ऊर्जा असलेले एक बहुरूप आहे. सामान्य ऑक्सिजनमध्ये दोन अणू ($O_2$) असतात, तर ओझोनाच्या प्रत्येक रेणूत ऑक्सिजनचे तीन अणू ($O_3$) असतात. १८७२ सालामध्ये बी. ब्रॉडी यांनी ऑक्सिजनचे तीन अणू एकत्र येऊन ओझोनचा रेणू बनलेला असतो, हे सिद्ध केले. वातावरणात ओझोन वायूचे प्रमाण ०.००००६ टक्के इतके अल्प असते. सूर्याचे अतिनील किरण वातावरणातून येताना भूपृष्ठापासून ६०-८० कि.मी. उंचीच्या पट्ट्यात त्यांची ऑक्सिजनशी रासायनिक प्रक्रिया होऊन ओझोन वायू तयार होतो. हा

वायू स्थितांबरातील १२ ते ४० कि. मी. उंचीच्या थरात जमा होतो. २० ते २५ कि.मी. च्या पट्ट्यात त्याचे सर्वाधिक प्रमाण असते. वातावरणातील ९०% ओझोन स्थितांबरात आढळतो. स्थितांबरातील ओझोनच्या या आवरणालाच 'ओझोनांबर' असे म्हणतात. ध्रुवीय प्रदेशात ओझोनच्या थराची जाडी अधिक असते. विषुववृत्तीय भागात तुलनेने कमी असते.

**ओझोन अवक्षय-कारणे**

१) नैसर्गिकरित्या वातावरणात ओझोनचे संतुलन राखले जाते, परंतु अलीकडील काही दशकांत मानवी कृतींमुळे हे संतुलन बिघडत चालले आहे आणि ओझोन थरातील त्याचे प्रमाण घटत आहे. सजीव सृष्टीच्या दृष्टीने ही बाब चिंतेची आहे. ओझोन अवक्षयाचे प्रमुख कारण म्हणजे सी.एफ.सी. (क्लोरोफ्ल्युरोकार्बन - CFC). क्लोरोफ्ल्युरोकार्बन हा वायूचा शीतक, अग्निरोधक, औद्योगिक द्रावणक, वायुकलिल (एरोसोल), फवाऱ्यातील घटक व रासायनिक अभिक्रियाकारक म्हणून उपयोग होतो. ह्या रसायनांचा वापर रेफ्रिजरेटर्स आणि एअरकंडिशनर्समध्ये केला जातो. हा वायू वातावरणाच्या वरच्या भागापर्यंत पोहोचतो. तेथे त्याचे विघटन होते आणि त्यातून क्लोरीन वायू निर्माण होतो. हा क्लोरीन ओझोनचे अपघटन ऑक्सिजनमध्ये करतो.

२) कलोरोफ्ल्युरोकार्बन शिवाय अन्य क्लोरीनयुक्त वायूंमुळेही ओझोन नष्ट होऊ शकतो. या वायूंचे स्रोत काही प्रमाणात नैसर्गिक (ज्वालामुखी उद्रेक, सेंद्रिय पदार्थांचे नैसर्गिक विघटन इ.) असले तरी प्रामुख्याने ते मानवनिर्मित आहेत.

३) वातावरणातील ओझोनची संहती (रेणूंची संख्या) कमी झाल्यामुळे त्याचा अवक्षय दिसून येतो. ओझोनच्या थराच्या जाडीत फरक होत नाही. १९७० च्या दशकाच्या शेवटी अभ्यासकांना अंटार्क्टिका खंडावरील वातावरणातील ओझोनच्या अवक्षयाची खरी जाणीव झाली. १९८५ मध्ये ब्रिटिश वैज्ञानिकांनी ओझोनचे छिद्र (ओझोनची संहती लक्षणीयरित्या कमी झालेले क्षेत्र) १९६० पासून वाढत असल्याचे निदर्शनाला आणून दिले. अंटार्क्टिकावरही काही जागी ओझोनची संहती ५०% पर्यंत कमी झालेली आढळली.

४) स्ट्रॅटोस्फिअरमध्ये असलेला ओझोन अतिनील किरणांना रोखून पृथ्वीवरील जीवसृष्टीला मदत करतो, तर पृथ्वीच्या पृष्ठभागाला अगदी जवळ असलेल्या थरातील ओझोन आरोग्यविषयक समस्या निर्माण करतो. पृथ्वीच्या पृष्ठभागाच्या अगदी जवळ असलेल्या थरात वाहनांमुळे होणाऱ्या प्रदूषणामुळे, नायट्रोजन ऑक्साइड्स आणि हायड्रोकार्बन्सचे प्रमाण वाढते. सूर्यप्रकाशात त्यातून ओझोनची निर्मिती होते. ह्या ओझोनमुळे आरोग्यविषयक समस्या, जसे खोकला येणे, घसा खवखवणे, दमा बळावणे,

ब्रॉंकायटिस, निर्माण होतात. पिकांचेही नुकसान होऊ शकते.

५) १९८० पासून पृथ्वीचे तापमान वाढत चालले आहे. औद्योगिक क्रांती सुरू झाल्यानंतर कोळसा, नैसर्गिक वायू, खनिज तेल यांचा वापर मोठ्या प्रमाणात होऊ लागला. जंगलतोड, जाळपोळ, सिमेंट उत्पादन या सर्वांमुळे वातावरणात प्रचंड कार्बनप्रणीत वायू फेकला जाऊ लागला आहे. औद्योगिक क्रांतीपूर्वी वातावरणातील कार्बनप्रणीत वायूचे प्रमाण २६० पी. पी. एम. व्ही. होते आता ते ३८० पी. पी. एम. व्ही. पेक्षा जास्त झाले आहे. विविध तेलांच्या ज्वलनामुळे मिथेनचे प्रमाण वाढले, हायड्रोकार्बनच्या ज्वलनामुळे नायट्रस ऑक्साईडचे प्रमाण वाढले. रेफ्रिजरेटर, वातानुकूलित घरे, ऑफिसेस, कारखाने यांच्या वापरामुळे गेल्या पन्नास वर्षांत क्लोरोफ्लूरोकार्बन्स हा हरितगृह वायू वातावरणात मोठ्या प्रमाणात सोडला जात असल्याने याचा परिणाम 'ग्लोबल वॉर्मिंग'च्या रूपात आपल्यासमोर आला आहे.

६) ओझोन थर पातळ झाल्यास मानवजातीला अनेक समस्यांना तोंड द्यावे लागणार आहे; कारण सूर्याच्या अतिनील किरणांमुळे त्वचेचा कर्करोग, पिकांचा नाश, जैवविविधता, समुद्री जलचरांना धोका निर्माण होऊन मानवी अन्नसाखळी तुटण्याची शक्यता पर्यावरणतज्ज्ञांनी वर्तविली आहे. याचा आणखी एक धोका असा आहे, की सूर्याचे अतिनील किरण पृथ्वीवर तीव्र स्वरूपात पोहोचल्यामुळे उत्तर आणि दक्षिण ध्रुवावरील बर्फ मोठ्या प्रमाणात वितळू लागेल. परिणामी समुद्राची पाणीपातळी वाढून काठांवरील शहरांना धोका निर्माण होण्याची शक्यता आहे.

७) गेल्या काही वर्षांपासून जागतिक तापमानवाढ हा मुद्दा सातत्याने जागतिक व्यासपीठावर चर्चेत आहे. वाढते औद्योगिकीकरण, शहरीकरण, कमी होत जाणारी जंगले, बदललेले राहणीमान ही वातावरण प्रदूषणाची महत्त्वाची कारणे आहेत. विविध उद्योगांमध्ये क्लोरोफ्युरोकार्बन्स, हेलॉन्स, मिथिल क्लोरोफॉर्म, मिथिल ब्रोमाईड, हायड्रो यासारख्या वायूंचा वापर केला जातो. पृथ्वीभोवती असलेले नैसर्गिक ओझोनचे कवच जे सूर्यापासून निघणाऱ्या अतिनील किरणांपासून संरक्षण करते ते या घातक वायूंच्या उत्सर्जनामुळे कमकुवत होत आहे.

### ओझोन अवक्षयाचे परिणाम

१) स्थितांबरात असणाऱ्या ओझोनमुळे सूर्याकडून येणाऱ्या अतिनील किरणांचा काही भाग शोषला जातो. सजीवांना पोषक एवढीच उष्णता भूपृष्ठावर येते. त्यामुळे अतिनील किरणांपासून सजीव सृष्टीचे संरक्षण होते; जर ओझोनचा थर नसता तर अतिनील किरण जसेच्या तसे भूपृष्ठावर पोहोचले असते आणि मानवासह सर्व सजीवांना अनिष्ट परिणाम भोगावे लागले असते.

२) या किरणांमुळे त्वचेचा कर्करोग, डोळ्यांचे विकार इ. अनेक विकार जडतात. स्थितांबरातील या ओझोनच्या रूपाने पृथ्वीभोवती जणू एक संरक्षक कवच निर्माण झाले आहे.

३) ३५ कि.मी. उंचीवर डायऑक्सिजन आणि ओझोन यांच्यामुळे UV-C किरण शोषले जातात. UV-C किरण सजीवांसाठी अत्यंत धोकादायक असतात. UV-B किरण त्वचेसाठी हानिकारक असतात. त्यामुळे त्वचेचा कर्करोग होऊ शकतो. ओझोनच्या थरामुळे UV-B किरण बऱ्याच प्रमाणात शोषले जातात. UV-A किरण ओझोन थरातून आरपार जातात. हे किरण पृथ्वीपर्यंत जसेच्या तसे पोहोचतात. परंतु UV-A किरण सजीवांना कमी प्रमाणात हानिकारक असतात.

४) घातक वायूंच्या उत्सर्जनामुळे ओझोन थर विरळ होत आहे. त्याचा परिणाम मानवी आरोग्याच्या बरोबरीने पर्यावरण, जलसाठे, शेती, जनावरांच्या व्यवस्थापनावर होताना दिसत आहे.

### ओझोन अवक्षय कमी करण्यासाठी उपाय

जागतिक स्तरावर ओझोनाचा अवक्षय थांबवून जीवसृष्टीचे संरक्षण करण्याच्या दृष्टीने प्रयत्न सुरू झाले आहेत. (CFC) सी.एफ.सी.च्या उत्पादनास प्रतिबंध घालणे, त्यांचे उत्पादन कमी करणे किंवा त्याला पर्यायी रसायने शोधणे इ. उपाययोजना केल्या जात आहेत. संयुक्त राष्ट्रांच्या पर्यावरण संरक्षण समितीने समितीमार्फत सप्टेंबर १९८७ पासून १६ सप्टेंबर हा 'ओझोनदिन' म्हणून पाळला जातो. १९८७ चा माँट्रियल करार व १९८९ च्या लंडन परिषदेमुळे ओझोन अवक्षयाचे गांभीर्य लोकांच्या लक्षात आले आहे. त्याचा परिणाम म्हणून सीएफसीची (CFC) निर्मिती २० टक्क्यांनी कमी झाली आहे. ओझोन समस्येबाबत भारत हे एक जबाबदार व जागरूक राष्ट्र आहे. ओझोन अवक्षय ही एक जागतिक समस्या असल्याचे भान ठेवून भारताने १९९२ मध्ये माँट्रिऑल करारावर स्वाक्षरी केली आहे, मात्र या प्रकारचे करार हे जगातील सर्व राष्ट्रांच्या दृष्टीने सामान्य व न्याय्य स्वरूपाचे असावेत, ही भारताची ठाम भूमिका आहे. भारताने ओझोनचा नाश करणाऱ्या द्रव्यांच्या उत्पादनावर व व्यापारावर बंदी घातलेली आहे.

ओझोन अवक्षय व जागतिक तापमान वाढ कमी करण्यासाठी जागतिक स्तरावर आणि वैयक्तिक स्तरावर प्रयत्न व्हायला पाहिजेत. वातानुकूलित वाहने, फ्रीज, शीतगृहे यांच्या वापरावर मर्यादा आणण्याची गरज आहे, त्याचबरोबर ज्या इलेक्ट्रॉनिक वस्तूंचा वापर अत्यावश्यक आहे त्या ओझोन फ्रेंडली असाव्यात, असा आग्रह ग्राहकांनी धरला पाहिजे. जास्तीतजास्त वृक्षारोपण करायला हवे. हवेचे प्रदूषण थांबवण्यासाठी वाहनांची नियमित तपासणी आणि वाहनांमधून धूर जास्त सोडला जाणार नाही याची काळजी घेणे

आवश्यक आहे. शेतीसाठी रासायनिक खतांऐवजी सेंद्रिय खतांचा वापर केल्यानेही पर्यावरण संरक्षणास मदत होईल. आपल्या भावी पिढ्यांना स्वच्छ व आरोग्यदायी निसर्गाचा आनंद उपभोगता यावा यासाठी आपण आपल्यापासूनच सुरुवात करायला हवी.

ओझोन कृती गटाच्या माध्यमातून १०० विकसनशील आणि ४० विकसित देशांमध्ये विविध प्रकल्प राबविले जात आहेत. यामध्ये उद्योगसमूहांना तांत्रिक मदत, विविध संस्थांना मार्गदर्शन तसेच जगभरात जागृती कार्यक्रमांचे आयोजन केले जाते. संयुक्त राष्ट्रसंघाने १६ सप्टेंबर १९८७ रोजी क्लोरोफ्युरो कार्बनची निर्मिती आणि वापर यावर नियंत्रण ठेवण्याचा करार केला. त्यानिमित्ताने १६ सप्टेंबर हा दिवस 'जागतिक ओझोन संरक्षण दिवस' म्हणून जगभर साजरा केला जातो.

गेल्या २५ वर्षांत या ओझोन थराच्या संरक्षणाच्या दृष्टीने विविध उपाययोजना प्रत्येक देशाने केल्या आहेत. त्यामुळे औद्योगिक तसेच कृषी क्षेत्रामधून घातक वायूंच्या वापरावर नियंत्रण मिळविण्यात यश आले आहे. औद्योगिक क्षेत्रात पर्यावरणपूरक वायूंचा वापर वाढला आहे. विविध देशांत जनजागृतीच्या माध्यमातून ओझोन थराचे महत्त्व सर्वांपर्यंत पोहोचवण्यात आपल्याला यश आले आहे. येत्या काळात देखील पृथ्वीच्या शाश्वत विकासासाठी सर्व देश एकत्र येतील आणि भावी पिढी देखील सुखाने जगेल यासाठी आपण सर्वजण प्रयत्नशील राहू.

### क) आम्ल वर्षा (Acid Rain)

'आम्ल वर्षा' ज्याला इंग्रजीमध्ये Acid Rain म्हणतात. असा पाऊस आपण कदाचित अनुभवला नसेल, तरी या पावसाबद्दल नक्कीच ऐकले असेल. पावसाच्या पाण्याला आपण 'शुद्ध पाणी' म्हणतो. या पावसाच्या पाण्यामध्येही काही प्रमाणात कार्बन-डाय-ऑक्साइड ($Co_2$), अमोनिया ($NH_3$) आणि अमोनियम हायड्रॉक्साईड ($NH_4OH$) असतो. तसेच अल्प प्रमाणात धनभायिरत आयर्न (Cations) (Ca++, Mg++, K+, Na+) आणि ऋणभारित आयर्न (Anaions) ($Cl_2$ - $SO\text{-}_1$) असतात. शुद्ध पाण्याचा सामू ७.० असतो. पडणाऱ्या पावसाचे पाणी ज्याला आपण शुद्ध पाणी म्हणतो, त्याचा सामू ५.६ इतकाच असतो. याचाच अर्थ पावसाचे पाणी हे आम्लधर्मी आहे. जेव्हा या पावसाच्या पाण्याचा सामू ५.६ पेक्षा कमी होतो, अशा पावसाला आपण 'आम्ल वर्षा' किंवा 'Acid Rain' असे म्हणतो. Acid Precipitation ही संज्ञा १८७२ मध्ये रॉबर्ट अँगस स्मिथ यांनी आपल्या 'Air and Rain' या ग्रंथात प्रथम वापरली. १९८४ पासून मँचेस्टर हे आम्लपर्जन्याचे सूचना व मार्गदर्शक केंद्र बनले आहे. आधुनिक काळातील एक पर्यावरणीय समस्या, कोरड्या किंवा शुष्क स्वरूपातील आम्लकणांचे वातावरणातून भूपृष्ठावर होणारे निक्षेपण सर्वसामान्यपणे आम्लपर्जन्य (Acid Rain) म्हणून ओळखले जाते.

**‘आम्ल वर्षा’ - कारणे**

१) आम्ल वर्षा होण्यामागे प्रदूषण हा महत्त्वाचा घटक आहे. वेगवेगळ्या प्रकारचे औद्योगिक कारखाने आणि वाहने यांच्यामध्ये मोठ्या प्रमाणात इंधनाचा वापर होतो. खाणीमधील तेल, कोळसा, नैसर्गिक वायू इत्यादींच्या ज्वलनातून तसेच अशुद्ध सल्फाईड धातूचे शुद्धीकरण सुरू असते. अशा वेळी खूप मोठ्या प्रमाणात सल्फर अणि नायट्रोजन ऑक्साइड वायू हवेमध्ये सोडला जातो. हे वायू जेव्हा वातावरणातील पाण्याच्या किंवा आर्द्रतेच्या संपर्कात येतात, तेव्हा त्यांच्यामध्ये होणाऱ्या रासायनिक अभिक्रियेतून सल्फ्युरिक आम्ल आणि नायट्रिक आम्ल ही दोन जहाल आम्ले तयार होतात. यानंतर ही आम्ले पावसाच्या रूपाने म्हणजे पाणी, बर्फ किंवा धुक्याच्या स्वरूपात जमिनीवर पडतात. हाच आम्ल वर्षा किंवा ॲसिड रेन होय.

२) नायट्रोजन ऑक्साइड वायू हवेमध्ये सोडला जातो. हे वायू जेव्हा वातावरणातील पाण्याच्या किंवा आर्द्रतेच्या संपर्कात येतात, तेव्हा त्यांच्यामध्ये होणाऱ्या रासायनिक प्रक्रियेतून सल्फ्युरिक आम्ल आणि नायट्रिक आम्ल ही दोन आम्लं तयार होतात. ही आम्लं पावसाच्या रूपाने म्हणजे पाणी, बर्फ किंवा धुक्याच्या स्वरूपात जमिनीवर पडतात. त्याला आम्ल वर्ष म्हणतात.

३) जीवाश्म इंधनांचे ज्वलन, प्रगलन क्रिया, औष्णिक विद्युत केंद्रे, औद्योगिक बाष्पपात्र (बॉयलर), धातू उद्योग, मोटारगाड्या, कारखाने, घरातील अग्नी इ. मानवी प्रक्रियांमधून तसेच ज्वालामुखी क्रिया, विघटन क्रिया, दलदली, वणवे, समुद्रातील प्लवंग इ. नैसर्गिक प्रक्रियांमधून विविध वायुरूप प्रदूषके व ऑक्साइडे वातावरणात उत्सर्जित होतात. वातावरणात मिसळलेल्या सल्फर-डाय-ऑक्साइड, सल्फर-ट्राय-ऑक्साइड, नायट्रोजन ऑक्साइड, कार्बन-डाय-ऑक्साइड, क्लोरीन या वायुरूप प्रदूषकांचा वातावरणातील ऑक्सिजन व बाष्पाशी संयोग होऊन सल्फ्युरिक आम्ल, नायट्रिक व नायट्रस आम्ले, कार्बनिक आम्ल, हायड्रोक्लोरिक आम्ले इ. तयार होतात. ही आम्ले वृष्टिजलात विरघळून ती जमिनीवर येतात. अशा वर्षणास ‘आम्लवर्षण’ किंवा आम्ल पर्जन्य असे म्हणतात.

४) रासायनिक गुणधर्मानुसार आम्लवर्षणाचे वेगवेगळे प्रकार पडतात. उदा. सल्फ्युरिक आम्लवर्षण, नायट्रिक आम्लवर्षण, कार्बनिक आम्लवर्षण. वृष्टिजलात काही प्रमाणात आम्ल असतेच; कारण वातावरणातील कार्बन-डाय-ऑक्साइड हा वायू काही प्रमाणात मिसळलेला असतो. कार्बनिक आम्ल हे वर्षणातून जमिनीवर येते, मात्र त्याचे सामू (पी.एच. मूल्य) ५.६ असल्याने ते हानिकारक ठरत नाही; या आम्लाचे प्रमाण वाढल्यास असे वर्षण घातक ठरते. आम्लवर्षण हा हवेच्या प्रदूषणाचा परिणाम असून दिवसेंदिवस ही एक गंभीर समस्या बनत आहे.

**'आम्ल वर्षा' - परिणाम**

१) विकसित देशांत ही समस्या अधिक गंभीर बनली आहे. आम्लवर्षणामुळे वनस्पती, प्राणी, मृदा, विविध वस्तू, वास्तुशिल्प आणि मानवी आरोग्य यावर दुष्परिणाम होतात.

२) आम्लवर्षणामुळे वनस्पतींच्या प्रकाशसंश्लेषण क्रियेवर (हरितद्रव्य तयार करण्याच्या प्रक्रियेवर) परिणाम होऊन पानांचा हिरवेपणा कमी होतो. त्यामुळे पाने पिवळी पडून हळूहळू गळून पडतात. कालांतराने त्या वनस्पती नष्ट होतात. अमेरिकेतील संयुक्त संस्थाने, कॅनडा, युरोपीय देश, जपान इ. देशात आम्लवर्षणामुळे कित्येक वनस्पती वेगाने नष्ट होत आहेत. जपानमधील टेकिओच्या उत्तरेस असलेल्या कांटो मैदानी प्रदेशाच्या विस्तृत क्षेत्रातील सीडार वृक्ष आम्लवर्षणामुळे पूर्णत: नष्ट झालेले आहेत.

३) आम्लवर्षणाचे जलपरिसंस्थेवर दुष्परिणाम होतात. आम्लयुक्त पाण्यात प्लवंगांची वाढ खुंटते, माश्यांची पुनरुत्पादनाची प्रक्रिया बंद पडते व मासे मरतात. आम्लवर्षणामुळे नद्या, ओढे, तळी, सरोवरे यातील पाणी दूषित होते. जमिनीचे आम्लीकरण होऊन तिचे रासायनिक गुणधर्म बदलतात. त्यामुळे जमिनीची प्रत खालावते व तिची सुपीकता कमी होते.

४) आम्लवर्षणाचे मानवी आरोग्यावर प्रत्यक्ष व अप्रत्यक्षरित्या परिणाम होतात. आम्लयुक्त पाणी पिण्याने श्वासनलिकेचे, मज्जासंस्थेचे, त्वचेचे व पोटाचे विकार जडतात. वाढत्या प्रदूषणामुळे भारतात आम्लपर्जन्याचे प्रमाणही वाढत आहे. विशेषत: मुंबई, दिल्ली, कोलकाता, चेन्नई, हैदराबाद इ. औद्योगिक शहरांमध्ये त्याचे परिणाम जाणवू लागले आहेत.

५) आत्तापर्यंतच्या काही संशोधनांतील निष्कर्षांमध्ये असे आढळून आले आहे की, जेव्हा कधी एखाद्या भागामध्ये आम्लाचा पाऊस पडतो, त्यातील ७० टक्के भाग सल्फ्युरिक ॲसिडचा तर ३० टक्के भाग हा नायट्रिक ॲसिडचा असतो. या प्रयोगामध्ये इतरही काही निरीक्षणे महत्त्वाची आहेत. आम्ल वर्षा ज्या भागात होते तेथील सूक्ष्मजीव, प्राणी वनस्पती आणि नदी-नाल्यांमधील मासे यांच्यावर विपरीत परिणाम झाल्याचे दिसून आले आहे.

६) एखाद्या पिकावर किंवा वनस्पतीवर जेव्हा आम्ल वर्षा होते, अशा वेळी विशेषत: झाडाच्या पानांवर लक्षणे दिसतात. यामध्ये पानांवर डाग पडतात, पाने करपून जातात, पाने वेडीवाकडी होतात. काही वेळा पाना-फळांचे वजन कमी होते. अशा प्रकारची काही लक्षणे दिसून आली आहेत. काही प्रयोगांअंती असे निदर्शनास आले आहे की आम्ल वर्षा पडलेल्या ठिकाणी काही वनस्पतींच्या बियांची उगवण अतिशय चांगल्या

संख्येने झाली तर उलटपक्षी इतर वनस्पतींच्या बियांची उगवण अतिशय कमी झाली.

७) वनस्पतींवरील रोग आणि सूत्रकृमी यामध्येही पावसाच्या आम्लतेच्या तीव्रतेनुसार विविधता आढळून आली आहे. उदा. ओक वृक्षावरील तांबेरा रोगाचे प्रमाण हे साध्या पावसात पडणाऱ्या रोगांपेक्षा १४ टक्क्यांनी कमी झाले. वाल पिकाच्या मुळावरील सूत्रकृमींचे निरीक्षण केले असता आढळून आले की, साधारण पडणाऱ्या पावसाच्या तुलनेत ज्या ठिकाणी ३.२ सामूची आम्ल वर्षा झाली. अशा भागामधील वालाच्या मुळावरील सूत्रकृमींची अंडी सुमारे ३४ टक्क्यांनी जास्त आढळली.

**आम्ल पर्जन्य कमी करण्याचे उपाय :**

१) वेगवेगळ्या प्रकारचे औद्योगिक कारखाने आणि वाहने यांच्यामध्ये मोठया प्रमाणात इंधनाचा वापर होतो. खाणीमधील तेल, कोळसा, नैसर्गिक वायू इत्यादींच्या ज्वलनातून तसेच, अशुद्ध सल्फाइड धातूचे शुद्धीकरण सुरू असते. अशा वेळी खूप मोठ्या प्रमाणात सल्फर आणि नायट्रोजन ऑक्साईड वायू हवेमध्ये सोडला जातो, त्याचे प्रमाण कमी करण्यासाठी प्रयत्न व्हायला पाहिजेत.

२) नैसर्गिक प्रक्रियांमधून विविध वायुरूप प्रदूषके व ऑक्साइडे वातावरणात उत्सर्जित होतात. वातावरणात मिसळलेल्या सल्फर डायऑक्साइड, सल्फर ट्रायऑक्साइड, नायट्रोजन ऑक्साइड, कार्बन डाय ऑक्साइड, क्लोरीन या वायुरूप प्रदूषकांचे वातावरणातील प्रमाण कमी करण्यासाठी कायदे व नियम करणे आवश्यक आहे.

३) विविध संस्थांना मार्गदर्शन तसेच जगभरात जागृती कार्यक्रमांचे आयोजन केले पाहिजे.

४) वेगवेगळ्या प्रयोगांच्या निरीक्षणावरून आपण म्हणू शकतो की, आम्ल वर्षा वनस्पती किंवा पिकांच्या आरोग्यावर वेगवेगळ्या प्रकारे परिणाम करत असते. या विषयामध्ये नवीन संशोधन होणे खूप गरजेचे आहे, कारण सध्या हवामान बदलाचे परिणाम सर्वच थरांवर जाणवायला लागले आहेत. या आम्ल वर्षाचा वेगवेगळ्या पिकांवर कशा प्रकारे आणि किती परिणाम होतो, तसेच उत्पन्नामध्ये कशी घट येते, त्यावर काही उपाय करता येतील का? अशा बऱ्याच प्रश्नांची उत्तरे शोधण्याची गरज आहे.

५) जनसामान्यांना आम्लपर्जन्याचा धोका समजून देऊन हवेत वेगवेगळी प्रदूषके मिसळणार नाहीत यांची दक्षता घेण्यास प्रवृत्त करणे आवश्यक आहे.

६) कारखाने, वाहने, छोटे उद्योग व्यवसाय यांचेकडून हवा प्रदूषण कमी करण्याची हमी घेतल्याशिवाय विस्थापनास परवानगी देऊ नये.

७) पर्यावरण संरक्षण योजनांची काटेकोर अंमलबजावणी केली जावी.

प्रकरण ८

# आपत्ती व्यवस्थापन क्षेत्र अभ्यास

## (Case Studies of Disaster Management)

---

### अ) हिंदी महासागरातील त्सुनामी - २००४

त्सुनामी हा जपानी शब्द असून त्याचा अर्थ 'बंदारातील लाटा' ('त्सु' म्हणजे बंदर आणि 'नामी' म्हणजे लाटा) असा होतो. हा शब्द मासेमारी करणाऱ्या कोळ्यांमध्ये प्रचलित होता. मासेमारी करून परत आलेल्या कोळ्यांना संपूर्ण बंदर नाश पावलेले दिसे; पण समुद्रात लाटा दिसत नसत. किनाऱ्यापासून दूर समुद्रात या लाटांची उंची जास्त नसते पण तरंगलांबी मात्र जास्त असते; त्यामुळे त्या दिसून येत नाहीत. पण जसजशा या लाटा किनाऱ्याकडे येतात तसतशी त्यांची उंची वाढते व तरंगलांबी कमी होते. त्यामुळे पाण्यातील शक्ती किनाऱ्यावर आदळून मोठे नुकसान होते. खोल समुद्रात त्सुनामीची तरंगलांबी २०० कि.मी. व तरंगउंची १ मीटर असते. त्यवेळी वेग साधारणत: ताशी ८०० कि.मी. असते.

भूकंप, ज्वालामुखींचा उद्रेक व उल्कापात यामुळे त्सुनामी निर्माण होते. पहिल्या त्सुनामीची नोंद ग्रीसमध्ये इ. स. पूर्व ४२६ मध्ये झालेली आहे. त्सुनामी लाटा सर्वाधिक पॅसिफिक महासागरामध्ये तयार होतात; कारण विध्वंसक तबकांच्या सीमा ज्वालामुखीय बेटे व ज्वालामुखीय चाप, समुद्रातील स्फोट, वायुभारातील फरक ही आहेत.

त्सुनामीचे तीन प्रकार उत्पत्तीस्थान आपल्यापासून किती दूर आहे यावरून पडतात.

**१) दूरस्थ त्सुनामी :** खूप दूर अंतरावर निर्माण होतो थोडक्यात पॅसिफिक महासागरात चिलीच्या पलीकडे तयार होतो. त्यामुळे आपल्याकडे न्यूझिलंडला चेतावनी देण्यासाठी तीन तास असतात.

**२) क्षेत्रीय त्सुनामी :** हा त्सुनामी आपल्यापासून एक ते तीन तासांच्या अंतरावर तयार होतो.

**३) स्थानिक त्सुनामी :** आपल्या एकदम जवळच तयार होतो. हा त्सुनामी खूपच

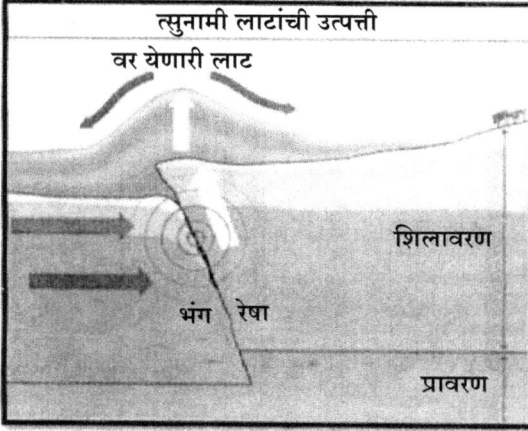

त्सुनामी लाटांची उत्पत्ती
वर येणारी लाट
शिलावरण
भंग रेषा
प्रावरण

धोकादायक समजला जातो; कारण चेतावनी देण्यासाठी आपल्याकडे फक्त काही मिनिटे असतात.

२६ डिसेंबर २००४ रोजी आग्नेय आशियात हिंदी महासागरात मध्यरात्रीच्या सुमारास इंडोनिशियातील सुमात्रा बेटाजवळ समुद्रात ९.१ रिश्टरचा भूकंप झाला. त्यातून उद्भवलेल्या लाटांमुळे त्सुनामी निर्माण झाली. या त्सुनामीने इंडोनेशिया, थायलंड, भारत, श्रीलंका, बर्मा, मादागास्कर अशा १४ देशांना फटका बसला. ही नैसर्गिक आपत्तीच्या इतिहासातील सर्वांत भयानक नुकसानकारक त्सुनामी ठरली. त्यामध्ये १८,४१,६७ लोक मृत्यूमुखी पडले. सुमारे १,२५,००० लोक जखमी झाले. ४५,७५२ लोक बेपत्ता झाले असून १६,९५,१४९ लोक निर्वासित झाले. आजवरचा हा जगातील तिसऱ्या क्रमांकाचा भूकंप ९.५४९६० ठरला. १९६० च्या चिली (९.५) व १९६४ च्या अलास्का (९.२) च्या भूकंपानंतर हा तिसरा मोठा भूकंप आहे. या भूकंपाने निर्माण केलेल्या त्सुनामी लाटा आग्नेय आशिया, दक्षिण आशिया व पूर्व आफ्रिका प्रदेशांमधील १४ देशांमध्ये जीवितहानी व १५ देशांमध्ये जीवितहानी व १५ देशांमध्ये वित्तहानी झाली. ही आकडेवारी खालीलप्रमाणे आहे.

| देश | मृत्यू | जखमी | बेपत्ता | निर्वासित |
|---|---|---|---|---|
| इंडोनेशिया | १३०,७३६ | N/A | ३७,०६३ | ५००,००० |
| श्रीलंका | ३५,३२२ | २१,४११ | N/A | ५१६,१५० |
| भारत | १२,४०५ | N/A | ५,६४० | ६४७,५९९ |
| थायलंड | ५,३९५ | ८,४५७ | २,८१७ | ७,००० |

| देश | मृत्यू | जखमी | बेपत्ता | निर्वासित |
|---|---|---|---|---|
| सोमालिया | ७८ | N/A | N/A | ५,००० |
| म्यानमार | ६१ | ४५ | २०० | ३,२०० |
| मालदीव | ८२ | N/A | २६ | १५,००० |
| मलेशिया | ६८ | २९९ | ६ | N/A |
| टांझानिया | १० | N/A | N/A | N/A |
| सेशेल्स | ३ | ५७ | N/A | 200 |
| बांगलादेश | २ | N/A | N/A | N/A |
| दक्षिण आफ्रिका | २ | N/A | N/A | N/A |
| यमनचे प्रजासत्ताक | २ | N/A | N/A | N/A |
| केनिया | १ | २ | N/A | N/A |
| मादागास्कर | N/A | N/A | N/A | 1,000 |
| एकूण | **१८४,१६७** | **१२५,०००** | **४५,७५२** | **१६९५१४९** |

त्सुनामीचा मोठा फटका भारतालाही बसला. केरळमधील अलघुझा व कोल्लम हे जिल्हे पूर्णपणे उद्‌ध्वस्त झाले. तसेच १३ जिल्ह्यातील ५०० गावांची अवस्था दयनीय झाली. आंध्र प्रदेशातील कालीनाडा व नैल्लौ या जिल्ह्यातील ३०० गावे पूर्णत: नष्ट झाली. तसेच पॉण्डिचेरीमध्ये जवळपास १०० कि.मी. समुद्रकिनाऱ्यावर त्सुनामीने कहर केला. तर अंदमान - निकोबार या बेटांचे मोठे नुकसान झाले. काही क्षणांत आपले घर, गाव, शेजारी त्सुनामीने होत्याचे नव्हते केले. समुद्रकिनाऱ्यावर राहणाऱ्या मासेमारी लोकांचे जीवन पुढील अनेक वर्षे भरून येणार नाही इतके नुकसान झाले. त्सुनामीच्या लाटांचा वेग ताशी ३० कि.मी. पासून ७०० कि.मी. पर्यंत होता.

'त्सुनामी वॉर्निंग सिस्टिम' १९६५ मध्ये अमेरिका, कॅनडा, मेक्सिडो व इतर २६ राष्ट्रांनी त्सुनामीचा वेध घेण्यासाठी एक स्वतंत्र यंत्रणा उभारली आहे. त्याचे केंद्र होनोलुलू हे आहे. येथून ज्या ज्या देशांना त्सुनामीचा धोका आहे; त्यांना चेतावनी दिली जाते. त्यामुळे जरी वित्तहानी टाळता आली नाही; तरी किमान जीवितहानी तरी टाळता येते. २००४ च्या त्सुनामीच्या तडाख्यानंतर भारतही या यंत्रणेचा सदस्य २००५ मध्ये झाला.

याशिवाय सरकारी यंत्रणा, राष्ट्रीय मीडिया, जबाबदार संस्था या चेतावनी देऊ शकतात. आपण ही चेतावनी टी.व्ही., इंटरनेट, फोन, मोबाईल यावरून प्रसारित करू शकतो.

**२६ डिसेंबर २००४ च्या त्सुनामीची माहिती व कारणे**

१) २६ डिसेंबर २००४ रोजी स्थानिक वेळेनुसार सकाळी ७.५८ वाजता भूकंप झाला.

२) तीव्रता ९.२ रिश्टर इतकी होती व ५ मिटिने भूकंपाची कंपने सुरू होती.

३) मागील शंभर वर्षातील सर्वांत मोठा भूकंप होता.

४) भारतीय उपखंडीय तबक व इंडिनशियन तबक यांच्या हालचालीमुळे भूकंप झाला.

५) या तबका ६.२ सें. मी. ने प्रत्येक वर्षाला सरकत असल्याचे सिद्ध झालेले आहे.

६) भूकंप केंद्र हा समुद्रात २० कि.मी. खोलीवर घडून आला. इंडोनेशियाच्या समुद्रकिनाऱ्यापासून फक्त २५० कि.मी. वर घडून आला.

७) इंडोनशियन तबक अचानक ५ मीटरने वरती आली.

८) भारतीय किनारपट्टीपर्यंत या लाटा येण्यास २ तास १० मिनिटे, लागली; पण तसा त्सुनामीचा अंदाज नसल्याने मोठा उत्पन्न झाला.

९) मासेमारी उद्योगाला मोठा फटका बसला.

१०) पर्यटन व्यवसायावर याचा मोठा परिणाम झाला.

११) लोकांच्या मनावर भावनात्मक व मानसशास्त्रीय आघात झाला. जो भरून येणे कठीण आहे.

१२) अनेक बालके पोरकी झाली.

२००४ च्या त्सुनामीने भारतात झालेले नुकसान खालीलप्रमाणे आहे.

| परिणाम | तामिळनाडू | केरळ | आंध्रप्रदेश | पाण्डेचेरी | एकूण |
|---|---|---|---|---|---|
| मृत्यू | ७७९३ | १६८ | १०५ | ४५३ | ८४९९ |
| प्रभावित लोक | ६९१००० | २४७०००० | २११००० | ४३००० | ३४१५००० |
| प्रभावित क्षेत्र (कि.मी.) | २४८७ | - | ७९० | ७९० | ४०६७ |
| प्रभावित समुद्र तट (कि.मी.) | १००० | २५० | ९८५ | २५ | २२६० |
| त्सुनामी लाटांची उंची (मी.) | ७-१० | ३-५ | ५ | १० | - |
| प्रभावित गावे संख्या | ३६२ | १८७ | ३०१ | २६ | ८७६ |

**मदतीचा ओघ**

१) त्सुनामीग्रस्त भागात जगभरातून ७ अब्ज अमेरिकन डॉलर इतकी मदत मिळाली.
२) मदतीची गरज मोठ्या प्रमाणात होती कारण अन्नपाण्याच्या तुटवड्याबरोबरच खूप दूरपर्यंत घरे, इमारतीचे नुकसान झाले होते.
३) त्सुनामीनंतर १६० पेक्षा जास्त स्वयंसेवी संघटना व संस्था यांनी अन्न, घरे, इमारती व शाळा तयार केल्या.
४) या निकडीच्या प्रसंगी परकीय सैनिकांना पाचारण करण्यात आले.
५) मानवहित म्हणून अनेक संस्था सलग दोन वर्षे मदतीचे काम करत होत्या.
६) एक वर्ष बंदा बंदराचे काम पूर्ण करण्यास लागले. हे इंडोनेशियातील महत्त्वाचे बंदर आहे.
७) एक वर्षापेक्षा अधिक काळ जवळपास ६०,००० इंडोनेशियन लोक तंबूत राहिले.

**उपाययोजना (Measures)**

त्सुनामी ही जलद घडून येणारी नैसर्गिक आपत्ती आहे. त्यामुळे त्सुनामीबद्दली तत्काळ पूर्वसूचना देणारी कार्यक्षम व परिणामकारक यंत्रणा हवी आहे. त्यामुळे आपण काही प्रमाणात हा अनर्थ टाळू शकतो. पॅसिफिक महासागरातील त्सुनामीबाबत पूर्वसूचना देणारी 'पॅसिफिक त्सुनामी वॉर्निंग सिस्टिम' १९६५ मध्ये होनोलुलू येथे उभारलेली आहे. या यंत्रणेचे एकूण २६ देश सभासद आहेत. या यंत्रणेमार्फत त्सुनामी नजीक भूकंपाचे अनुमान करणे. अशा प्रदेशातील भूकंपमापन यंत्रे व भरती-ओहोटी मापन केंद्रे यांचे नियंत्रण करणे अशी कामे केली जातात. ब्रिटिश कोलंबिया, वॉशिंग्टन, ॲरगॉन, कॅलिफोर्नियाच्या किनाऱ्यावर त्सुनामीचा इशारा देणारी केंद्रे उभारली आहेत. आग्नेय आशियायी देशात मात्र अशा यंत्रणा कार्यरत नसल्याने अनेक देशांना त्सुनामीचा धोका आहे. भारत २००५ मध्ये या यंत्रणेचा सभासद देश बनला आहे.

याशिवाय भारताने त्सुनामीग्रस्त किनारपट्टीचे नकाशे, धोक्याची ठिकाणे, तेथे पोहचण्याचा मार्ग अशी यंत्रणा उभारलेली आहे. २००७ मध्ये भारताने ३० मिनिटांपर्यंतची पूर्वसूचना देण्याची क्षमता विकसित केली आहे. याचा प्रत्यय १२ सप्टेंबर २००७ च्या त्सुनामी मध्ये सिद्ध झालेला आहे.

## ब) केदारनाथ ढग फुटी - २०१३

केदारनाथ हा बारा ज्योतिर्लिंगांपैकी एक आहे. शंकराचे हे देऊळ हिमालयात उत्तराखंडच्या रुद्रप्रयाग जिल्ह्यामध्ये मंदाकिनी नदीच्या किनारी आहे. श्री.केदारनाथ मंदिर हे क्वचितच आढळणारे दक्षिणाभिमुख असे मंदिर आहे. मंदिर हेमाडपंथी या प्रकारातील

असून त्याचा कालखंड करवीर राज्य करणाऱ्या ७ व्या शतकातील भोज शीलाहावंशीय समकालीन असून ११ व्या शतकापासून आजपावेतो त्याचा तीन वेळा जीर्णोद्धार झालेला आहे.

सध्याच्या मंदिराचा जीर्णोद्धार ग्वाल्हेरच्या शिंद्यांचे मूळ वंशज यांनी इ. स. १७३० साली केला. याशिवाय केदारेश्वराचे मंदिराचे खांबा शिवाय उभे आहे ते आणि नंदीचे मंदिर ग्वाल्हेर घराण्यातील दौलतराव शिंदे यांनी १८०८ मध्ये बांधले. केदारनाथ आणि केदारेश्वर मंदिराच्यामध्ये असणारे चर्पट अंबा म्हणजे चोपडाई देवालय प्रीतीराव चव्हाण हिम्मतबहादूर यांनी इ.स.१७५० मध्ये बांधले. हा सर्व तीन मंदिराचा एक समूह आहे.

## केदारनाथ आपत्ती

केदारनाथ व परिसराचे स्थान हिमालयाच्या शिवालिक पर्वतरांगात साधारणत: समुद्र सपाटीपासून उंची ३५८१ मी. वर आहे. या शिवालिक पर्वतरांगा मुळातच परावलंबी हिमालयाची निर्मिती होत असताना पर्वतांची झीज झाली. त्यातून खाली आलेले खडक, गाळ तळाशी जमा झाले. त्यांचे एकत्रीकरण झाले व हा भाग पुन्हा वर आला. त्याच्याच शिवालिक पर्वतरांगा बनल्या आहेत. त्यांची निर्मिती अशी असल्याने हे डोंगर व त्यातील खडक मुळातच ठिसूळ आहेत, झीज होण्यास अनुकूल आहेत. या परिसराला आपत्तीप्रवण बनवणारी आणखी एक बाब म्हणजे हा परिसर भूकंपप्रवण आहे. त्यात इतर अनेक गोष्टींची भर पडली आहे. ढगफुटी ही नियमित घटना. या परिसराच्या हवामानाबद्दल सांगायचे तर, तिथे ढगफुटी होणे ही सामान्य बाब आहे. वाळवंट आणि पर्वतीय प्रदेशांमध्ये ढगफुटी वारंवार होत असते. केदारनाथ परिसरातील हवामानाचे आकडेसुद्धा याला पुष्टी देतात. तिथल्या उखीमठ तहसील कार्यालयातील नोंदी सांगतात की, तिथल्या पर्जन्याची वार्षिक सरासरी ३०९३ मिलीमीटर इतकी जास्त आहे. म्हणजे महाराष्ट्रातील कोकणापेक्षाही जास्त पाऊस! याशिवाय तिथे २००६ च्या जून महिन्यात तब्बल २०३५ मिलीमीटर पावसाची नोंद आहे, तर २०१० च्या ऑगस्टमध्ये १०१४ मिलीमीटरची नोंद झालेली आहे. त्यामुळे कमी काळात जास्त पाऊस पडणे (म्हणजेच ढगफुटी) हे तिथे वरचेवर घडतच असते. पर्वतीय भागात अचानक मोठा पाऊस पडणे, त्यात वस्त्या वाहून जाणे, कुठेतरी गाळ साचून किंवा कडे कोसळून पाण्याचा प्रवाह अडणे, हा नैसर्गिकरीत्या बनलेला बंधारा फुटून प्रलय होणे हेही घडत असते.

निसर्गापुढे माणसाचे काही चालत नाही. नैसर्गिक आपत्तीपुढे आपण सारेच हतबल ठरतो. विज्ञान आणि तंत्रज्ञानाच्या बळावर निसर्गावर अंकुश ठेवण्याचा प्रयत्न करू शकतो, तशी प्रगती साधता येऊ शकते. केदारनाथमधील प्रलय हा केवळ नैसर्गिक नव्हता तर

मानवाच्या अतिहस्तक्षेपानेही घडला आहे, विज्ञान आणि तंत्रज्ञानाच्या मदतीने निसर्गावर मानवाने आक्रमण केले असल्यामुळे निसर्गाचा एक प्रकारचा आदर राखला गेला नाही. केदारनाथचा परिसर हा भूकंपप्रवण असून हिमनद्यांमुळे तेथील पर्वतांची स्थिती सतत बदलत असते. याशिवाय भूगर्भ हा उत्तरेकडे सरकत असतो आणि त्यामुळे उत्तर भागात तो नवी जागा शोधतो. भूकंपप्रवण असलेल्या केदारनाथ परिसरात उत्तराखंड सरकारने ८०० बांध बांधले आहेत. विद्युत प्रकल्पांचे काम सुरू असल्यामुळे सतत भूसुरुंग लावले जात असतात. हे सारे निसर्गनियमांच्या विरुद्ध आहे. मंदाकिनी नदीचा प्रवाह थांबला आणि आजूबाजूच्या पर्वतांमध्ये एका धरणाइतके पाणी साचले. पाण्याला थोडी जागा मिळाली आणि एक प्रवाह त्यातून बाहेर पडला. १५ जून २०१३ रोजी प्रचंड दाबाने पाण्याला साठवून ठेवणारा पर्वतच कोसळला. परिणामी पाणी वेगाने केदारनाथकडे आले. त्यामुळे व प्रवाहात जे पाणी आले ते संपूर्ण वाहून गेले.

## केदारनाथ आपत्ती - कारणे

केदारनाथच्या आपत्तीचे खापर कोणावर ना कोणावर फोडले जात आहे. तिथले हवामान, भूरचना भूशास्त्र, वनस्पती, आवरणातील बदल, जमिनी वापरातील बदल हे लक्षात घेतल्याशिवाय त्याच्या कारणापर्यंतच पोहोचता येणार नाही. खरंतर आपण ही आपत्ती घडण्याची तयारी करूनच ठेवली होती. तिथे पडलेल्या मोठ्या पावसाने केवळ एका ठिणगीचे काम केले. केदारनाथ परिसरात आलेला पूर, त्यामुळे झालेले जीवित व आर्थिक नुकसान, यामुळे या आपत्तीची सर्वत्र चर्चा सुरू आहे. त्याची कारणमीमांसा केली जात आहे आणि कोणावर ना कोणावर खापर फोडले जात आहे. तिथे झालेली ढगफुटी, नदीपात्रात झालेली अतिक्रमणे, हिमालयात उभे राहत असलेले विद्युत प्रकल्प, धरणे, बेसुमार जंगलतोड की ग्लोबल वॉर्मिंगचा परिणाम... ? जो तो आपापल्या परीने या आपत्तीची कारणे शोधण्याचा प्रयत्न करत आहे; पण तिथले हवामान, भूरचना - भूशास्त्र, वनस्पती आवरणात झालेले बदल आणि जमीनवापराच्या पद्धतीत झालेले बदल हे लक्षात घेतल्याशिवाय नेमक्या कारणापर्यंत पोहोचता येणार नाही.

१) केदारनाथ हा सुमारे ९७५ चौरस किलोमीटरच्या अभयारण्याचा भाग आहे. त्यात कस्तुरीमृग, हिमबिबट्या, यासारखे काही पक्षी व प्राणी संरक्षित आहेत. इतक्या उंचावर मोठे वृक्ष नाहीत. मात्र, तिथे झुडुपे आणि हंगामी गवत वाढते. आधीच खडक ठिसूळ, त्यामुळे वनस्पती आवरण अतिशय महत्त्वाचे ठरते. मात्र, आता विविध कारणांमुळे हे आवरण कमी झाले आहे. त्याचबरोबर या डोंगर उतारावर रस्ते रुंद करणे, तिथे उतारावर टपऱ्या - वस्त्या वाढल्यामुळे तिथले उतार अधिक आपत्तीप्रवण बनले आहेत.

२) केदारनाथ हा ज्याचा एक भाग आहे; अशी चारधाम यात्रा पूर्वापार चालत

आली आहे. त्याला जाणाऱ्यांची संख्या पूर्वी बेताची होती. आता त्याच प्रचंड वाढ झाली आहे, इतकेच नव्हे तर आता भाविकांपेक्षा उत्साही पर्यटकांची संख्या वाढली आहे. आकडेवारीनुसार केदारनाथ अभयारण्यातून दरवर्षी तब्बल एक लाखांहून अधिक पर्यटक जा-ये करतात. हवामानाचा विचार करता ही यात्रा फारतर तीन महिने सुरू असते. म्हणजे इतक्या कमी काळात लाखभर पर्यटक! बहुतांश पर्यटक 'लेज - कुरकुरे - पेप्सी' वाले त्यामुळे आरामात येणे, 'मज्जा' म्हणून ही यात्रा करणे, भरपूर पैसे खर्च करणे, जास्तीत जास्त गोष्टी वापरणे हे आलेच! त्याचा थेट ताण तिथल्या नैसर्गिक साधनांवर पडतो.

३) आता जास्तीत जास्त वर जाण्यासाठी चालण्याऐवजी घोडे वापरतात, शिवाय सामान वाहून नेण्यासाठीही त्यांचा वापर होतो. त्यामुळे एकट्या केदारनाथला तब्बल पाच हजार घोडे आहेत. या घोड्यांना खायला काय घालणार ? मग त्याचा बोजा पडतो तो जंगलातील गवत, झुडुपांवर, शिवाय इतक्या पर्यटकांच्या गरजा भागवायच्या (अर्थातच चांगले पैसे मिळतात म्हणून!) तर जंगलातील लाकूड लागतेच!

४) लोकरीसाठी प्रसिद्ध असलेल्या पश्मिना सारख्या मेंढ्यांची चराईही याच गवतावर होत आहे. या साऱ्यांमुळे आता तिथले वनस्पती आवरण झपाट्याने घटले आहे. त्यामुळेच आधीच ठिसूळ असलेले खडक व सुटी माती आणखी मोकळी झाली. एखाद्या मोठ्या पावसात झटकन् वाहून जायला अगदी सज्ज!

५) पैसेवाले व आरायदायी पर्यटक आले म्हणजे रस्ते मोठे लागणार. नाहीतर यांच्या अलिशान गाड्या जाणार कशा ? त्यांच्यासाठी लागणारे लेज, पेप्सी, बिसलेरी वरती नेण्यासाठीही रस्त्यांची गरज आहे. मग होत्या त्या वाटा रुंद झाल्या. आधीच हा ढासळणारा भाग, त्यात रस्ते रुंद केल्याने वरचा डोंगर ढासळण्यास आणखीच प्रवण बनला. त्यासाठी संरक्षण भिंती - कठडे करणे अपेक्षित होते, पण त्या जागी टपऱ्या, हॉटेल, धर्मशाळा उभ्या राहिल्या. जे डोंगर उतारावर तेच चित्र नदीच्या पात्रात.

६) इतकेच नव्हे तर आता तिथे हेलिकॉप्टरने मंदिराजवळ पोहोचविणाऱ्या कंपन्यांची संख्या नऊ झाली आहे. त्यामुळे सतत हेलिकॉप्टर्सची घरघरही सुरू असते. लाखभरांचे असे चोचले पुरवायचे म्हटले की प्रचंड ताण वाढतोच.

७) ऐशोआरामातील पर्यटक म्हटल्यावर त्याला तिथल्या खडतर हवामानाची माहिती असायचे कारण नाही, शिवाय सर्व सुविधा हाताशी असल्याने त्याच्याशी जुळवून घेण्याचा प्रश्नच नाही. अशा वेळी माणूस एखाद्या आपत्तीत सापडतो तेव्हा त्याच्यावर होणारा आघात प्रचंड असतो, तेच इथे घडले! ही बाब मोठ्या प्रमाणात मनुष्यहानी होण्यास कारणीभूत ठरली.

८) या परिणामांबरोबर तिथले वन आणि वन्यजीवांवरही मोठे परिणाम झाले आहेत.

विशेषत: घोड्यांमुळे वन्यजीवांमध्ये संसर्ग पोहोचण्याची भीती वाढली. हेलिकॉप्टर्सच्या सततच्या फेऱ्यांमुळे वन्यजीवांच्या संख्येवर परिणाम झाला. इथे उन्हाळ्यात प्रजननासाठी स्थलांतरित पक्षी व प्राणी येत असतात. या गर्दी गोंगाटामुळे त्यांच्यावर विपरीत परिणाम झाला नसता तरच नवल! तिथल्या अभयारण्याच्या ९७५ चौरस किलोमीटरमागे केवळ २५ अधिकारी व कर्मचारी आहेत. त्यात पर्यटकांच्या झुंडीच्या झुंडी कोण, कुठे व कोणावर नियंत्रण ठेवणार ?

९) हे परिणाम डोळ्यांदेखत होत आहेत. तरीही ते रोखण्यासाठी आता एक प्रमुख अडथळा आहे तो या सर्व गोष्टींवर विकसित झालेल्या अर्थकारणाचा पर्यटक आणि त्यांचे सामान वाहून नेणाऱ्या घोड्यांपासून तिथे एका हंगामात (तीन महिने) तब्बल ८५ कोटी रुपयांचे उत्पन्न मिळते, तर हेलिकॉप्टरचा व्यवसाय आहे १२० कोटी रुपयांचा; असे 'खोऱ्याने' पैसे मिळत असताना हे सारे थांबवून पर्यावरण आणि सुरक्षेकडे लक्ष दिले जाईल का ? हाही मुद्दा आता प्रमुख बनतो आहे. या सर्व गोष्टी हेच सांगतात की, या वर्षी फार वेगळे असे काहीही घडलेले नाही. आपण हळूहळू हे घडण्याची तयारी करूनच ठेवली होती; दारूगोळा तयारच होता. बस्स एक ठिणगी पडायचा अवकाश. मोठ्या पावसाने ते काम केले. त्यातून उडालेला भडका आपण पाहिलाच आहे.

### केदारनाथ आपत्ती परिणाम

१) उत्तराखंड राज्यात १०० वर्षांच्या इतिहासात प्रथमच मुसळधार पाऊस, ढगफुटीने हाहाकार माजला होता. केदारनाथ मंदिर परिसरात फक्त मंदिर सुरक्षित असून आसपास असणारे मठ, हॉटेल, यात्रेकरूंची निवासस्थाने सारं काही उद्ध्वस्त झाले. त्या ठिकाणी मृतदेहांचा खच पडला. हजारो कुटुंब उद्धवस्त झाली, अनेक गावांचं अस्तित्वच पुसलं गेलं.

२) गंगेला आलेल्या पुराच्या लोंढ्याने शेकडो नागरिक वाहून गेले. नदीकाठची शेकडो गावे उद्ध्वस्त झाली. यात्रामार्गावर ठिकठिकाणी दरड कोसळत असल्याने २५-२५ कि.मी. वाहतूक विस्कळीत झाली.

३) गंगानदी किनाऱ्यावर मोठ्या प्रमाणात बांधकामे झाल्याने ह्या मुसळधार पावसात इमारती, वाहने अक्षरश: वाहून गेली आहेत. तर मंदिरे ही उद्ध्वस्त होण्याच्या मार्गावर होते.

४) हरिद्वार, रुद्रप्रयाग, चामोली, उत्तरकाशी, ऋषीकेश, जोशीमठ याठिकाणी पावसाने तांडव केले. हजारो यात्रेकरू अडकले. उत्तराखंडमध्ये चारधाम यात्रेसाठी गेलेले शेकडो यात्रेकरू अडकले.

५) मंदिर परिसरात अक्षरश: मृतदेहांचे खच पडले होते. पावसाच्या प्रलयामध्ये

मंदिर, शिवलिंग आणि नंदी वगळता काहीही शिल्लक राहिलेलं नाही. आजूबाजूच्या इमारती, गेस्ट हाऊस, हॉटेल्स, मंदिर समितीचं कार्यालय, बाजारपेठा आणि घरंही जमीनदोस्त झाली होती. मंदिराच्या परिसरात गाळाचं साम्राज्य निर्माण झाले होते. मंदिरात सात फूट गाळ साचला.; तर परिसरात मृतदेहांचा अक्षरश: खच पडला.

६) केदारनाथमधल्या गौरीकुंडमध्ये पाच हजार गाईड्सनी त्यांच्या प्राण्यांसह आश्रय घेतला होता; ते सर्व बेपत्ता झाले. पिथोडगड, रुद्रप्रयाग, गढवाल या जिल्ह्यांत जास्त जीवितहानीच झाली.

७) केदारनाथ मंदिर अर्ध्याहून अधिक पाण्याखाली गेले होते. केदारनाथपुरीमध्ये मंदिर आणि काही मोजक्या वास्तू वगळता संपूर्ण गाव पुरानं उद्‌ध्वस्त झाले.

**उपाय**

उत्तराखंडमध्ये झालेली वित्त आणि मनुष्यहानी कमी करणे तसेच लोकांपर्यंत तातडीने मदत पोचविण्यासाठी पूर परिस्थितीमध्ये ठोस निर्णय घेऊन त्याची तत्काळ अंमलबजावणी करणे, या गोष्टींना अनन्यसाधारण महत्त्व आहे. शोध, बचाव आणि मदतकार्य, तसेच पुरामुळे संकटात सापडलेल्यांना मदत करून वाचविणे यासाठी बिगर सरकारी संघटना आणि समुदाय यांची भूमिका अत्यंत प्रभावी ठरते. यासाठी अशा संघटना, समुदायांची स्थानिक पातळीवर बांधणी करणे अत्यंत हितावह ठरते. पुरामुळे प्रभावित झालेल्यांना तातडीने चिकित्सासाह्य उपलब्ध करून देणे, तसेच पुरानंतर येणारी महामारी, रोगराई थोपविण्यासाठी उपाययोजना करणे हे पूरपरिस्थितीचा सामना करण्यासारखे आहे. समन्वयाचा दृष्टिकोन आणि त्यानुसार प्रयत्न करण्यासाठी तांत्रिक कारणे आणि ठोस कार्यवाहीच्या हेतूने घटना नियंत्रण प्रणालीची आवश्यकता आहे.

पुराची पूर्वसूचना आणि सर्वांना सावध करण्याच्या प्रणालीचा विस्तार आणि तिचे आधुनिकीकरण करणे, या हेतूने अंमलबजावणी करणे आवश्यक आहे. शैक्षणिक संस्थांच्या पाठ्यक्रमामध्ये पूरनियंत्रण व्यवस्थापनाबाबत बदल व अंतर्भाव करणे, पुनरीक्षण हेतूने जलाशय शोधणे, त्या पूर क्षेत्रातील इमारतींना भविष्यात सुरक्षितता प्रदान करणे, तसेच भविष्यकाळात निर्माण होणाऱ्या इमारतींना पुरापासून सुरक्षित बनविण्यासाठी बिल्डिंग बायलॉज (इमारत बांधकाम नियमावली) मध्ये सुधारणा करणे, विस्तृत परियोजना अहवाल तयार करणे, तसेच 'राष्ट्रीय पूर मदतकार्य प्रशासन परियोजना' स्वीकृत करणे आवश्यक आहे. नद्यांमधील पाण्याच्या विसर्गात असणारे अडथळे जाणणे व ते पुन्हा नद्यांमध्ये वाहून गेल्याने पूरपरिस्थिती त्वरित गंभीर होऊ शकते. अशा वेळी सर्वांना सावधान करण्यासाठी तांत्रिक विभागीय समिती स्थापना करणे, केंद्रीय मंत्रालयातून तसेच त्यांच्या

विभागातून आणि राज्य सरकारची पूरनियंत्रण योजना तयार करणे.

तलाव किंवा नैसर्गिक सखल प्रदेशात भराव घालण्याची कामे करण्यास प्रतिबंध करण्याचा कायदा, नियम तयार करणे गरजेचे आहे. प्राधान्याने करावयाची पूर संरक्षणाची कामे, तसेच पुरातील संकटातून सुटका करण्यासाठी केली जाणारी कार्यवाही सक्षम करणे, पूरपरिस्थितीतील निवारे (फ्लड शेल्टर्स) निर्माण करणे, आंतरराज्य नद्यांवर असलेल्या धरणांची संयुक्त प्रशासकीय तांत्रिक यंत्रणा निर्माण करणेही आवश्यक आहे.

पुरामुळे संकटात सापडणाऱ्या क्षेत्रात जलसंचय प्रबंधन त्याचबरोबर वनरोपण योजनांचे नियोजन, मॉन्सूनपूर्व आणि मॉन्सूनपश्चात बांधबंधारे यांची पुनर्बांधणी करणे, त्याचबरोबर पायाभूत सुविधा वापरून उपाययोजना करणे व त्यांचे निरीक्षण करणे आवश्यक असून, पूरपरिस्थितीची पूर्वसूचना आणि सावधानतेच्या सूचना देणारे नेटवर्क आणि डिसिजन सपोर्ट सिस्टिम्सचा विस्तार आणि त्याचे आधुनिकीकरण करणे अत्यंत गरजेचे आहे.

या काही नियोजनाच्या बाबी पूर्णत्वास गेल्यास पुरासारख्या आपत्तीला तोंड देण्यास आपण सज्ज राहू. उत्तराखंडसारखी परिस्थिती देशातील अनेक भागांत भविष्यात होऊ शकते. तेथील भौगोलिक रचना, हवामानातील बदल, मानवाने केलेले अतिक्रमण, वृक्षतोड, डोंगर नष्ट करून इमारती उभारणे अशा अनेक कारणांमुळे आपत्ती येऊ शकते. म्हणूनच आपत्ती व्यवस्थापन अधिक सुसज्ज असणे गरजेचे आहे.

## आपत्तीपूर्व काळजी

१) ज्या वेळी आपण दूरच्या धार्मिक स्थळी जात असतो त्या वेळी आपण कोठे जाणार, कुठे थांबणार, कुठल्या धर्मशाळेत, लॉज-हॉटेल, होस्टेलमध्ये अथवा मंदिरात व्यवस्था केली ते प्रारंभीच जाणून घेणे गरजेचे आहे.

२) टूर्स आणि ट्रॅव्हल्सने जात असताना सोबत असणारा गाईड, वाहनचालक यांना त्या भूप्रदेशाची व्यवस्थित माहिती असल्याबद्दल खात्री करून घेणे आवश्यक आहे.

३) अशा ठिकाणी जाताना ट्रॅव्हल्सच्या कंपन्यांनी भाविक / प्रवाशांची नावे, पत्ता, दूरध्वनी / मोबाईल क्रमांक यांची नोंद व्यवस्थित ठेवणे गरजेचे आहे.

४) आपत्कालीन परिस्थिती केव्हाही निर्माण होऊ शकते. तेव्हा सोबत जास्तीचे अन्नधान्य, कपडालत्ता, औषधे जास्तीचे पैसे जवळ ठेवणे आवश्यक आहे.

५) पावसाळ्याच्या दरम्यान जाणार असाल तर रेनकोट, छत्री, बॅटरी, मेणबत्ती अशा वस्तू सोबत ठेवणे आवश्यक आहे.

६) आपण ज्या भूप्रदेशात जाणार आहोत तेथे मोबाईल, दूरध्वनी यंत्रणा कार्यरत

आहे, त्याची खात्री ट्रॅव्हल्स कंपनीकडून केली पाहिजे. त्यासाठी एखादे वेगळे सिमकार्ड, जास्तीची मोबाईल बॅटरी, चार्जर सोबत ठेवणे गरजेचे आहे. ज्यांना शक्य आहे त्यांनी सोबत क्रेडिट कार्ड, डेबिट कार्ड, लॅपटॉप, रेडिओ, फ्लॅट लाईट सोबत नेणे गरजेचे आहे.

७) आपली टूर किती दिवसांची, दररोज कोणकोणती ठिकाणे पाहणार, जाण्याचा मार्ग यांची माहिती घरच्यांना देणे गरजेचे आहे.

८) आपण ज्या ट्रॅव्हल्सने जाणार आहोत त्या ट्रॅव्हल्सची माहिती, पत्ता, दूरध्वनी क्रमांक घरच्यांकडे ठेवणे आवश्यक आहे.

९) प्रवासात सकाळी, दुपारी आणि रात्री झोपण्यापूर्वी घरच्यांना दूरध्वनी / मोबाईलद्वारे आपली खुशाली कळविणे आवश्यक आहे.

१०) एका ठिकाणाहून दुसऱ्या ठिकाणी जाताना पुढील मार्ग सुरक्षित आहे ना, दरड अथवा भूस्खलन झाले नाही ना, अतिवृष्टी होऊन नद्यांना पूर नाही ना, याची खात्री करून पुढे मार्गक्रमण करणे आवश्यक आहे.

११) नदीला पाणी असेल तर वाहन पुढे नेण्याचा प्रयत्न करून धोका पत्करू नये.

१२) प्रवासात वाहनचालकाची पूर्ण झोप होईल याकडे लक्ष देणे गरजेचे आहे.

## आपत्तीनंतरची काळजी

१) ढगफुटी अथवा मोठा पाऊस आल्यामुळे दरडी कोसळतात. डोंगर खाली येतो. मोठ्या प्रमाणात दगड-माती खाली येते. तेव्हा डोंगराच्या पायथ्याशी थांबू नका.

२) प्रचंड पावसामुळे नदीला पूर येतो. तेव्हा नदीकाठच्या हॉटेलात, घरात, मंदिरात, लॉजवर न थांबता अन्यत्र सुरक्षित जागी अथवा उंचावर थांबावे.

३) पावसामुळे रस्त्याला तडे जातात. पूल वाहून जातात, रस्त्यावर दगड, माती मोठ्या प्रमाणत येते तेव्हा आहे तेथेच थांबून मदतीची वाट पाहा. वाहन पुढे नेऊ नका.

४) एका ठिकाणाहून दुसऱ्या ठिकाणी जाताना पुढचा मार्ग व्यवस्थित आहे ना, कुठलीही आपत्ती नाही ना, हे पाहिले पाहिजे.

५) आपण जेथे थांबलो त्या ठिकाणी रेडिओ, टी.व्ही.वरील बातम्यांकडे लक्ष ठेवून असले पाहिजे. त्याचबरोबर हवामान खात्याने दिलेल्या सूचना काळजीपूर्वक ऐकल्या पाहिजेत.

६) प्रचंड प्रलयामुळे रस्ते वाहतूक कोलमडते, वीज जाते, मोबाईल टॉवर उद्ध्वस्त

होतात. फोन लागत नाहीत, अशा वेळी धीराने संकटाशी सामना करा. आपत्ती व्यवस्थापन यंत्रणेने उभारलेल्या मदत केंद्र किंवा छावणीचा आसरा घ्या.

७) अशा आपत्तीच्या काळात लुटालूट होण्याची शक्यता असते. अशा वेळी मोठ्या संख्येने एकत्रितपणे व ग्रुपने राहावे.

८) औषधे, अन्नाची पाकिटे, पाणी मिळण्यासाठी शासनाने स्थापन केलेल्या मदत केंद्राच्या संपर्कात राहावे.

९) आपत्तीप्रवण क्षेत्रातून सुरक्षित ठिकाणी जाण्यासाठी लष्कराचे जवान मदत करीत असतात. स्वयंसेवी संस्थांचे प्रतिनिधी मदत करीत असतात तेव्हा त्यांना सहकार्य करून त्यांची मदत घ्यावी.

१०) अशा आपत्तीच्या वेळी स्वत:च्या काळजीबरोबरच आपल्या सहकाऱ्यांचीही काळजी घेतली पाहिजे. पैसे नसल्यास, आजारी पडल्यास तातडीने सहकार्य केले पाहिजे.

११) ट्रॅव्हल्स कंपन्यांनी आपल्या टूर्समार्फत गेलेल्या पर्यटकांची माहिती, नावे, आपत्ती व्यवस्थापन केंद्र, तहसीलदार, जिल्हाधिकारी किंवा पोलीस यंत्रणेला द्यावी.

१२) आपल्या ट्रॅव्हल्सने गेलेले प्रवासी कोठे आहेत, त्यांची सद्य:स्थिती काय आहे, ते सुरक्षित आहेत ना, याची माहिती प्रवाशांच्या नातेवाइकांना देऊन त्यांना आधार द्यावा.

१३) नातेवाइकांनी मदत कक्षाशी संपर्कात राहून तातडीने सुरू केलेल्या हेल्पलाइनवरून संपर्क साधण्याचा, माहिती घेण्याचा प्रयत्न करावा.

१४) नातेवाइकांशी शासकीय यंत्रणेला संपूर्ण सहकार्य केले पाहिजे. शांतता राखून संयम पाळला पाहिजे.

१५) स्वयंसेवी संस्थांच्या प्रतिनिधींनी, जागरूक नागरिकांनी अशा काळात मदत करताना प्रशासन, लष्कराबरोबर त्यांच्या सूचनेनुसार कमी केले पाहिजे. शांतता, शिस्त पाळून सेवाभावी वृत्तीने मदतकार्यात सहभागी झाले पाहिजे.

१६) प्रसारमाध्यमांनी परिस्थितीचे गांभीर्य ओळखून सत्य, अचूक बातम्या, वृत्तान्त देऊन नागरिकांना माहिती पोचवली पाहिजे.

१७) आपत्ती काळात अनेक अडचणी येतात. मदत लवकर पोचू शकत नाही. त्यामुळे घटनेचे गांभीर्य लक्षात घेऊन तातडीने कुणावर दोषारोपण करणे, चुकीचे निष्कर्ष काढणे व अफवा पसरवणे टाळावे.

## क) फुकुशिमा अणूऊर्जा आपत्ती - २०११ (Fukushima Nuclear Disaster - 2011) :

### अणुउर्जा

हेनी बेक्केरेल या फ्रेंच शास्त्रज्ञाने १८९६ मध्ये किरणोत्सारितेचा शोध लावला. अल्बर्ट आइनस्टाइनने १९०५ साली द्रव्याचं रूपांतर ऊर्जेत करता येतं, असं दाखवून दिलं. मूलद्रव्यांच्या अणूंमध्ये केंद्रकात प्रोटॉन आणि न्यूट्रॉन कण एकत्र असतात. त्याभोवतीच्या कक्षांमध्ये इलेक्ट्रॉन कण फिरत असतात. ओट्टो हान आणि स्ट्रासमन या शास्त्रज्ञांनी १९३९ मध्ये केंद्रकीय विखंडनाचा शोध लावला. जेव्हा एखाद्या अस्थिर जड मूलद्रव्याच्या केंद्रकावर उच्च ऊर्जा असलेल्या न्यूट्रॉनचा मारा केला जातो तेव्हा त्या केंद्रकाचं विखंडन होऊन जवळ जवळ सारख्याच वजनाच्या दोन हलक्या केंद्रकांची निर्मिती होते. या प्रक्रियेत प्रचंड ऊर्जा तयार होते. अणू फोडून तयार होणाऱ्या या ऊर्जेला अणुऊर्जा म्हणतात.

एनिको फर्मी यांच्या मार्गदर्शनाखाली अमेरिकेतील शिकागो विद्यापीठात १९४२ साली पहिल्या अणुभट्टीची बांधणी झाली. त्यातून निर्माण झालेल्या किरणोत्सारी द्रव्याचा उपयोग अणुबाँबच्या निर्मितीसाठी केला गेला. हेच अणुबाँब दुसऱ्या महायुद्धाच्या शेवटी सहा आणि नऊ ऑगस्ट १९४५ रोजी जपानच्या हिरोशिमा आणि नागासाकी शहरांवर टाकल्याने मोठा विध्वंस घडला होता.

### फुकुशिमा अणुऊर्जा प्रकल्प

जपानमधल्या फुकुशिमा विभागात असलेला एक अणुऊर्जा प्रकल्प आहे. २६ मार्च इ. स. १९७१ रोजी कार्यान्वित झालेल्या या प्रकल्पात सहा अणुभट्ट्या असून त्यांची एकत्रित ऊर्जानिर्मितीक्षमता ४.७ गिगावॅट आहे. फुकुशिमा येथील अणुभट्ट्या बॉयलिंग वॉटर रिॲक्टर प्रकारच्या होत्या. अणुभट्ट्यांचा हा प्राथमिक प्रकार आहे. यामध्ये सुरक्षेच्या कारणासाठी एकाएकी अणुभट्टी बंद करावी लागली तरी पुढे काही काळ त्यात उष्णता तयार होत राहते. त्यासाठी पुढेही शीतकाचा वापर करावा लागतो. फुकुशिमात समुद्राच्या पाण्याचा शीतक म्हणून वापर होत होता.

फुकुशिमा येथील अणुभट्टीत समुद्राच्या पाण्याचा शीतक म्हणून वापर होत होता, मात्र त्सुनामीच्या तडाख्यात पाणी खेचणारे पंप आणि त्यांचा वीजपुरवठा खंडित झाला. डिझेलवर आधारित जनरेटरवर पंप सुरू होण्यास वेळ लागून त्यांच्या वापरावरही मर्यादा आल्या. यादरम्यान अणुभट्टीचं तापमान वाढत जाऊन आतील पाण्याची वाफ झाली. पाण्यापेक्षा वाफेचं प्रमाण वाढून तापमानही खूप वाढलं. अणुइंधनाचं आवरण म्हणून वापरलेल्या झिकरेनियमची पाणी आणि वाफेशी अभिक्रिया होऊन त्यातून ज्वलनशील हायड्रोजन वायूची निर्मिती झाली. ही साखळी थांबवता आली असती, तर स्फोट टळला

असता. या अपघातातून धडा घेऊन अणुभट्ट्यांचं तंत्रज्ञान अधिक सुरक्षित व प्रगत बनवण्यावर विचारविनिमय आणि संशोधन होत आहे.

भूकंपामुळे उद्ध्वस्त झालेल्या फुकुशिमा अणुभट्टीतील किरणोत्सर्गाने भारित पाणी पॅसिफिक महासागरात पसरल्याची शक्यता जपानी संशोधकांनी व्यक्त केली आहे. शिसीयम आणि आयोडिन आदी घटकांच्या उच्च किरणोत्सर्गाने प्रदूषित झालेले तब्बल ४५ टन वजनाचे पाणी पॅसिफिक महासागरात मिसळले असावे. फुकुशिमा आणि परिसरातल्या दूध आणि भाजीपाल्यांमध्ये किरणोत्सारी पदार्थांचे अंश आढळून आलेत. पाण्यात रेडिओऍक्टीव्ह आयोडीनचं प्रमाण वाढल्यामुळे 'उघड्यावरचं पाणी पिऊ नका' असा इशारा जपान सरकारने तेथील नागरिकांना दिला आहे.

गेल्या चाळीस वर्षांत फुकुशिमा परिसरात राहणाऱ्या ८० हजार लोकांनी ही जागा सोडून इतरत्र स्थलांतर केले आहे. अनेक नागरिकांना येथे परत येण्याची इच्छा असली तरी किरणोत्सर्गाची तीव्रता अधिक असल्याने त्यांना हे करणे शक्य होत नाही.

फुकुशिमा हा जपानचा पूर्वेकडील एक प्रभाग असून तो होन्शू बेटाच्या उत्तर भागात तोहोकू प्रदेशात वसलेला आहे. या विभागातील फुकुशिमा हे सर्वात मोठे शहर व मुख्यालय आहे. तेथेच एक अणुऊर्जा प्रकल्प आहे. हा प्रकल्प २६ मार्च १९७१ मध्ये कार्यान्वित झाला असून त्यात सहा अणुभट्ट्या आहेत. त्यांची एकत्रित ऊर्जानिर्मिती ४.७ गिगावॅट इतकी आहे.

देश - जपान

केंद्रीय विभाग - तोहोकू

बेट - होन्शू

राजधानी - फुकुशिमा

क्षेत्रफळ - १३७८२.५ चौ. कि. मी.

लोकसंख्या - २०२८७५२

घनता - १५४ प्रति चौ. कि. मी.

आय. एस. ओ. ३१६६.२ - JP - 07

**आपत्ती**

११ मार्च २०११ रोजी फुकुशिमापासून जवळ प्रशांत महासागरात जो प्रलयकारी भूकंप घडून आला त्यामुळे फुकुशिमा व परिसरातील इमारती, रस्ते, रेल्वे यांचे मोठे नुकसान झाले. त्यात समुद्री भूकंपामुळे ज्या त्सुनामी लाटा आल्या त्यामुळे तर प्रचंड नुकसान झाले. जवळपास १०५०० लोक मृत्युमुखी पडले व १६६०० लोक बेपत्ता झाले.

भूकंप व त्सुनामीच्या एकत्रित आपत्तीने मोठा धोका पोहोचला तो फुकुशिमातील

अणुभट्टीला, कारण या अणुभट्टीतील उष्णता प्रचंड वाढून जो मोठा स्फोट झाला, त्यातून किरणोत्सर्गाला सुरुवात झाली. तिसऱ्या क्रमांकाच्या अणुभट्टीत हायड्रोजनचा स्फोट झाल्याने या अणुभट्टीतून मोठ्या प्रमाणावर धूर बाहेर पडण्यास सुरुवात झाली. दुसरी अणुभट्टी स्फोटात वितळल्याने तेथूनही किरणोत्सर्ग सुरू झाला, तर तिसऱ्या अणुभट्टीतून धूर बाहेर पडत होताच. त्यामुळे या परिसरातून जवळपास ४५००० लोकांना सुरक्षित ठिकाणी हलवण्यात आले.

फुकुशिमामध्ये अणुऊर्जेचे हे भयानक निर्माण झालेले संकट हे जगातील चौथ्या क्रमांकाचे गंभीर संकट असल्याचे आंतरराष्ट्रीय अणुऊर्जा शास्त्रज्ञांनी घोषित केले. यावरून याची तीव्रता लक्षात येते. जपानमध्ये अशाच प्रकारचे एकूण ५४ व्यावसायिक अणुऊर्जा प्रकल्प आहेत. त्यापैकी १० प्रकल्प केवळ सतत होणाऱ्या भूकंपांमुळे बंद करण्यात आले आहेत.

किरणोत्सर्गाचा परिणाम जपानच्या उत्तर - पूर्व भागातील लोकांवर होत आहे. अनेक प्रकारच्या संघटना आपत्तीची माहिती घेऊन ते आकडे इंटरनेटवर टाकत आहेत. अशा वातावरणात राहणे धोकदायक आहे. असे सिटिजेस न्यूक्लियर इन्फरमेशन सेंटरने जाहीर केले. फुकुशिमा व कोरियामा येथील लोक या किरणोत्सर्गाचा आघात सहन करत आहेत. पण 'इंटरनॅशनल कमिशन आणि रेडिओलॉजिकल प्रोटेक्शन' ने धोका कमी असल्याचे जाहीर केले असले तरी लोकांच्या मनात प्रचंड भीतीचे वातावरण आहे. किरणोत्सर्ग पाण्यात असल्याने अनेकजण ते पाणी प्यायल्याने गंभीर आजारी पडले. तसेच किरणोत्सर्ग जमिनीत देखील गेल्याने अन्न, धान्य, भाजीपाला यावरही परिणाम झाला. पण किरणोत्सर्ग जमिनीत घुसण्यास काही वर्षं लागत असल्याने काही प्रमाणात धोका आहे. हे होत असतानाच जवळच असलेल्या ओनागावा या न्यूक्लियर प्लांटमधूनही किरणोत्सर्ग बाहेर पडला, कारण त्सुनामीचा जास्त प्रभाव तेथेच होता. त्यामुळे ही अणुभट्टी बंद पडली.

चौथ्या अणुभट्टीतून आग भडकून व किरणोत्सर्जनाची पातळी उंचावून आणखी धोका वाढला. तेथून सर्व कर्मचाऱ्यांना जपान सरकारने बाहेर काढले. हा किरणोत्सर्ग २० कि.मी. च्या परिघात फुकुशिमापासून वातावरणात पसरला होता व कोणीही घराचा दरवाजा उघडू नये असे आवाहन जपान सरकारने केले होते. तसेच ३० कि.मी. परिघात विमान उड्डाणास बंदी घालण्यास आली होती.

किरणोत्सर्गामुळे आयोडिनचा स्तर हा सामान्य स्तराच्या १२५० पट अधिक वाढला होता. उदा. फुकुशिमाच्या जवळच ३३० मीटरवर मॉनिटरिंग स्टेशनमध्ये मिळालेल्या नमुन्यानुसार हा स्तर फारच वाढलेला दिसून आला. पण फुकुशिमा अणुऊर्जा कंपनीच्या मते जे नमुने मिळाले, त्यात किरणोत्सर्गाचा वाढलेल्या स्तर हा उत्तर समुद्रातून सहज बाहेर पडत असल्याचे म्हटले आहे.

## किरणोत्सर्ग व त्याचे परिणाम

किरणोत्सर्ग हा विविध प्रकारचा असून तो हलक्या व उष्ण प्रकारचा होता. त्यात अणुऊर्जा किरणोत्सर्ग हा खूपच भयानक असून त्याचे परिणाम सर्वच जैविक घटकांवर होत असतात. किरणोत्सर्गाने लोक कर्करोगास बळी पडतात. गरोदर स्त्रियांच्या मुलांवर जन्मापूर्वी व जन्मानंतर अनेक गंभीर आजार होतात. तेथे त्या वर्षात अनेक उदाहरणे आहेत, की किरणोत्सर्ग हा अपायकारक असून त्याचे परिणाम मानवावर व प्राण्यांवर होतात हे अभ्यासणे कठीण बनले होते.

जगात सर्वत्र निसर्गत: हवेत किरणोत्सर्ग पसरत असतो, पण तो विविध प्रकारे पसरतो. तो न दिसणाऱ्या किरणांद्वारे प्रवास करतो. काही किरण कागदाच्या तुकड्यातून आरपार जाऊ शकत नाहीत. पण काही किरण विविध प्रकारच्या धातूंतूनही आरपार जातात. काही किरणोत्सर्ग हे एका शरीरातून दुसऱ्या शरीरात प्रवेश करतात. तसेच अन्नाद्वारे, श्वासाद्वारे ते मानवी शरीरात प्रवेश करतात. ते कितीतरी मैल अंतरावर पसरतात आणि त्यांचे ढग तयार होऊन जगभर परिणाम घडून आणतात.

## अणुऊर्जेचे भवितव्य

अनेक वर्षांपासून जपानमध्ये अणुऊर्जा प्रकल्प सुरू आहे. तसा हा पर्याय अस्थिर असून प्रदूषण कमी करणारा आहे. एका बाजूला अणुऊर्जा हा एक प्रभावी पर्याय आहे. कारण कमी वेळात व श्रमात खूप मोठी ऊर्जा आपण मिळवितो. पण दुसऱ्या बाजूला अणुऊर्जेचे विषारी स्वरूप, पृथ्वीचे जीवनमान व हवामानातील बदल यांचा अंदाज करता येत नाही. या जपानच्या अणुऊर्जेच्या आपत्तीतून आपण धडा घेतला पाहिजे की, नैसर्गिक घटनांचा अंदाज करू शकत नाही व संपूर्ण सुरक्षिततेची हमी देता येत नाही. अजून तरी अणुऊर्जेचे भवितव्य ठरविणे कठीण आहे.

## ड) महाराष्ट्रातील गारपीट २०१४ (Hail Storm in Maharashtra 2014)

महाराष्ट्रात २२ फेब्रुवारी ते १२ मे या काळात २८ जिल्ह्यांत गारपीट झाली. साधारणपणे १३.७० लाख हेक्टर क्षेत्रातील फळपिके, गहू, ज्वारी, हरभरा, भाजीपाला, फुलपिके, जनावरे यांचे मोठे नुकसान झाले आणि एकूण ८५ जणांचा मृत्यू झाला. त्यांत बीड, नागपूर, हिंगोली, सोलापूर आणि नांदेड जिल्ह्यातील लोक मृत्यूमुखी पडले. एकूण १२.७१ लाख हेक्टर क्षेत्र अन्नधान्य पिकाखालील होते, तर ९८,२२२ घरांचे नुकसान झाले. तसेच ७५५९ कोंबड्या आणि १६२१ जनावरे दगावली. जास्तीत जास्त १.४१ लाख हेक्टर क्षेत्र नागपूर जिल्ह्यातील असल्याचे आढळले. त्यात द्राक्ष, संत्रा, केळी आणि टरबूज पिकांचा समावेश आहे. प्रामुख्याने नाशिक, अकोला, बुलढाणा, नागपूर, चंद्रपूर, अमरावती, यवतमाळ, वाशिम, जळगाव, नांदेड, नंदूरबार, धुळे, सोलापूर,

सांगली, लातूर, बीड, सातारा, पुणे व अहमदनगर या जिल्ह्यांचा समावेश आहे. पिके भुईसपाट झाली आणि प्रचंड आर्थिक नुकसान झाले. या सर्व नुकसानीचा धक्का सहन न झाल्याने १८५ शेतकऱ्यांनी आत्महत्या केली. त्यात उत्तर महाराष्ट्रातील १६ जणांचा समावेश आहे.

उत्तरेकडील कर्नाटकाचा भाग, मध्य महाराष्ट्र, मराठवाडा, विदर्भ, उत्तर महाराष्ट्र, पश्चिम महाराष्ट्र, मध्य प्रदेश, छत्तीसगढ आणि आंध्र प्रदेशाचा काही भाग गारपीट आणि अवकाळी पाऊस झाल्याने आपत्तीजनक झाला. या सर्व परिस्थितीत शेतकऱ्याची धान्याची पिके गेली, नगदी पिकांचे नुकसान झाल्याने आर्थिक अरिष्ट ओढवले. हवामानबदलाचा फटका आणि त्याचे परिणाम काय होऊ शकतात, ते या प्रकाराने जाणवून दिले.

मार्च महिन्यात, गारपीट, मुसळधार पाऊस, ओढ्यांना पूर आणि बोचरे वारे! परदेशात बसलेल्या एखाद्या महाराष्ट्रीयन व्यक्तीला हे वर्णन सांगितले तर त्याचा विश्वासच बसणार नाही. सप्टेंबर ते डिसेंबर दरम्यान होणाऱ्या पावसाची अवकाळी म्हणून ओळख आहे आणि बोराएवढ्या गारा डिसेंबरमध्ये पडल्या की तिला गारपीट मानण्याचा कित्येक दशकांचा प्रघात, पण या वेळी हे नियमच बदलले. फेब्रुवारी अखेरीस पावसाला सुरुवात झाली आणि त्यापाठोपाठ गाराही पडल्याच्या वार्ता येऊ लागल्या.

महाशिवरात्रीपासून निसर्गाचे हे तांडव सुरू झाले आहे. तब्बल आठवडाभर दररोज पाऊस आणि गारांची हजेरी असल्यामुळे तापमान कमालीचे घसरले. ज्या मोसमात पारा ३० ते ३५ अंशांपर्यंत चढतो, त्या मोसमात तो २२-२४ पर्यंत घसरला. हा गारवा वेगवान वाऱ्याने असह्य बनवला; याचाही पिकांवर परिणाम झाला. नैसर्गिक आपत्तीमुळे पीक हातून गेल्याचे दुःख काय असते, हे फक्त शेतीवर विसंबून असणाऱ्यांनाच ठाऊक; या संकटाचा धसका एवढा भीषण आहे की, पुढील वर्षात उपासमार होते की काय, या विवंचनेने शेतकऱ्यांना ग्रासले आहे. खेडोपाडी निराशा पसरली आहे.

या घटनेचे शास्त्रीय विश्लेषण केले आहे. अभ्यासानुसार, ही एकूण घटना जागतिक असून तिची व्याप्ती उत्तर ध्रुवीय प्रदेशातून ते थेट उष्णकटिबंधीय प्रदेशापर्यंत पसरलेली आहे. या घटनेमागे ध्रुवीय प्रदेशातून येणार थंड वारे, समुद्रावरून येणारे बाष्पयुक्त वारे आणि प्रशांत महासागरात निर्माण होणाऱ्या 'एल निनो' ची स्थिती यांचा एकत्रित संयोग कारणीभूत आहे.

## कारणे

**१) ध्रुवीय प्रदेशातून येणारे वारे :** साधारणपणे डिसेंबरमध्ये ज्या वेळी सूर्य दक्षिण गोलार्धात त्याच्या सर्वोच्च ठिकाणी पोहोचतो, त्या वेळी उत्तर ध्रुवीय प्रदेशात थंड वाऱ्यांचे प्रवाह मोठ्या प्रमाणात निर्माण होतात. जानेवारी-फेब्रुवारीमध्ये या प्रवाहांचा जोर वाढून ते ध्रुवीय प्रदेश ओलांडून ३० ते ६० अंश उत्तर या दरम्यान पश्चिमेकडून

पूर्वेकडे संपूर्ण पृथ्वीवर वाहणाऱ्या वाऱ्यांच्या प्रवाहामध्ये (वेस्टर्लीज) प्रवेश करतात. या थंड प्रवाहांमुळेच कॅनडा, अमेरिकेपासून युरोप, काश्मीर, जपानमध्ये दर वर्षी हिवाळ्यात बर्फवृष्टी होत असते. ध्रुवीय प्रदेशातून येणाऱ्या थंड वाऱ्यांना घेऊन वाहणाऱ्या वेस्टर्लीजची दक्षिण सीमा सर्वसाधारणपणे ३० अंश उत्तरेपर्यंतच असते. मात्र, काही वेळा उत्तर ध्रुवीय प्रदेशातून येणाऱ्या वाऱ्यांचा जोर वाढला तर ती सीमा ३० अंशांच्याही खाली येते. सध्या या थंड प्रवाहाची सीमा चक्क १५ अंश उत्तर इतक्या खाली आल्यामुळे हे वारे महाराष्ट्रावरूनही वाहत आहेत. या वाऱ्यांच्या प्रभावामुळे महाराष्ट्रावरील वातावरणाचा गोठणबिंदू (ज्या ठिकाणी पाण्याचा बर्फ होतो) जमिनीपासून चार किलोमीटर उंचीपर्यंत घसरला आहे, जो सर्वसाधारणपणे जमिनीपासून पाच किलोमीटर उंचीवर असतो. पाच किलोमीटर उंचीवर बाष्पाचा बर्फ झाला, तरी तो जमिनीवर येईपर्यंत वितळून त्याचे पाणी झालेले असते. मात्र, सध्या गोठणबिंदू चार किलोमीटरवर असल्यामुळे तो जमिनीवर येईपर्यंत पूर्णपणे न वितळता गारांच्या स्वरूपात वृष्टी होत आहे.

**२) समुद्रावरून येणारे बाष्पयुक्त वारे :** महाराष्ट्रात मान्सूनपूर्व काळात म्हणजे एप्रिल-मेमध्ये कमाल तापमान आणि वातावरणातील बाष्पाचे प्रमाण वाढून स्थानिक पातळीवर मेघगर्जनेसह पाऊस पडतो. याच पावसामध्ये काही प्रमाणात गारपीटही होते मात्र त्याचे प्रमाण कमी असते. हा पाऊस स्थानिक पातळीवर आणि विखुरलेल्या स्वरूपात पडत असतो. सध्या फेब्रुवारी-मार्चमध्ये हिवाळा संपत असताना जमिनीपेक्षा समुद्रपृष्ठाचे तापमान तुलनेने अधिक असते. या स्थितीमुळे समुद्रावर कमी दाब, तर जमिनीवर जास्त दाब अशी स्थिती तयार होते. जमिनीवरील जास्त दाबाकडून समुद्रावरील कमी दाबाकडे वाऱ्यांचे प्रवाह वाहू लागतात आणि घड्याळाच्या काट्याच्या विरुद्ध दिशेने फिरत पुन्हा जमिनीवर प्रवेश करतात. या वेळी जमिनीवर येताना ते समुद्रावर तयार झालेले बाष्पही घेऊन येतात. सध्या अरबी समुद्र आणि बंगालच्या उपसागरावरून आलेले बाष्पयुक्त वारे मध्य महाराष्ट्र, मराठवाडा, विदर्भ आणि मध्य प्रदेशच्या भागांत एकवटले. दोन्ही दिशांनी आलेले हे वारे एकमेकांना धडकून वातावरणात वर गेले आणि चार किलोमीटर उंचीवर पोचताच (ध्रुवीय प्रदेशातून आलेल्या थंड वाऱ्यांच्या प्रवाहांमुळे खाली आलेला गोठणबिंदू) त्यांच्यापासून गारपीट सुरू झाली. बाष्पयुक्त वारे आणि थंड वारे यांचा प्रभाव कामय राहिल्यामुळे आठवडाभर ही गारपीट सुरूच राहिली.

**३) 'एल निनो'ची भूमिका :** गेल्या डिसेंबरपासून प्रशांत महासागरामध्ये 'एल निनो'ची स्थिती (तेथील समुद्रपृष्ठाचे तापमान सरासरीच्यावर) निर्माण होत आहे. या स्थितीच्या प्रभावामुळेच पश्चिमेकडून पूर्वेकडे वाहणाऱ्या वाऱ्यांच्या प्रवाहाची दक्षिण सीमा ३० अंश उत्तरेपासून खाली सरकून १५ अंश उत्तरेपर्यंत आली आहे; म्हणूनच साधारणपणे उत्तर वायव्य भारतातून (पंजाब, हरियाणा, जम्मू, काश्मीर) वाहणारे थंड वारे महाराष्ट्रापर्यंत खाली सरकले आहेत.

ध्रुवीय प्रदेशातून पश्चिममार्गे येणारे थंड वारे, त्यांची दक्षिण सीमा खाली सरकण्यास कारणीभूत ठरलेली 'एल निनो' ची स्थिती आणि त्यात दोन्ही बाजूच्या समुद्रावरून आलेले बाष्प यांचा दुर्मीळ संयोग झाल्यामुळे फेब्रुवारी-मार्चमध्ये राज्यभर गारपीट होत आहे.

**४) मान्सूनसाठी धोक्याची सूचना :** पश्चिमेकडून येणारे थंड वाऱ्याचे प्रवाह मंदावले की, भारतीय उपखंडात मान्सून विकसित होण्यास सुरुवात होत असते. अभ्यास असे सांगतो की, ज्या वर्षी हिमालयात बर्फवृष्टी जास्त काळ सुरू राहते, त्या वर्षी मान्सूनचे प्रमाण सरासरीपेक्षा कमी असते. याचा प्रतिकूल परिणाम मान्सूनच्या आगमनाच्या तारखेवर; तसेच त्याच्या त्या वेळेच्या प्रमाणावर होऊ शकतो असा प्राथमिक अंदाज हवामान शास्त्रज्ञ वर्तवत आहेत. त्यात भर म्हणून सध्या 'एल निनो'ही आकाराला येत आहे, ज्याचा प्रतिकूल परिणाम मान्सूनवर होतो हे सिद्ध झाले आहे; त्यामुळे यंदाच्या मान्सूनवर सध्या तरी हवामानाची वक्रदृष्टी असल्याचे हवामानतज्ज्ञ सांगत आहे.

### परिणाम

या सर्व स्थितीचा समावेश असणारी मॉडेल्स् जगभर वापरली जातात. ज्याच्या आधारे गारपीट आणि पावसाची पूर्वकल्पना आठवडाभर आधीच देणे शक्य आहे. भारतीय हवामानशास्त्र विभागानेही (आय.एम.डी) तीन-चार दिवस आधीच अशा प्रकारच्या मॉडेल्स्च्या साह्याने पावसाचा अंदाज दिलेला होता. मात्र, ज्या प्रमाणात गारपीट झाली तशा घटना गेल्या अनेक वर्षांत घडल्या नसल्यामुळे या स्थितीच्या व्याप्तीचा नेमका अंदाज आणि गांभीर्य हवामान विभाग आणि प्रशासनालाही लक्षात आले नाही व त्याचा फटका महाराष्ट्र आणि मध्य प्रदेशमधील लाखो शेतकऱ्यांना बसला. अर्थात, ही घटना सर्वांनाच धडा घेण्यासारखी आहे आणि निसर्गाला एका नियमित स्वरूपात गृहीत धरता येणार नाही. त्याच्यातील चढ-उतार नेमकेपणाने ओळखून त्यानुसार आपले नियोजन करण्याचा धडा यातून सर्वांनीच घ्यायला हवा.

### सर्वाधिक फटका मराठवाड्याला

गेल्या पावसाळ्यात महाराष्ट्रात पुरेसा पाऊस पडला आणि खरिपाची पिकेही चांगली आली. त्यामुळे शेतकरी सुखावला होता. शेतातील कापूस, हरभरा, गहू ही पिके जोमात आली, त्यामुळे चांगल्या उत्पन्नाची आशा निर्माण झाली; पण रब्बीची पिके काढणीच्या अवस्थेत असताना विजांच्या कडकडाटासह मुसळधार पाऊस पडण्यास सुरुवात झाल्यामुळे शेतकऱ्याचे कंबरडेच मोडले.

हातातोंडाशी आलेला घास निसर्ग हिरावून नेत असताना उघड्या डोळ्यांनी पाहण्यावाचून त्याच्यापुढे पर्यायच उरला नाही. या निसर्गलहरीचा सर्वाधिक फटका पुन्हा एकदा मराठवाड्यालाच बसला. एरव्ही पावसाळ्यातही पाऊस पडण्याची शाश्वती नसलेल्या बीड, उस्मानाबाद, जालना, लातूर, औरंगाबाद आणि परभणी जिल्ह्यांतील

उभी पिके गारपिटीने आडवी झाली. बीड जिल्ह्यात तर एवढी गारपीट रस्त्यांवरील गारा हटवण्यासाठी काश्मीरसारखी बुलडोझर, ट्रॅक्टरची मदत घ्यावी लागली. शेतात फूटभर गारांचे थर साचले. गहू, हरभऱ्यासारखी नाजूक पिके भुईसपाट झालीच; पण मोसंबी, आंबा, डाळिंबासारखी मजबूत फळपिकेदेखील गारांनी तुडवली. आंबा, मोसंबी, डाळिंबाचा मोहर झडून गेला आणि द्राक्षवेली कोलमडून पडल्या.

सरकारी नियमानुसार हेक्टरी कमाल ५ हजार रुपयांची मदत महसूल खात्याकडून दिली जाते. ती देखील ५० टक्क्यांपेक्षा जास्त नुकसान झाले तरच मंजूर केली जाते. मदतीचा हा आकडा आणि अटी व शर्ती पाहूनच शेतकऱ्यांच्या पोटात गोळा येतो. महागाई प्रचंड वाढलेली असताना ही तोकडी मदत घेऊन करायचे काय, हा प्रश्न त्याला सतावतो. सांगली जिल्ह्यातील एका कर्जबाजारी तरुण शेतकऱ्याने गारपिटीमुळे कीटकनाशक पिऊन आत्महत्या केली. मराठवाड्यात प्राथमिक अंदाजानुसार दोन लाख ५ हजार एकरवरील फळपिके आणि इतर पिके उद्ध्वस्त झाली आहेत, परंतु त्यांपैकी फक्त २५ टक्के जमिनीवरील पिकांचे ५० टक्क्यांपेक्षा जास्त नुकसान झाले आहे. त्यामुळे मदत फक्त २५ टक्के जमिनीवरील नुकसानीपोटी मिळणार आहे.

बीड जिल्ह्यात सर्वाधिक म्हणजे तब्बल ५० हजार हेक्टरवरील पिकांना या गारपिटीचा फटका बसला. तेथे सलग पाच दिवसांपासून अवकाळी पाऊस आणि गारपीट सुरू आहे. त्यामुळे या आकड्यात भरच पडणार आहे. त्याखालोखाल औरंगाबाद, लातूर, परभणी, जालना, उस्मानाबाद आणि हिंगोली जिल्ह्यांना गारपिटीचा फटका बसला. नाशिक, सांगली आणि सोलापूर जिल्ह्यातील गारपिटीने हाहाकार उडवला. गेल्या ३५ वर्षांत निसर्गाची अशी विचित्र लहर शेतकऱ्यांनी अनुभवलेली नव्हती. त्यामुळे नुकसानीचे प्रमाण वाढले. काही भागांत गहू, हरभरा या पिकांची सोंगणी (कापणी) झाल्यानंतर त्यावर गारांचा खच पडला. त्यामुळे हे उत्पादन पूर्णपणे नामशेष झालेले नसले तरी त्याची गुणवत्ता कमालीची ढासळली आहे. आता विरोधी पक्षांनी मदतीची मागणी सुरू केली आहे, तर सत्ताधाऱ्यांनी पंचनाम्यांवर बोट ठेवले आहे. प्रत्येक वर्षी शेतकऱ्यांवर असे अनपेक्षित नैसर्गिक संकट ओढवते आणि अशा मागण्या, दावे - प्रतिदावे सुरू होतात. कधी कापसावर लाल्या रोग पडतो, तर कधी ज्वारीवर मावा. शेतकऱ्यांना मदतीसाठी टाहो फोडावा लागतो आणि वर्ष-दोन वर्षांत कधीतरी त्याला एवढी तुटपुंजी मदत मिळते की, त्यातून तो एखाद्या वर्षाची पेरणीही करू शकत नाही. वर्षानुवर्षे हा परिपाठ सुरूच आहे. हा एल-निनो वादळाचा प्रभाव असू शकतो आणि पुढील पावसाळ्यावरही या परिस्थितीचा परिणाम होऊ शकतो. त्यामुळे संकट इथेच थांबलेले नाही. सरकार अशा नैसर्गिक संकटानंतर करावयाच्या मदतीबाबत कायमस्वरूपी धोरण का आखत नाही, हा शेतकऱ्याला पडलेला प्रश्न आहे. महसूल आणि कृषी खात्याची यंत्रणा अशा नुकसानीचा आढावा घेऊन तातडीने मदत करू शकते, पण प्रश्न धोरणाचाच

आहे. सरसकट मदतीचे धोरण ठरवले, तर एखाद्या शेतकऱ्याला नुकसान झालेले नसताना भरपाई मिळण्याचा धोका आहे, पण हजारो शेतकऱ्यांना त्यातून दिलासा मिळत असेल तर एवढी जोखीम पत्करायला काय हरकत आहे ? नुकसानीची हवाई पाहणी करूनही तातडीने मदत देता येईल. त्यासाठी सरकारमधील शेतकरीपुत्रांना पुढाकार घ्यावा लागणार आहे. शेतीवरील आजचा खर्च काय आणि आपण मदत किती देतो, याचाही विचार त्यांना करावा लागेल.

निश्चित धोरण असेल, तर निवडणुकीच्या मोसमातही शेतकरी मदतीपासून वंचित राहणार नाहीत. या मोसमात कोसळलेले संकट भीषण आहे. निवडणुकीच्या आखाड्यातून बाहेर पडून राजकीय नेत्यांना त्याला सामोरे जावे लागणार आहे. पुरेशी मदत मिळाली तर शेतकरी पुढील खरीप हंगामात उभा राहू शकेल, अन्यथा मराठवाडा आणि इतर गारपीट ग्रस्त जिल्ह्यांतील कृषी उत्पादनाला जबर फटका बसेल.

## कोरडवाहू भागातील रब्बी ज्वारीचे नुकसान

कोरडवाहू भागात रब्बी ज्वारीचे पीक मोठ्या प्रमाणात घेतले जाते. बीड, सोलापूर, अहमदनगर, पुणे, सातारा, सांगली भागात या पिकाखाली मोठ्या प्रमाणात क्षेत्र आहे. गारपिटीने या पिकाचे मोठ्या प्रमाणात नुकसान झाले. ज्वारी कोलमडून पडल्याने ज्वारीचे दाणे बारीक राहिले. ताटे मोडून पडली, पाने तुटून ताटे शिल्लक राहिली. पावसाचे पाणी कणसात राहिल्याने दाणे काळे पडले आणि त्यावर काळी बुरशी वाढली. धान्याचे आणि चाऱ्याचे मोठ्या प्रमाणात नुकसान झाले. ज्वारीचे एका पेंडीचे वजन ३ किलोपर्यंत असायचे, ते एक किलोपर्यंतच भरू लागले. तसेच ज्वारीच्या ताटांची पाने तुटली. उरलेली पाने काळी पडल्याने जनावरांना निकृष्ट चारा द्यावा लागणार, अशी स्थिती झाली. कोरडवाहू प्रदेशातील या प्रमुख पिकांचे मोठ्या प्रमाणात नुकसान झाले.

## पीक विमा योजनेचा पुनर्विचार करण्याची वेळ

हवामानबदलाने नुकसान झाल्याने पीक विमा योजनाही अपुरी वाटू लागली. पिकाच्या परिपक्वतेच्या काळात हे घडल्याने, तो भाग पीक विमा योजनेत यापुढे समाविष्ट करावा लागेल. द्राक्षपिकाचे नुकसान झाले, द्राक्षमंडपही कोलमडले; परंतु द्राक्षमंडपांचा पीक विमा योजनेत सामवेश नाही. अशा प्रकारे पीक विमा योजनेचाही पुनर्विचार करण्याची वेळ आली नसून, गारपिटीचा कालावधी अधिक होताच; परंतु त्याशिवाय गारांचा आकारही मोठा होता आणि प्रमाणही फार अधिक होते. एप्रिल महिना संपतानाही काही भागांत अल्पशा प्रमाणात गारपीट होत असल्याचे दिसून येत आहे.

# पारिभाषिक शब्द

Acid Rain - आम्ल पर्जन्य
Aster - Star - अखिल भूमी
Blister - बुरशीजन्य
Disbad - वाईट
Disaster - आपत्ती
Disaster impact Cycle - आपत्कालीन नियोजन चक्र
Gasification - वायुकरण
Geographical Information System - भौगोलिक माहिती प्रणाली
Global issues - जागतिक समस्या
Global Warming - जागतिक तपमानवाढ
Green House effect - हरितगृह परिणाम
Green House Gasses - हरितगृह वायू
Hazards - संकटे
Hill Storm - गारपीट
Inter diciplinary - आंतरविद्या शाखीय
Manmade Hazards - मानवनिर्मित संकटे
Mitigation - उपशमन
National Disaster Management Board - राष्ट्रीय आपत्ती व्यवस्थाप प्राधिकरण
Natural Hazards - नैसर्गिक संकटे
Ozene Deplection - ओझोन अवक्षय
Pangaea - अखिल भूमी

Panthalassa - अखिल सागर
Post Disaster - आपत्ती पश्चात / आपत्तीनंतर
Postmortem - शवविच्छेदन
Pre Disaster - आपत्तीपूर्व
Precipitation - पाऊस
Preparedness - सज्जता
Primary Health Centre - प्राथमिक आरोग्य केंद्र
Protocol - शिष्टाचार / करार
Recovery - पूर्वस्थिती पुनर्प्राती
Rehabilition - पुनर्स्थापन / पुनर्वसन
Rescue Operation - बचाव कार्य
Response - प्रतिसाद
Risk Analyis - धोका मापन
Social Natural Hazards - सामाजिक नैसर्गिक संकटे
Standard Operating Procedure - प्रमाणित कार्यपद्धती
Sudden or great Misfortune a calamity - अचानकपणे किंवा खूप मोठ्या प्रमाणात झालेला उत्पात
Tsunami - त्सुनामी
Measures - उपाययोजना
Nuclear - अणू
Energy - उर्जा/शक्ती

# संदर्भसूची

Marathe. P. P. - Concepts & Practices in Disaster Management (2009) Diamond Publication, (Pune)

मराठे प्र. प्र. आणि गोडबोले व्ही. - आपत्ती व्यवस्थापन संकल्पना आणि कृती (२०१०) तृतीय आवृत्ती डायमंड पब्लिकेशन्स, पुणे - ३०

सप्तर्षी प्रवीण आणि मोरे ज्योतिराम - भूगोल आणि नैसर्गिक आपत्ती (२००९) डायमंड पब्लिकेशन्स, पुणे ३०

खराट संभाजी - आपत्ती व्यवस्थापन (२०१२) प्रतिमा प्रकाशन, पुणे ३०

चौधर अदिनाथ व इतर - सद्यकालीन घडामोडी आणि भूगोल (२०१०) अथर्व प्रकाशन, पुणे - ५१

चौधरी अर्चना - आपत्ती व्यवस्थापन (२०१३) प्रशांत पब्लिकेशन्स, जळगाव

चाकणे संजय आणि पाब्रेकर प्रमोद - आपत्ती व्यवस्थापनाचे आव्हान (२०१२) डायमंड पब्लिकेशन, पुणे - ३०

पटवर्धन अभय - आपत्ती व्यवस्थापन (२००९) नचिकेत प्रकाशन, नागपूर

पठारे संभाजी आणि चाकणे संजय - आपत्ती निवारण (२००७) डायमंड पब्लिकेशन्स, पुणे - ३०